南方水稻黑条矮缩病
流行与防控

全国农业技术推广服务中心　主编

中国农业出版社
北　京

编辑委员会

陈丽莉	陈何良	陈绍才	陈将赞	陈桂华	陈爱榕
陈海波	范素梅	欧阳静	卓富彦	金林红	周国辉
郑兆阳	郑许松	郑和斌	郑静君	赵 艳	赵剑锋
胡冬炎	胡惠芬	钟 玲	钟列权	段德康	施 德
姜海平	洪文英	姚晓明	贺 鸣	贾东升	贾华凑
夏 青	夏翠花	顾中量	徐红星	徐荣钦	徐南昌
翁新辉	衷敬峰	高 锐	郭 荣	郭海明	谈孝凤
黄立胜	黄贤夫	曹治钢	龚美亮	盛仙俏	董雪梅
蒋庆琳	韩忠良	覃保荣	程金生	雷 强	蔡美艳
蔡德珍	廖宪成	谭涵月	潘化仁	檀志全	魏太云
魏永田	瞿祖双				

序

习近平总书记指出，"要确保国家粮食安全，把中国人的饭碗牢牢端在自己手中"。众所周知，粮安天下，粮食安全是国家安全的基石。水稻是我国重要的粮食作物，是60%人口的主粮。然而，从2008年开始，一种新的植物病毒南方水稻黑条矮缩病毒（*Southern rice black-streaked dwarf virus*，SRBSDV）在我国长江以南稻区肆虐，发生范围涉及我国南方稻区的11个省份。2010年，水稻发病面积达到1 936.15万亩，当年稻谷产量损失约46万t，对水稻生产安全构成了严重威胁。面对突如其来的新病毒病的流行和危害，为了保障我国南方水稻主产区的稻谷生产安全，农业部反应迅速，主动出击，成立了南方水稻黑条矮缩病联防联控协作组，负责组织和协调各省农业植物保护部门以及有关科研教学单位协同攻关，开展联防联控行动。同时，全国农业技术推广服务中心组织我国南方稻区植物保护技术人员和有关科研教学单位的专家，成立技术研究协作组，历时8年，摸清了南方水稻黑条矮缩病在各稻区发生和流行的规律及特点，开发了早期诊断预防和综合防治关键技术，为新病毒病的可持续治理提供了重要的技术支撑。

此次协作研究团队将多年研究成果结集成册，翔实记录新病毒病发生流行实况，整理综合防治关键技术的研究历程与结果，对于推进水稻重大病虫害防控技术协作研究与推广具有重要意义。协作研究的模式，也充分体现了以生产急需为导向的科研-生产-推广创新研究理念，为今后研究解决生产问题、开展跨部门协作攻关提供了可借鉴的范例。

中国工程院院士：

2021年12月

前　言

2001 年，南方水稻黑条矮缩病毒（*Southern rice black-streaked dwarf virus*，SRBSDV）在我国广东田间被发现，2008 年开始在长江流域以南稻区流行。2009 年，由该病毒侵染引起的南方水稻黑条矮缩病（也称水稻南方黑条矮缩病）在我国水稻主产区的华南稻区、西南稻区南部、长江中游稻区大范围流行。2010 年发病面积 1 936.15 万亩，发病面积和严重程度均达到历史极值，早稻、中稻、晚稻发病县分别达 64 个、288 个、355 个，导致稻谷产量损失约 46 万 t。病害大流行初期，由于缺乏对该病毒病流行规律和综合防治技术的相关研究，生产上缺少可行和有效的防治技术措施，普遍采用了"治虫防病"的控害策略。虽然该策略对迅速压制病害的快速流行和严重危害发挥了重要作用，但是由于采取了最为严格的白背飞虱防治方法，甚至见虫就打药或定期施药，增加了稻田农药用量，对稻田生态系统平衡造成了破坏，加剧了白背飞虱种群增长和进一步传毒，形成了恶性循环。

为了摸清南方水稻黑条矮缩病发生和流行的规律，开发早期诊断预防和综合防治关键技术，可持续治理病毒病，自 2010 年开始，全国农业技术推广服务中心组织成立了协作组，开展南方水稻黑条矮缩病发生流行规律调查和综合防治关键技术的研究，历时 8 年，在各稻区开展田间试验示范和推广应用，明确了各稻区和稻作的防控策略，开发了一系列综合防治关键技术，在病毒病防控中发挥了重要作用。

本书将南方水稻黑条矮缩病协作研究取得的进展和防控成效汇编成册，力求较为全面地展现病毒病流行规律、早期诊断和病毒检测、综合防治技术开发等方面的协作研究和应用进展，以期为今后进一步深入开展研究和防控提供理论基础和实践指导。本书在编撰过程中获得了农业部南方水稻黑条矮缩病联防联控协作组的领导和专家的鼎力支持，也凝聚着参与协作研究的植物保护技术部门、科研教学机构的专家和技术人员的辛苦付出，在此一并表示感谢。由于时间和能力有限，书中难免出现疏漏和不足之处，恳请各位专家和读者批评指正。

编　者

2021 年 8 月

目 录

第四部分　联防联控大事记

第一部分
流行规律研究综述

南方水稻黑条矮缩病毒的流行规律与防治技术

南方水稻黑条矮缩病毒（*Southern rice black-streaked dwarf virus*，SRBSDV）是一种新近发现并流行的水稻病害——南方水稻黑条矮缩病的病原病毒。2001年最先发现于广东省阳西县；2009年南方水稻黑条矮缩病突然暴发，流行至我国南方9个省份，危害面积达33万 hm^2；2010年扩大流行到我国13个省份，危害面积超过120万 hm^2。2011年年初，农业部成立了南方水稻黑条矮缩病联防联控协作组和专家指导组，大力加强各发病稻区病害的防控力度。2011年南方水稻黑条矮缩病的发生面积被控制在25万 hm^2，2012年发病面积回升至40万 hm^2，2013年以后南方水稻黑条矮缩病害每年在我国的发生面积被控制在25万 hm^2左右。

一、病害症状

水稻各生育期均可感染南方水稻黑条矮缩病，其症状因不同染病时期而异，侵染时的生育期越早，症状越严重。①秧苗期染病的稻株严重矮缩，不及正常株高的1/3，不能拔节，重病株早枯死亡。②分蘖初期染病的稻株明显矮缩，约为正常株高的1/2，不抽穗或仅抽包颈穗。③分蘖期和拔节期染病的稻株矮缩不明显，能抽穗，但穗小、不实粒多、粒重轻；发病稻株叶色深绿，叶片短小僵直，上部叶的叶面可见凹凸不平的皱褶，皱褶多发生于叶片近基部。④拔节期的病株下部数节茎节有气生须根及高节位分蘖。⑤圆秆后的病株茎秆表面可见大小1~2mm的瘤状突起（手摸有明显粗糙感），瘤突呈蜡点状纵向排列，病瘤早期乳白色，后期褐黑色；病瘤产生的节位因感病时期不同而异，早期感病稻株的病瘤产生在下位节，感病时期越晚，病瘤产生的部位越高；部分品种叶鞘及叶背也产生类似的小瘤突。感病植株根系不发达，须根少而短，严重时根系呈黄褐色。该病害通常造成水稻减产20％左右，重病田块减产50％以上，甚至绝收。

二、病原病毒、寄主范围及传播特性

该病害引致的症状与由水稻黑条矮缩病毒（*Rice black-streaked dwarf virus*，RBSDV）引致的水稻黑条矮缩病的症状非常相似，且经电子显微镜观察发现，病毒粒子形状、大小均与RBSDV的相同，因此该病害的病原最早被认为是RBSDV的一个新株系。随后的研究发现，该病害不能经RBSDV的传播介体灰飞虱（*Laodelphax striatellus*）进行传播，而且其病原病毒与RBSDV及呼肠孤病毒科（*Reoviridae*）斐济病毒属（*Fijivirus*）中的其他几种病毒的全基因组核苷酸序列相似性均低于80％（国际病毒分类委员会规定的呼肠孤病毒科中不同种的划分标准），由此明确这是斐济病毒属中一个新的病毒种，并将其命名为南方水稻黑条矮缩病毒（SRBSDV）。

田间调查及病毒的反转录聚合酶链反应（RT-PCR）检测结果表明，在自然条件下，SRBSDV除了侵染水稻，还可侵染玉米、稗、薏米、高粱、野燕麦、牛筋草、双穗雀稗、看麦娘、白草等禾本科植物和水莎草、异型莎草等莎草科植物。其中玉米病株明显矮化，节间粗肿、叶片密集丛生、颜色深绿、宽短僵脆，叶面皱褶不平，多数品种叶片背面沿叶脉形成蜡点状小瘤突，部分品种茎秆上也形成条状排列的小瘤突，果穗短小，不结实或结实很少。感病稗、水莎草、薏米、高粱、野燕麦及牛筋草也表现出叶色深绿、叶面皱缩等症状，但带病毒白草不表现明显症状。

室内传毒试验表明，SRBSDV由白背飞虱（*Sogatella furcifera*）以持久性方式传播；灰飞虱仅有不到5%的个体能从水稻病株获毒，但不能传毒；褐飞虱（*Nilaparvata lugens*）、叶蝉及水稻种子均不能传播该病毒。SRBSDV可在白背飞虱体内繁殖，虫体一旦获毒即终身带毒，但该病毒不经卵传至下一代白背飞虱。若虫及成虫均能传毒，若虫获毒、传毒效率高于成虫。介体获毒与传毒能力测定试验表明，在水稻病株上扩繁的二代白背飞虱群体带毒率为80%左右，若虫及成虫最短获毒时间为5min，最短传毒时间为30min。初孵若虫获毒之后，单头虫一生可致22～87株（平均48株）水稻秧苗染病，带毒白背飞虱成虫5d内可使8～25株秧苗感病。有研究将白背飞虱饲毒后，测定其每天能否将病毒传播至健康水稻植株，结果表明，SRBSDV在白背飞虱体内有6～14d的循回期，在病毒循回期内介体不能传毒。循回期后，大多数白背飞虱个体可高效率传毒，但传毒具有间歇性，间歇期为2～6d。寄主偏好性试验表明，不带毒的白背飞虱更易被发病水稻植株散发的气味所吸引，而带毒的白背飞虱则更偏好健康水稻植株，这种特性有利于SRBSDV迅速传播与扩散。

此外，人工传毒试验表明，SRBSDV可通过白背飞虱在水稻、玉米、稗之间互相传播，也可在稗与双穗雀稗、双穗雀稗与看麦娘之间互相传播，但不能在禾本科寄主与莎草科寄主之间互相传播。

三、病害循环

除海南、广东和广西南部、云南西南部以及其他零星地点外，我国大部分稻区无冬种稻栽培，因此，每年的病毒初侵染源主要来自迁入性带毒白背飞虱。春夏季节，随着白背飞虱的北迁，病害由南向北逐渐扩散。一般认为，我国白背飞虱的主要越冬基地为中南半岛，在我国云南西南部少数地区也可越冬，海南岛冬季制种稻田也是越冬虫源和毒源的基地之一。根据早春气流方向及水稻播种期推算，越冬代带毒虫可在2～3月迁入我国。通常，白背飞虱长翅型成虫于3月携带病毒随西南气流迁入云南；4月迁至广东、广西北部和湖南、江西南部及贵州、福建中部；5月下旬至6月中下旬迁至江淮地区；6月下旬至7月初迁至华北和东北南部；8月下旬后，季风转向，白背飞虱再携毒随东北气流南回至越冬区。

在南部稻区，早春迁入代带毒虫在拔节期前后的早稻植株上取食传毒，致使染病植株表现矮缩症状。同时，迁入的雌虫在部分感病植株上产卵，第二代若虫在病株上发育并获毒（获毒率约80%）；2～3周后，带毒中、高龄若虫主动或被动在植株间移动，致使初侵染病株周边稻株染病。此时早稻已进入分蘖后期，染病植株不表现明显矮缩症状，但可作为同代及后代白背飞虱获毒的毒源植株。毒源植株上产生的第二代或第三代成虫，携病毒短距离转移或长距离迁飞至异地，成为中稻或晚稻秧田及本田早期的侵染源。

通常晚稻秧田期为 20~25d，如果带毒成虫在 2 叶期以前转入秧田并传毒、产卵，则在水稻移栽前可产生下一代中、高龄若虫并传毒，致使秧苗高比例带毒，造成本田严重发病。如果带毒成虫在秧田后期侵入，则感病秧苗将带卵被移栽至本田，在本田初期（分蘖期前）产生大量的带毒若虫，这批若虫在田间进行短距离转移并传毒，致使田间病株成集团式分布。如果早稻上获毒的若虫或成虫直接转入中、晚稻初期本田，则由于白背飞虱群体带毒率比较低，只能引致少数植株染病，使矮缩病株呈零星分散分布。晚稻中后期发生的带毒白背飞虱，只能造成水稻后期染病，表现为抽穗不完全或其他轻微症状，但带毒白背飞虱的南回可使越冬区的毒源基数增大（图 1-1）。

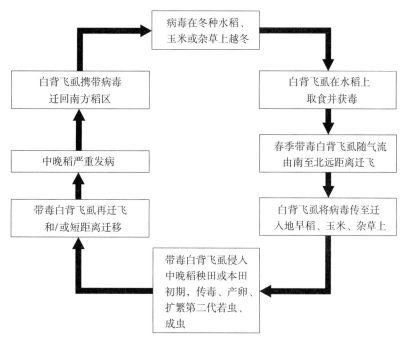

图 1-1　南方水稻黑条矮缩病的侵染循环示意

四、病害发生特点与流行规律

（一）病害大范围分布，仅在局部地区部分年份严重发生

由于 SRBSDV 的传播介体白背飞虱是一种远距离迁飞性害虫，因此带毒白背飞虱的迁飞扩散范围即该病的分布范围。但在地区间、年度间甚至田块间的发病程度差异很大，只有带毒白背飞虱侵入期与水稻秧苗期或本田早期相吻合，且侵入数量及其繁殖速率足够大时，才会引致病害严重发生。南方水稻黑条矮缩病发病程度不仅与毒源地病虫发生情

况、水稻生育期密切相关，还与当地水稻播种时间、栽培方式、气候条件、地形地貌等密切相关。

（二）中晚稻发病重于早稻

该病害矮缩症状主要发生于中稻和晚稻。除白背飞虱主要越冬区或早稻偶见重病田外，我国各地早稻发病很轻，矮缩病株率通常低于1%，仅极少数田块达到3%～5%，但早稻病株（包括轻症病株或无症带毒植株）可为当地或异地的中晚稻提供毒源。在我国大部分地区，早稻前期病毒感染率低，中后期有所上升，而中晚稻前期感染率较高，这是由带毒白背飞虱的发生期及发生数量所决定的。在日本，该病发生于6月中旬至7月中旬，即白背飞虱从中国跨海迁入之后。

（三）杂交稻发病重于常规稻

各地调查资料表明，尽管目前生产上的主栽品种均有不同程度发病，但多表现为杂交稻发病重于常规稻。这一现象不仅反映了杂交稻单苗栽插使病株易显现，也说明杂交稻（尤其是在生长早期）与白背飞虱具有较高的亲和性，增加了杂交稻早期受病毒侵染的概率。

（四）轻病田病株呈零星分散分布，重病田病株呈集团分布

多年多地的调查结果表明，轻病田（病株率3%以下）矮缩病株呈零星分散分布，重病田（病株率10%以上）矮缩病株呈集团分布，且矮缩病株周边稻株存在高比例轻症病株（叶色深绿，茎表具瘤突，但植株不显著矮化）。在同一稻区，田块间也存在类似情况，即严重发病田块的相邻田块发病很轻。这一现象的成因有两个：一是水稻生长中后期感病不表现出明显的矮缩症状；二是白背飞虱的扩繁数量及迁移传毒行为在不同的条件下差异很大。轻病田初侵染源未发生扩散再侵染，而重病田初侵染源发生了近距离高效率的扩散再侵染。

五、防控技术

目前，尚未获得抗SRBSDV的水稻栽培品种，对传播介体白背飞虱进行防治是病害防治的关键手段。通常入侵代白背飞虱带毒率较低，而病株上扩繁的第二代白背飞虱引发的再侵染是病害严重发生的重要原因。采用内吸性杀虫剂进行种子处理和秧苗带药移栽，可有效减少入侵的带毒介体辗转取食传毒和第二代扩繁数量，阻断病害的侵染循环，防止中晚稻严重发病。根据病害发生规律及近年防控实践，长期防控应实施区域间、年度间、稻作间及病虫间的联防联控，因地制宜，以控制传毒介体白背飞虱为中心，采取"治秧田保大田，治前期保后期"的治虫防病策略。自2010年以来，以"分区治理，联防联控"为对策，以"种子处理，施药带药移栽"为核心技术的SRBSDV防控实践在越南及我国南方稻区得到了广泛应用，每年应用面积超过4 000万亩*，并形成了农业行业标准《南

---

*　亩为非法定计量单位，1亩=1/15hm²。——编者注

方水稻黑条矮缩病防治技术规程》(NY/T 2918—2016)。

(一) 联防联控

对该病害采取分区治理对策,进行跨境跨区域病害联防联控。毒源越冬区实施重点防控,可减少总体防控成本;早春毒源扩繁区实施重点监控,可有效提高防控措施的精准性;主要受害区推进"种子处理,施药送嫁"技术,可显著减少农药用量。根据病害流行的时空动态特点,加强毒源越冬区及华南地区等早春毒源扩繁区的病虫防控,有利于减轻长江流域等北方稻区病害的危害。做好早稻中后期病虫防控,有利于减少当地及迁入地中晚稻的毒源侵入基数。

(二) 治虫防病

以病虫测报为依据,重点抓好高危病区中晚稻秧田及拔节期前白背飞虱的防治。选择合适的育秧地点、适宜的播种时间或采用物理防护,避免或减少带毒白背飞虱侵入秧田。采用种衣剂或内吸性杀虫剂处理种子。移栽前,秧田喷施内吸性杀虫剂。移栽返青后,根据白背飞虱的虫情及其带毒率进行施药治虫。田间试验表明,在本田期单独施用杀虫剂对病毒的防治效果不理想,而采用内吸性杀虫剂进行种子处理、带药移栽对水稻早期感病的防效达 90% 以上,对中后期感病的防效也可达 65% 以上。

(三) 栽培防病

通过病害早期识别,弃用带毒率高的秧苗。对分蘖期矮缩病株率为 3%～20% 的田块,应及时拔除病株,从健株上掰蘖补苗。对重病田及时翻耕改种,以减少损失。田间防治试验表明,每穴种植 2～3 苗的"多本栽插"方式可极显著控制病丛率(表 1-1)。由于病毒仅能通过白背飞虱传播,早期染病才引致植株严重矮缩,在苗期感病率较低且采取适当防虫措施的情况下,多苗栽插可发挥健株的产量补偿作用。

表 1-1 几种防治技术措施对南方水稻黑条矮缩病的田间防治效果

防治方法	重复	病株率(%)				病丛率(%)
		1级	2级	3级	小计	
70%噻虫嗪种子处理可分散粉剂处理种子＋多本栽插	1	10.2	9.7	4.0	23.9	4.5
	2	5.8	12.2	5.2	23.2	5.8
	3	11.0	9.8	7.8	28.6	7.2
	平均	9.0	10.6	5.7	25.2	5.8
带药(噻虫嗪)移栽＋多本栽插	1	8.5	7.2	5.2	20.9	5.2
	2	7.8	9.2	6.0	23.0	6.3
	3	12.3	12.7	6.5	31.5	6.5
	平均	9.5	9.7	5.9	25.1	6.0

（续）

防治方法	重复	病株率（%）				病丛率（%）
		1级	2级	3级	小计	
70%噻虫嗪种子处理可分散粉剂处理种子＋带药（噻虫嗪）移栽＋多本栽插	1	10.0	10.5	4.0	24.5	4.5
	2	5.5	11.0	3.7	20.2	4.2
	3	9.5	8.8	5.8	24.1	6.3
	平均	8.3	10.1	4.5	22.9	5.0
70%噻虫嗪种子处理可分散粉剂处理种子＋多本栽插＋返青期施噻虫嗪1次	1	10.8	8.7	3.5	23.0	4.2
	2	6.0	5.3	5.3	16.6	5.8
	3	7.8	9.8	6.5	24.1	6.5
	平均	8.2	7.9	5.1	21.2	5.5
70%噻虫嗪种子处理可分散粉剂处理种子＋带药（噻虫嗪）移栽＋多本栽插＋分蘖期施噻虫嗪1次	1	7.5	11.8	4.2	23.5	4.5
	2	8.8	8.8	3.0	20.6	3.0
	3	6.7	6.7	5.3	18.7	6.0
	平均	7.7	9.1	4.2	20.9	4.5
70%噻虫嗪种子处理可分散粉剂处理种子＋带药（噻虫嗪）移栽＋多本栽插＋施寡糖·链蛋白3次	1	8.3	11.7	3.7	23.7	4.2
	2	7.0	7.5	3.3	17.8	4.1
	3	13.3	6.7	3.0	23.0	3.0
	平均	9.5	8.6	3.3	21.5	3.8
单本栽插未防治田		21.7	21.0	29.5	72.2	37.5

注：发病程度分级标准如下。

1级：植株矮缩不明显，能抽穗，但穗小、结实率低；中上部叶片基部可见纵向皱褶；茎秆下部节间和节上可见蜡白色或黑褐色隆起的纵向排列小瘤突。

2级：植株矮缩丛生，株高为健株的1/2～3/4；分蘖增多，部分能抽穗且抽穗迟，穗小或包穗，难结实或实粒少、粒重轻。

3级：植株严重矮缩，株高为健株的1/4～1/2；不能抽穗，后期植株枯死。

（四）选用抗病虫品种

田间调查及人工室内鉴定均表明，不同品种水稻对南方水稻黑条矮缩病及其传毒介体白背飞虱的抗性存在差异，各地可根据生产实际，筛选和培育抗耐病虫（白背飞虱）品种，因地制宜加以利用。

（作者：许东林　周国辉）

南方水稻黑条矮缩病毒的研究进展

　　水稻是我国乃至亚洲的第一粮食作物，由水稻病毒引起的病毒病害给农业生产带来巨大的危害。水稻病毒病存在已久，有记载的第一个水稻病毒病是 19 世纪末发生在日本的水稻矮缩病，该病害由水稻矮缩病毒（*Rice dwarf virus*，RDV）引起，是第一个被证明由介体昆虫传播的植物病毒，也是第一个被发现能通过介体昆虫经卵传播的植物病毒，其传播介体主要为黑尾叶蝉（*Nephotettix cincticeps*），曾在我国多个省份流行发生，近年主要在云南省部分地区零星发生。第二个被记载的是 19 世纪末在日本发生的水稻条纹叶枯病，由水稻条纹病毒（*Rice stripe virus*，RSV）引起，由灰飞虱（*Laodelphax striatellus*）以持久增殖型方式传播，并能经卵传播，在东亚国家均有发生，我国自 1963 年以来在华中和华北 18 个省份流行发生，2004—2005 年曾在江苏省大面积暴发。进入 20 世纪以来，随着人口流动频繁、贸易增多及生态环境的变迁，在我国陆续还发现和流行发生多种水稻病毒，部分病毒在一定时期发生后已消失多年，也有部分病毒间隔多年后再次暴发，给农业生产中病害防控带来了很大的困难。水稻上发生的主要病毒病害有 8 种。① 水稻黄矮病毒（*Rice yellow stunt virus*，RYSV），又名水稻短暂性黄化病毒（*Rice transitory yellowing virus*，RTYV），由二条黑尾叶蝉（*Nephotettix nigropictus*）、黑尾叶蝉传播。20 世纪中后期，该病毒引起的病害在我国南方多个省份暴发流行，2000 年以后，该病害未被报道。② 水稻瘤矮病毒（*Rice gall dwarf virus*，RGDV），主要由电光叶蝉（*Recilia dorsalis*）传播，近年主要在广东省兴宁、罗定、信宜等地区发生，部分年份暴发流行。③ 水稻簇矮病毒（*Rice bunchy stunt virus*，RBSV），由黑尾叶蝉传播，曾于 20 世纪 70—90 年代在我国福建、江西、湖南、海南等省份发生，随后未被报道。④ 水稻东格鲁球状病毒（*Rice tungro spherical virus*，RTSV）和水稻东格鲁杆状病毒（*Rice tungro bacilliform virus*，RTBV）引起的水稻东格鲁病，由二点黑尾叶蝉（*Nephotettix virescens*）、黑尾叶蝉、二条黑尾叶蝉、细小黑尾叶蝉（*Nephotettix parus*）和电光叶蝉以半持久型方式传播，是许多国家和地区最具毁灭性的病害之一，我国曾于 20 世纪 70 年代末至 80 年代初在南方稻区一些省份发生或流行。⑤ 水稻齿叶矮缩病毒（*Rice ragged stunt virus*，RRSV），由褐飞虱（*Nilaparvata lugens*）以持久增殖型方式传播，属于热带病毒，近年来在我国南方多个省份零星发生。⑥ 水稻草状矮缩病毒（*Rice grassy stunt virus*，RGSV）也由褐飞虱传播，曾在我国广东、广西及福建发生，近年在海南和广西等地零星发生。⑦ 水稻黑条矮缩病毒（*Rice black-streaked dwarf virus*，RBSDV）主要由灰飞虱传播，不仅可以侵染水稻，还可以侵染玉米和小麦，近年主要在江苏稻区、北方小麦和玉米种植区流行发生。⑧ 南方水稻黑条矮缩病毒（*Southern rice black-streaked dwarf virus*，SRBSDV）与 RBSDV 亲缘关系最近，但由介体白背飞虱（*Sogatella furcifera*）以持久增殖型方式传播，曾在我国及越南大面积暴发，使水稻产量损失巨大，是近年水稻病毒病害防控的主要对象。

一、南方水稻黑条矮缩病流行规律

南方水稻黑条矮缩病的发生与其他水稻病毒病一样，具有突发性和间歇性。该病最早在广东阳江地区发病，面积仅 $3\sim5hm^2$，随后几年逐渐扩散到海南、广西、云南、贵州、四川、重庆、福建、江西、湖南、湖北、安徽、江苏和浙江等省份。2009 年，在我国南方多个省份大面积暴发，造成 $6\,500hm^2$ 水稻绝收。2011—2015 年，该病在我国的发生明显减轻，但多个省份仍局部发生，每年发病总面积为 25 万～40 万 hm^2，对水稻生产仍具有潜在的威胁。2016 年该病在我国有抬头之势，全年发生总面积达 70 万 hm^2。此外，该病不仅可以危害水稻，还能危害玉米，造成玉米植株矮缩和不抽穗。因此，对南方水稻黑条矮缩病病害的流行预测有巨大的困难。

该病害的发生还与介体白背飞虱的迁飞规律直接相关。越冬代带毒虫可在 2—3 月迁入我国，顺早春气流方向传播至广东、广西、湖南、江西等省份，8 月下旬后，季风转向，白背飞虱再携毒随东北气流南回至越冬区。因此，早稻发病率和田间昆虫带毒率是预测中稻发病情况的关键数据，发病趋势一般表现为早稻发病较轻，中晚稻发病重。同时，介体昆虫迁入时间段、群体数和带毒率是否与幼苗期吻合决定了早稻的受害程度。此外，昆虫迁飞期遇到的台风和暴雨情况可直接增加昆虫的迁入量，且不利于田间介体昆虫的有效灭杀。

二、病毒-介体-植株互作

SRBSDV 的基因组由 10 条双链 RNA（dsRNA）组成，与水稻黑条矮缩病毒基因组核苷酸和氨基酸序列的同源性达 $60\%\sim85\%$。根据同源性可以推测 SRBSDV 编码 6 个结构蛋白（P1、P2、P3、P4、P8、P10）和 7 个非结构蛋白（P5-1、P5-2、P6、P7-1、P7-2、P9-1、P9-2）。其中结构蛋白 P1 为病毒 RNA 依赖的 RNA 聚合酶，P2 为病毒内核的组分，P3 为帽子酶，P4 为病毒外壳的 B 刺突蛋白，P8 为病毒的核心衣壳蛋白，P10 为病毒主要外层衣壳蛋白。目前的研究已明确 P5-1、P6 和 P9-1 蛋白是病毒复制场所——病毒原质的组分；P6 蛋白在本氏烟中还具有沉默抑制子功能；P7-1 蛋白可在昆虫细胞 Sf9 中独立诱导形成伸出细胞膜的直径约为 85nm 的小管结构，在寄主白背飞虱细胞内也形成包裹病毒粒体的小管结构，并参与病毒在昆虫体内的扩散。

南方水稻黑条矮缩病毒引起水稻病害的典型症状为植株矮化、叶色浓绿、叶尖卷曲、叶脉长有脉肿、茎秆生有纵向排列的白色瘤状突起。病株的须根短小，根系不发达。该病害在水稻的各生育期均可发病，但不同生育期表现的症状有所不同。苗期感染病害的水稻叶脉长有脉肿，生长严重矮化，叶尖卷曲，部分病株心叶发育畸形，发病严重的植株逐渐枯死；拔节期感染病害的水稻矮缩现象不明显，叶色浓绿，叶鞘和叶脉出现脉肿，茎秆长有白色瘤状突起，根系生长不发达，抽穗后结实率低。病毒的寄主范围仅限于禾本科植物，不能侵染烟草和拟南芥等模式生物，从而限制了病毒与寄主互作机制的研究。目前，利用酵母双杂交和双分子荧光互补（BiFC）实验证明了水稻的真核翻译起始因子（OseEF1A）与 SRBSDV 编码的 P6 蛋白存在互作。通过对感病水稻产生的微 RNAC（miRNA）进行分析发现，寄主水稻中的 miRNA 介导 SRBSDV 与水稻之间的相互作用。

SRBSDV 由白背飞虱传播，昆虫一经带毒则终身带毒。SRBSDV 在白背飞虱取食过程中首先进入中肠肠腔，随后少量的病毒粒体侵入中肠上皮细胞并进行增殖。增殖后的病毒从中肠上皮细胞向中肠表面的肌肉组织扩散，病毒在中肠表面沿着环肌和纵肌向邻近的器官扩散。饲毒后 6d，部分白背飞虱体内的 SRBSDV 已通过血淋巴扩散到唾液腺；饲毒后 8d，病毒在白背飞虱唾液腺中大量增殖，达到了系统性侵染，从而完成了整个侵染循回过程。SRBSDV 也可以被少数的灰飞虱携带，但饲毒后 25d 病毒仍停留在灰飞虱消化系统的中肠上皮细胞内，无法扩散到中肠表面以及唾液腺，因此不能被灰飞虱有效传播。此外，带毒昆虫的生命周期缩短，产卵率下降，且耐寒性和耐热性均降低。无毒白背飞虱趋向于取食 SRBSDV 侵染的植株，而带毒的白背飞虱趋向于取食健康植株，从而有利于病毒的扩散。

关于 SRBSDV 与介体昆虫在分子生物学水平的互作是近年研究的热点。国内多个实验室以 SRBSDV 编码的 P7-1、P8、P10 等蛋白为诱饵，利用酵母双杂交筛选与病毒互作的白背飞虱蛋白，均初步筛选到多个候选互作蛋白，从不同途径解析了病毒与介体昆虫的互作。通过对带毒与不带毒白背飞虱转录组的测序分析，明确了 SRBSDV 侵染后昆虫体内不同抗病毒途径基因表达的变化，以及白背飞虱取食病毒含量不同的水稻病株后对其基因表达调控的差异。通过对白背飞虱带毒虫和健康虫的唾液腺表达蛋白进行对比分析，预测可能参与病毒与介体互作的基因，并进一步分析了白背飞虱的卵黄蛋白原和气味结合蛋白在唾液腺中的表达情况。此外，通过小分子 RNA 深度测序技术，明确了 SRBSDV 侵染激发白背飞虱 RNA 干扰（RNAi）途径，并诱导产生病毒来源的主要长度为 21nt 和 22nt 的小分子 RNA，利用 dsRNA 诱导的 RNAi 技术，明确了白背飞虱 RNAi 途径中的 *Dicer2* 和 *Argonaute2* 基因可调控 SRBSDV 的侵染。进一步的研究明确，SRBSDV 在白背飞虱体内的增殖受到 RNAi 途径的调控而使病毒量维持在一定的阈值以下，从而避免病毒过度增殖而导致昆虫快速死亡。SRBSDV 在非介体昆虫灰飞虱体内也由于受到 RNAi 途径的抑制，使病毒量达不到扩散的阈值而无法突破中肠释放屏障。

三、介体白背飞虱的传毒特性

白背飞虱是 SRBSDV 的唯一传播介体，二者具有很高的亲和性。实验条件下，少数（低于 5%）灰飞虱（*Laodelphax striatellus*）也能从病株上获毒，但不能传毒。当白背飞虱在 SRBSDV 病株上饲毒 2d 后，80% 以上的昆虫个体能够带毒。研究表明，白背飞虱的最短获毒时间为 5～10min，且不同龄期的昆虫获毒能力不同，低龄若虫比高龄若虫带毒率低，可能与昆虫取食量相关，高龄若虫取食量多，获得的病毒含量高。在 25℃ 条件下，病毒在白背飞虱体内的循回期为 3～11d，获毒期的虫龄越小，病毒的循回期越长。白背飞虱获毒后可终身带毒，但不经卵传毒，其传毒时间最短为 5～10min，最适温度为 25℃，高温或低温均影响其传毒能力。白背飞虱的持续传毒时间为 6～14d，多数个体具有间歇性的传毒特征，单头带毒虫可平均传播 48 株水稻。白背飞虱若虫的传毒效率比成虫高，且水稻幼苗期更易感染病毒。此外，不带毒的白背飞虱更易被发病水稻植株散发的气味所吸引，而带毒的白背飞虱更偏好健康水稻植株，这种特性有利于 SRBSDV 的迅速传播与扩散。

南方水稻黑条矮缩病的发生与传播介体白背飞虱的迁飞特性紧密相关。由于我国除云南和海南外的其他省份冬季均无水稻种植，因此每年冬季的介体白背飞虱和毒源主要分布在海南和云南部分地区。每年春季从海南或云南等地迁飞进入广西、广东等省份南部的带毒白背飞虱成为最早的毒源，主要对该地区的早稻造成危害。此外，病害的发生也受到气候条件的影响，随季风或台风天气迁飞而来的白背飞虱由于得不到及时防治，很容易造成迁入地水稻病害的发生。同时由于昆虫迁入地年际间的不确定性，同一地区年度间病害的发生差异大，不具有连续性。侵染水稻的 SRBSDV 可由白背飞虱传播到玉米植株，但侵染玉米后的病毒并不能使白背飞虱获毒。

四、防控要点

南方水稻黑条矮缩病隐蔽性较强，流行蔓延速度快，一旦暴发就难以控制。发病趋势一般表现为早稻发病较轻，中晚稻发病重；较之常规稻，与其他水稻病毒一样，杂交稻与白背飞虱的亲和性高，因此杂交稻易感病且发病重。该病的流行源于病毒-昆虫-水稻和环境之间的相互契合，对其防控主要可从以下 3 个方面入手。

1. 抗　一方面，选育抗病品种，在发病严重的稻区淘汰易感病品种，筛选抗（耐）病品种，这是减轻或控制南方水稻黑条矮缩病的一项经济有效的措施。另一方面，加强田间管理，合理安排农家肥和氮磷钾肥的施用配比，使植株长得健壮，提高水稻自身抵抗病毒的能力。

2. 避　在水稻苗期采用防虫网，阻止带毒虫接触水稻，减少白背飞虱传毒的概率，控制病毒传播。同时，通过调整播种期或插秧期，避开介体昆虫迁入高峰期，不仅可以降低病毒的感染，还可减少昆虫对水稻的直接危害。此外，减少不同寄主作物的间作套种，可避免病毒在作物间连续侵染传播。

3. 除　加强田间管理，及时拔除病株，清理稻田及周围杂草，减少侵染源。除虫防病，加强前期对介体白背飞虱防除，保住后期水稻产量；在水稻易感病时期（7 叶期前）及时防除介体昆虫，以切断病毒传播。

（作者：贾东升　魏太云）

南方水稻黑条矮缩病毒检测技术研究进展

南方水稻黑条矮缩病毒（*Southern rice black-streaked dwarf virus*，SRBSDV）是一种新发生的水稻病毒。在自然条件下，SRBSDV 主要由白背飞虱以持久性不经卵方式传播，且可在白背飞虱体内繁殖。白背飞虱是一种典型的迁飞性害虫，其大区域发生及远距离迁飞特性使 SRBSDV 暴发并流行蔓延的风险大大增加。因此，白背飞虱数量及其带毒率是决定南方水稻黑条矮缩病发生流行的关键因素。建立高效灵敏的病毒检测技术，对强化我国南方水稻黑条矮缩病的诊断及其预测预警和科学防控具有重要的现实意义。目前，已报道的南方水稻黑条矮缩病的检测方法主要有症状观察方法、电子显微镜观察法、血清学方法和分子检测方法，比较现有 SRBSDV 检测方法的优缺点，可为南方水稻黑条矮缩病的诊断和预测预警提供理论支持。

一、症状观察方法

症状观察方法是一种最简单的植物病毒病鉴定和诊断方法，它是根据不同植物病毒在特定的寄主植物上表现出的特定症状而鉴定病毒。由 SRBSDV 引起的南方水稻黑条矮缩病的典型症状为植株矮缩、叶色深绿，上部叶的叶面可见凹凸不平的皱褶、叶尖卷曲，拔节期的病株下部数节茎节有倒生气生须根及高节位分蘖，且感病水稻在拔节期后茎秆表面有乳白色大小为 1～2mm 的瘤状突起，瘤状突起呈蜡点状纵向排列成一短条形，早期乳白色，后期褐黑色。水稻的各个生育期均可感染 SRBSDV，但不同生育期稻株感病后的表现症状有所不同：秧苗期感病的稻株严重矮缩，不能拔节，移栽大田后感病严重的逐渐死亡；大田初期感病的稻株明显矮缩，不抽穗或仅抽包颈穗；分蘖期和拔节期感病的稻株矮缩不明显，能抽穗，但穗型小、实粒少、粒重轻；成熟后期感病典型病症变得不明显，但有倒生气生须根、高节位分蘖及茎秆表面有乳白色瘤状突起。一般杂交稻发病重于常规稻，中晚稻重于早稻。症状观察方法鉴定植物病毒的操作简单、方便、快速，是目前基层单位（如各级植保站）鉴定植物病毒病的最主要方法，但是其可靠性、稳定性差，且往往存在"一病多症、多病一症"现象。因此，仅观察症状不能准确鉴别植物病毒病。

二、电子显微镜观察法

电子显微镜（简称电镜）技术自 20 世纪 40 年代建立以来，已成为植物病毒检测和鉴定研究中必不可少的检测手段，它具有简便、直观等特点。SRBSDV 存在于寄主植物的韧皮部筛管及伴胞内，含量低。SRBSDV 粒子为球状，直径 70～75nm，可根据电镜下观察到的病毒形态和大小诊断该病毒。但用电镜鉴定病毒时，常常需要提纯病毒或需要进行过程烦琐的超薄切片，对操作技术、设备和费用的要求很高，且该方法仅适用于小样本的检测。另外，由于 SRBSDV 和 RBSDV 具有相似的病毒形态和大小，故也不能区分这 2 种病毒。

三、血清学方法

血清学方法是根据抗原抗体特异性结合的原理检测植物病毒，主要包括酶联免疫吸附试验（enzyme-linked immunosorbent assay，ELISA）、斑点酶联免疫吸附试验（dot-ELISA）、免疫胶体金试纸条等，是当前检测大批量样品中植物病毒最常用和最有效的方法，具有操作简单、灵敏度高、特异性好、费用低等优点。

通过原核表达 SRBSDV P10 蛋白免疫兔子制备抗血清，利用 ELISA 方法分析表明，P10 蛋白的抗血清可与来自湖南不同地区的白背飞虱病汁液发生强烈的血清学反应，单头白背飞虱病样汁液经 10 倍稀释后均可与稀释 1 000 倍的 P10 蛋白抗血清产生强烈的血清学反应。用合成了 SRBSDV Pup 和 P10 蛋白的 7 个多肽片段免疫兔子制备了多克隆抗体，以最好的多抗 1 为核心建立的 dot-ELISA 方法，可以检测出 100 倍稀释水稻病株中的 SRBSDV，该方法在云南的一些地方进行了应用。但因以多克隆抗体为核心建立的血清学方法存在非特异性高、准确性和均质性差、产量有限等缺点，故不能标准化，也很难在基层推广应用。以合成的 SRBSDV 衣壳蛋白的多肽为抗原制备了抗 SRBSDV 特异性单克隆抗体，以制备单克隆抗体为核心建立了检测 SRBSDV 的 dot-ELISA 方法，该方法检测水稻和白背飞虱中 SRBSDV 的灵敏度分别达到 320 倍和 6 400 倍稀释。随后开发出了可以灵敏、特异、高通量检测水稻和白背飞虱中 SRBSDV 的 dot-ELISA 试剂盒。该试剂盒具有操作简便、准确性好、易标准化等特点，从 2012 年起被全国农业技术推广服务中心规定为该病毒病的检测标准试剂，并已经在我国南方稻区的基层单位广泛推广应用，为我国南方水稻黑条矮缩病毒诊断、预测预警和科学防控提供了技术和物资支撑，已产生了巨大的经济效益和社会效益。

四、分子检测方法

SRBSDV 的分子检测方法主要有 RT-PCR、巢式 RT-PCR、一步双重 RT-PCR、实时荧光定量 PCR、环介导等温扩增（LAMP）技术、免疫捕获反转录 PCR（IC-RT-PCR）、核酸测序等。分子检测方法灵敏度高、特异性强，但操作较复杂，不适于大量样品检测，故是实验室内检测 RNA 病毒最常用的方法。

在 RNA 病毒检测方法中，RT-PCR 是常用的检测少量样品最灵敏的方法，其原理是以病毒 RNA 为模板，用反转录酶合成互补 DNA（cDNA），然后再以合成的 cDNA 为模板进行常规的 PCR 反应扩增来获得目的片段。通过设计 SRBSDV 的保守序列可同时检测水稻中的 SRBSDV 和 RBSDV；根据 S9 序列设计简并引物，可同时检测并区分水稻和稻飞虱中的 SRBSDV 和 RBSDV 两种病毒。此外，根据 SRBSDV 的 S5 和 S10 序列设计双重 PCR，能特异性地检测 SRBSDV，还可有效地降低实际操作中因电泳条带太弱或非特异产物的干扰而造成的结果难以判定的影响，而且对检测白背飞虱样品中的 SRBSDV 同样有效。

巢式 PT-PCR 是指利用 2 套 PCR 引物对，进行 2 轮 PCR 扩增反应。在第一轮扩增中，外引物用以产生扩增产物，此产物在内引物的存在下进行第二轮扩增。由于巢式 RT-PCR 反应有 2 次 PCR 扩增，从而降低了扩增多个靶位点的可能性，增加了检测的敏感性和可靠性。根据 SRBSDV S10 设计引物，用 2 对引物进行巢式 RT-PCR 扩增，检测结果表明，它仅能从感病的水稻及带毒白背飞虱总 RNA 抽提物中扩增出预期目的片段。

实时荧光定量 PCR 技术以 PCR 原理为基础，在反应体系中加入荧光基团，通过观察荧光信号的变化来实时监测整个 PCR 过程，最后通过标准曲线对未知模板进行定量分析。实时荧光定量 PCR 技术通过监测荧光信号的强弱实现了对 DNA 或 RNA 的定量，并且具有灵敏度高、特异性和可靠性强、能实现多重反应、自动化程度高、实时性和准确性强等特点。由于在反应过程中采用完全封闭模式，不需要进行琼脂糖凝胶电泳等步骤，避免了交叉污染的可能性。用实时荧光 RT-PCR 检测 SRBSDV，发现其对感染 SRBSDV 水稻茎秆总 RNA 的检测下限为 $4.3 \times 10^{-8} \mu g/\mu L$，比普通 PCR 检测技术灵敏度高出 10 000 倍。另外，当检测感染 SRBSDV 水稻及携带 SRBSDV 白背飞虱时，CT 值小且迅速达到平台期；而检测感染 RBSDV 水稻及携带 RBSDV 灰飞虱时，基本不起峰，与阴性对照结果类似，表明其能特异性检测 SRBSDV。

环介导等温扩增技术是一种新型的基因诊断技术，而 RT-LAMP 技术是在原反应基础上加入逆转录酶实现等温条件下 RNA 的一步扩增。该技术采用一种具有链置换活性的 Bst DNA 聚合酶以及能特异性识别靶基因上 6 个位点的 4 条特异性引物，在恒温（60～65℃）条件下，大约 1h 的时间里实现核酸的指数级扩增，其扩增效率可达到 $10^9 \sim 10^{10}$ 个拷贝数量级。用 RT-LAMP 技术扩增 SRBSDV S9 基因组时，敏感度是 RT-PCR 的 10 倍；而用 RT-LAMP 检测 SRBSDV 时，对感染 SRBSDV 水稻茎秆总 RNA 的检测下限为 $4.3 \times 10^{-6} \mu g/\mu L$，比传统 RT-PCR 提高了 100 倍。另外，仅以感染 SRBSDV 水稻样品或携带 SRBSDV 的单头白背飞虱所提取总 RNA 为模板时，能够高效扩增出阶梯状条带，而以健康水稻和感染 RBSDV 水稻样品或携带 RBSDV 的灰飞虱、无毒白背飞虱总 RNA 为模板时，得不到扩增产物，表明其具较好的特异性。

免疫捕获反转录 PCR 将免疫学检测技术和分子生物学检测技术有机结合。与单纯的 PCR 检测相比，它能提高检测的特异性，减少污染的可能，而且省去了提取 RNA 的步骤，降低了检测成本，是一种快速有效的方法；与 ELISA 检测相比，可以直接从病汁液中捕获病毒粒子，起到了浓缩和纯化病毒的作用，又利用 PCR 技术放大了检测的灵敏度。以制备的多抗 1 为捕获抗体，利用 SRBSDV S5 和 S10 基因的特异性序列为引物，建立了检测 SRBSDV 的 IC-RT-PCR 方法；选择 SRBSDV P9-1 蛋白的多克隆抗体为包被抗体，建立 SRBSDV 的 IC-RT-PCR 检测方法，结果显示在 SRBSDV P9-1 包被抗体稀释 100 倍时，IC-RT-PCR 仍可见特异的扩增条带，且只能特异性检测到感染 SRBSDV 的水稻和携带 SRBSDV 的白背飞虱。

五、结束语

纵观以上几种 SRBSDV 检测方法，症状观察鉴定植物病毒的方法操作简单、快速，但其可靠性、稳定性差，常常不能准确鉴别植物病毒病，且不能鉴定传毒介体是否带毒。PCR 的检测灵敏度较高，而实时荧光定量 PCR 和 RT-LAMP 的特异性和灵敏度都要高于 RT-PCR，但是实时荧光定量 PCR 不能观察到扩增产物的大小，且退火温度、酶的活性、染料 SYBR Green Ⅰ 的浓度、Taqman 探针比例、寡核苷酸杂交特异性及同源和异源 DNA 背景等因素都会对定量造成偏差，而 RT-LAMP 在实验过程中极易受到污染而产生假阳性结果，且在产物回收鉴定、克隆、单链分离方面不如传统的 PCR。RT-PCR 对操作人员和设备要求高，且仅适合于实验室少量样品的检测应用，不适用于田间大量样品的检测。相对于前两者，血清学方法在大规模样品检测中有较为突出的优势，虽然灵敏度和特异性相比 PCR 稍低，但该方法易操作、高通量，更适合田间样品的大规模检测。目前血清学方法已被广泛应用于植物病毒的诊断、鉴定，以及病害流行规律的分析、预测预报和抗病育种等方面的研究中。

（作者：吴建祥）

南方水稻黑条矮缩病对水稻产量的影响

南方水稻黑条矮缩病在我国于 2001 年首次被发现，当年发病面积较小，仅 3~5hm² 水稻受害。随后的几年，该病害在我国南方稻区先后发生，大部分田块病株率低于 1%，未造成明显的产量损失，但少数田块病株率超过 30%，且一些田块因该病而失收。2009—2010 年，该病害在我国华南稻区、华中和华东部分稻区普遍发生，且中晚稻明显重于早稻。

南方水稻黑条矮缩病毒侵染寄主水稻后，感病植株明显矮缩，病株茎秆表面有蜡点状、纵向排列成条形的瘤状突起，病株节部有倒生须根及高节位分蘖，植株根系不发达，须根少而短，严重时根系呈黄褐色。水稻各生育期均可感病，但发病症状因染病时期不同而略有差异。早期感病的稻株普遍矮缩，不抽穗或仅抽包颈穗；后期感病的稻株矮缩不明显，能抽穗，但穗型小、实粒少、粒重轻，从而严重影响水稻产量。目前在南方水稻黑条矮缩病的检测、发生与防治、与介体白背飞虱的互作以及对非介体的影响等有较多报道，但有关该病害发生对水稻产量的影响报道较少。本文报道了水稻感染南方水稻黑条矮缩病后产量的变化，旨在明确该病害不同发病程度对水稻产量的影响。

一、材料与方法

（一）水稻品种和栽培方式

供试水稻品种为 Y 两优 1 号、深两优 5814、丰两优 1 号、黄华占、甬优 9 号、C 两优 608 和扬稻 6 号。采用单季稻移栽的栽培方式，株行距为 20cm×20cm。

（二）水稻植株感染 SRBSDV 检测

水稻种子和秧苗期均不用农药处理，其余均按正常农事操作管理。Y 两优 1 号、深两优 5814、丰两优 1 号、黄华占、甬优 9 号和 C 两优 608 均于 5 月 20 日播种，6 月 10 日移栽。自然诱发南方水稻黑条矮缩病，水稻分蘖盛期调查，每个品种随机选 5 丛水稻，每株疑似植株取 1 片叶片，用 ELISA 方法测定是否感病，并用 PCR 方法检测确认，确诊后做好标记，黄熟期进行考种。

（三）病虫害防治措施

选择地块条件比较相似的 2 个农户（种植水稻品种均为扬稻 6 号），前期采取不同的病虫害防治措施，后期其他病虫的防治及肥水管理等均一致。前期防治措施如下。

1. 农户自行防治　面积 1 亩。没有采取药剂拌种和带药移栽。发现感病后，于 6 月 20 日，每亩用 25% 噻嗪酮可湿性粉剂 60g 防治 1 次，药液量为 25kg；6 月底、8 月上旬病症明显后，用 25% 吡蚜酮可湿性粉剂 32g+10% 烯啶虫胺悬浮剂 40mL 兑水 50kg 各防治 1 次。

2. 综合防治 面积 2 亩。采取以预防南方水稻黑条矮缩病为目的的防治方法，播种时每千克种子用 4g 25％吡蚜酮可湿性粉剂拌种，移栽前用 25％噻虫嗪水分散粒剂 6 250 倍液防治 1 次（带药移栽），移栽后隔 15d 左右用 25％噻虫嗪水分散粒剂 6 250 倍液防治 1 次。

二、结果与分析

（一）感染 SRBSDV 对不同品种水稻结实率和千粒重的影响

感染 SRBSDV 后，不同品种水稻相同发病级别的结实率和千粒重除个别品种外，总体差异不显著（表 1-2、表 1-3）。同一水稻品种，结实率和千粒重随发病程度加重而降低，发病程度达到 3 级时，深两优 5814 和 C 两优 608 的结实率分别比对照减少 77.96％和 60.44％，丰两优 1 号减少 44.04％。总体来说，感染 SRBSDV 对水稻结实率影响最为明显，结实率随着发病程度加重而显著下降。

表 1-2 感染 SRBSDV 后不同品种水稻结实率的变化（％）

品种	对照	1 级	3 级	5 级	7 级
Y 两优 1 号	(85.11±5.07)a	(72.53±11.39)a	(57.92±11.33)ab	(52.92±6.87)a	(39.45±6.69)a
深两优 5814	(87.70±1.88)a	(55.99±8.02)a	(19.33±5.02)b	(4.27±2.68)b	—
丰两优 1 号	(81.67±4.76)a	(71.70±7.34)a	(45.70±11.44)ab	(8.07±5.68)b	(4.42±3.22)b
黄华占	(87.10±1.37)a	(77.25±2.21)a	(76.13±3.26)a	(11.02±8.00)b	—
甬优 9 号	(80.02±3.30)a	(77.62±4.25)a	(67.43±7.60)a	(35.75±14.35)ab	—
C 两优 608	(84.17±4.20)a	(47.11±9.75)a	(33.30±9.30)ab	(9.53±8.91)b	—

注：发病程度中，0 级为全株无病；1 级为植株无明显矮化，高度比健株矮 20％以内；3 级为植株矮化，高度比健株矮 20％～35％；5 级为植株严重矮化，高度比健株矮 35％～50％；7 级为植株严重矮缩，高度比健株矮 50％以上，或者死亡。同一列数据后不同小写字母表示经 Tukey 法检验在 $P < 0.05$ 水平差异显著。下同。

表 1-3 感染 SRBSDV 后不同品种水稻千粒重的变化（g）

品种	对照	1 级	3 级	5 级	7 级
Y 两优 1 号	(24.01±0.48)a	(21.97±1.84)b	(20.93±1.26)ab	(19.56±0.74)a	(16.23±1.08)a
深两优 5814	(23.31±0.48)a	(20.72±0.68)b	(14.45±0.78)b	(11.26±3.40)a	—
丰两优 1 号	(21.96±0.87)a	(21.55±1.30)b	(18.52±2.11)ab	(14.52±1.44)a	(14.17±1.84)a
黄华占	(19.56±0.22)a	(19.09±0.41)b	(17.11±1.12)ab	(13.02±2.53)a	
甬优 9 号	(26.62±0.60)a	(26.17±1.12)a	(25.19±0.58)a	(19.44±3.02)a	
C 两优 608	(24.28±0.34)a	(20.80±0.61)b	(20.09±1.44)ab	(15.06±2.61)a	

（二）不同防治措施对产量的影响

表 1-4 显示，综合防治农户稻田病情指数平均为 6.0，低于农户自行防治稻田（48.6）。综合防治田块每亩产量为 575.0kg，农户自行防治田块每亩产量为 195.0kg，与

综合防治田块相比产量损失达 66.1%。

表 1-4　不同防治措施对水稻病情指数及产量的影响

处　理	每 50 丛不同发病级别病株数（株）					病情指数	每亩产量（kg）
	0 级	1 级	3 级	5 级	7 级		
农户自行防治	10.5±8.1	10.7±6.3	5.1±4.1	13.1±5.7	11.3±6.7	48.6±18.5	195.0
综合防治	45.6±1.5	1.0±0.8	0.4±0.6	1.1±1.1	1.9±1.4	6.0±2.6	575.0

三、讨论

水稻生长后期受 SRBSDV 侵染产量会受到显著影响，单株成穗数和单穗粒数显著减少，随感病时间的推迟，千粒重受影响程度逐渐减轻。孕穗期感病，产量损失要大于拔节期感病。为分析南方水稻黑条矮缩病不同发病程度对产量损失的影响，分别建立了病丛率、病株率与产量损失率之间的线性回归方程 $y=1.027\,0x-1.363\,4$（$r=0.999\,6$）和 $y=1.050\,9x-0.450\,8$（$r=0.999\,2$），明确了南方水稻黑条矮缩病病丛率或病株率增加 1%，对应的水稻产量损失率增加约 1%。2012 年测定了不同品种水稻发病级别对产量的影响，以及不同管理水平下的水稻产量，结果发现，从同期相对虫量来看，白背飞虱在 Y 两优 1 号上发生较重，甬优 9 号上发生较轻，其他几个品种差异不明显。感染 SRBSDV 后，不同品种水稻相同发病级别的结实率和千粒重差异不显著。同一水稻品种结实率和千粒重随发病程度加重而降低。总体来说，感染 SRBSDV 对水稻结实率影响最为明显，结实率随着发病程度加重而显著下降。在同等条件的田块内，防治措施不当导致水稻产量损失达 66.08%。这些结果对明确南方水稻黑条矮缩病的危害具有一定的意义。

对该病害的研究发现，必须将整个病害流行区作为一个整体考虑，开展大区流行趋势的预测，实施分区治理，对病害的监测与治理具有指导意义。在具体措施方面，针对不同稻区的流行特点，种植抗（耐）病虫品种、培育无病壮秧、健身栽培、拔除病株和翻耕灭茬等农业防治，防虫网或无纺布覆盖等物理防控措施，以及种子处理和秧田、本田等化学防治措施，形成了较为成熟的分区域治理关键技术体系，应用效果显著，并在近年各地的防治实践中发挥了重要作用。研究不同栽培方式对白背飞虱及南方水稻黑条矮缩病发生程度的影响，结果表明，机插秧白背飞虱发生量最低，抽穗期发病轻，其次是人工移栽方式，直播稻田白背飞虱和南方水稻黑条矮缩病的发生最重。前期调查发现，南方水稻黑条矮缩病毒可感染水稻、玉米、薏米、稗、白草和水莎草等多种作物和杂草，近年又发现高粱、野燕麦、牛筋草是新的 SRBSDV 自然寄主。SRBSDV 的传播介体白背飞虱为迁飞性害虫，每年早春从中南半岛随西南气流迁入我国华南稻区，之后不断北迁。SRBSDV 在早稻或其他寄主植物上扩繁后，再经白背飞虱传播至中稻或晚稻秧田，从而造成严重危害。因此，应在秧田和本田初期控制介体白背飞虱的基础上，加强稻区内除水稻以外的寄主植物上白背飞虱和疑似 SRBSDV 症状的调查与治理。

（作者：徐红星　盛仙俏　陈桂华　吕仲贤）

南方水稻黑条矮缩病毒（株）对介体和非介体稻飞虱及其天敌的影响

稻飞虱是我国南方水稻的最主要害虫，发生面积大，发生范围广，产量损失大。进入21世纪以来，特别是2005年以后，稻飞虱引起的危害也进入了一个更为严重的新阶段，暴发频率和发生量均创历史最高。在发生面积和数量不断上升的同时，稻飞虱的种类也不断增多，原来每年仅1种稻飞虱在局部地区危害成灾，而近10年来，3种稻飞虱［褐飞虱（*Nilaparvata lugens*）、白背飞虱（*Sogatella furcifera*）和灰飞虱（*Laodelphax striatellus*）］同时在我国大范围严重危害。稻飞虱不仅直接取食危害水稻，而且传播的特异性水稻病毒病更具毁灭性，稻飞虱及其所传的水稻病毒病已经成为影响我国水稻安全生产的最重要生物灾害。其中，南方水稻黑条矮缩病毒（SRBSDV）是由白背飞虱传播的一种新的水稻病毒，给我国水稻生产造成了严重威胁。

植物病毒与介体节肢动物的关系很复杂。植物病毒依靠介体传播和扩散，而病毒在介体体内循环、复制等可直接影响介体的生理变化过程；病毒和介体共享同一寄主植物，相互争夺植物资源；病毒与介体的存在又能诱导寄主植物产生防御反应，进而通过寄主植物的营养物质及产生的次生物质等的变化，间接影响昆虫的生长发育及行为反应。寄主植物-介体节肢动物-病毒相互作用并且密切联系，但在自然条件下，不存在这样一个独立的系统，植食性非介体节肢动物及其天敌也经常与之共存并相互影响。

在我国长江中下游稻区，褐飞虱、白背飞虱和灰飞虱混合发生，共享同一寄主稻株，只是发生的高峰期有所差异。感病稻株矮化、分蘖增多（丛生）、叶绿素增加、生育期延迟等特性（病症）反而改善了同在水稻基部吸食叶鞘汁液的飞虱类昆虫的生存环境和营养条件，有利于介体和非介体稻飞虱的发生。同时，感病植株叶鞘中的游离氨基酸和病株释放出的次生挥发物的种类和含量也发生了变化，如水稻在感染水稻黑条矮缩病（RBSDV）后，植株体内的游离氨基酸含量增加31.1%，而可溶性糖的含量则是正常稻株的3倍。这些变化直接或间接影响介体和非介体稻飞虱种群的发生规律、天敌对猎物的搜索能力和自然控制水平，乃至可能通过食物链影响整个生态系统。

分析南方水稻黑条矮缩病毒（株）对介体和非介体稻飞虱及其主要天敌的直接或间接作用，以期为从生态系统水平对介体和非介体稻飞虱的种群管理及其传播的水稻病毒病的可持续控制提供参考。

一、SRBSDV 对介体白背飞虱的影响

携带 SRBSDV 后，白背飞虱若虫发育历期延长，雌成虫体质量下降，但其差异均未达显著性水平。当白背飞虱雌雄成虫均携带 SRBSDV 时，其单雌产卵量仅 16.50 粒，显

著低于正常白背飞虱，卵孵化率也显著下降；仅雌虫或雄虫携带 SRBSDV，对白背飞虱产卵量及孵化率均无显著影响。这表明当雌雄成虫均携带 SRBSDV 时，能显著抑制白背飞虱的生殖能力。携带 SRBSDV 以及取食感染 SRBSDV 病株的白背飞虱，若虫发育历期延长，水稻植株的感病率可能增加，且不利于白背飞虱种群的扩大。

携带 SRBSDV 的白背飞虱取食行为发生一定的变化，在韧皮部稳定取食的次数显著多于健康的白背飞虱，而在韧皮部稳定取食的总持续时间较短，平均持续时间也较短，表明携带 SRBSDV 的白背飞虱能多次短时地在韧皮部稳定取食。在韧皮部取食次数显著增加，意味着有利于病毒的传播。SRBSDV 病株挥发物也能改变介体白背飞虱对寄主的选择行为并促进病毒的传播。

二、SRBSDV 病株对介体白背飞虱的影响

白背飞虱取食 SRBSDV 病株后，其雄虫发育历期显著延长，雌成虫体质量显著降低，若虫存活率略有降低，雌虫发育历期延长，但均无显著差异。感染 SRBSDV 的水稻病株能显著提高白背飞虱的单雌产卵量，但对其成虫寿命、孵化率等参数均无显著影响。SRBSDV 病株能减弱白背飞虱的耐饥饿能力。在 26、31℃条件下，SRBSDV 病株均能显著缩短白背飞虱平均存活时间，在健康苗上生长发育的白背飞虱致死中时（LT_{50}）显著高于在感 SRBSDV 水稻苗上生长发育的白背飞虱。

三、SRBSDV 病株对非介体褐飞虱的影响

国内外的研究主要集中在植物病毒与介体昆虫的互作和协同进化的分子生物学机制方面，对植物病毒与共享同一寄主植物的非介体节肢动物的直接或间接关系及其生态学和分子生物学机制等研究仍处于起步阶段。目前的研究发现，非介体褐飞虱在 SRBSDV 病株上取食后，若虫存活率显著下降（$P=0.040$），而发育历期、雌成虫体质量以及性比均未达显著性水平。在 SRBSDV 病株上生长发育的褐飞虱，产卵量无显著变化，雌成虫寿命显著缩短（$P=0.016$），在 SRBSDV 病株上褐飞虱卵的孵化率显著高于健株（$P=0.010$）。温度对 SRBSDV 病株上生长发育的褐飞虱的平均存活时间无显著影响，即在感病水稻苗上生长发育的褐飞虱受温度影响较小。感染南方水稻黑条矮缩病毒的水稻对褐飞虱生长发育和繁殖有一定的抑制作用。

与在健康水稻植株上取食的褐飞虱相比，在感染 SRBSDV 水稻植株上取食的路径波 Nc（N2＋N3）（口针在维管束组织移动）的总持续时间显著延长了 116.69%，Nc（N2＋N3）波形持续时间占总监测时间的百分率也显著提高了 100.42%，而口针刺探次数和刺探时间、在韧皮部及木质部取食次数和持续时间等均无显著差异，表明水稻感染 SRBSDV 后对褐飞虱的取食行为影响不大，仅显著延长了其到达取食位点的时间。

四、SRBSDV 病株对天敌稻虱缨小蜂的影响

除显著延长雌蜂寿命外，水稻感染 SRBSDV 后对寄生性天敌稻虱缨小蜂的生态适应性和寄主选择性无显著影响。SRBSDV 病株上收集的褐飞虱蜜露与健康苗上收集的褐飞虱蜜露对稻虱缨小蜂的寿命无显著影响。

五、问题与展望

目前，在病毒-介体昆虫、病毒-寄主植株的互作等方面的报道较多，而关于植物病毒在植物-节肢动物-天敌三级营养关系中的调控作用及调控机制，特别是植物病毒对非介体节肢动物的影响研究甚少，是值得探索的问题。由于植物病毒病的普遍发生，非介体昆虫与介体昆虫往往共享同一寄主，且大部分植食性昆虫都是病毒的非介体，植株感染病毒后不仅对介体昆虫有影响，还对植食性非介体昆虫甚至天敌产生影响，从而影响整个生态系统。不同的植物病毒对其周边节肢动物影响不一，因此明确各层营养级之间的相互作用关系，对病虫害的防治有重要作用。

另外，在自然界常存在 1 株植物同时受 2 种或 2 种以上病毒的复合侵染，通过长期的进化过程，病毒之间可能形成协同作用或拮抗作用。目前，已经检测到南方水稻黑条矮缩病毒与齿叶矮缩病毒复合侵染的水稻植株，但病毒的复合侵染对同一生态系统中其他植食性节肢动物、天敌的影响有待进一步深入研究。

（作者：徐红星　何晓婵　郑许松　吕仲贤）

第二部分

流行规律与防治技术协作研究

南方水稻黑条矮缩病
综合防治技术协作研究与危害控制

2008 年，华南农业大学周国辉教授等在《科学通讯》上报道，在我国华南稻区发现呼肠孤病毒科斐济病毒属新种，由迁飞性白背飞虱若虫和成虫携毒传播，并命名为南方水稻黑条矮缩病毒（*Southern rice black-streaked dwarf virus*，SRBSDV），该病毒侵染的植株症状与水稻黑条矮缩病相似，但又不完全一致，表现为植株矮缩、分蘖增加、丛生、不抽穗或抽小穗、包颈穗，有倒生根和高节位分蘖以及基部茎秆蜡条状突起等症状。该病毒可使晚稻大面积发病，严重时可导致田块失收，稻谷产量损失大。在我国长江流域以南稻区中晚稻上大范围流行的南方水稻黑条矮缩病引起了农业部、全国农业技术推广服务中心以及流行区各省农业部门的高度关注，有序地开展了一系列针对性的防控措施、综合防治技术协作研究和开发、技术培训和宣传活动。

一、南方水稻黑条矮缩病防治技术协作研究

针对南方水稻黑条矮缩病的传播流行规律、寄主范围、危害特点、品种抗性以及快速检测诊断技术和综合防治关键技术等一系列技术问题和薄弱环节，全国农业技术推广服务中心快速反应，积极采取应对措施。

2009 年 11 月 23—25 日，全国农业技术推广服务中心联合中国植物保护学会科普工作委员会、中国植物病理学会植病综合防治专业委员会在福建福州市举办了全国水稻病毒病防治技术培训班，培训班得到福建农林大学植物病毒研究所谢联辉院士团队以及国内多家科研教学机构从事植物病毒研究专家的鼎力支持，针对稻飞虱和叶蝉传播的水稻病毒病的传播特点和流行规律、识别诊断、防治技术、抗植物病毒农药的应用、田间和实验室诊断和快速检测技术进行了培训和田间考察，也讲解了新发生的南方水稻黑条矮缩病的症状特征、危害特点等最新研究进展，为各稻区植保技术人员开展田间识别、普查和防治技术协作研究打下了基础。

全国农业技术推广服务中心、浙江大学原副校长程家安教授、浙江省农业科学院院长陈剑平院士等专家相继向农业部等主管部门报告了南方水稻黑条矮缩病在我国南方稻区发生危害状况以及进一步扩散流行的风险，并提出了应对措施建议。全国农业技术推广服务中心于 2010 年 1 月发出《关于开展南方水稻黑条矮缩病发生规律与防治技术调查研究的通知》，印发了《南方水稻黑条矮缩病发生规律与防治技术调查研究方案》。2010 年 2 月 1 日，农业部种植业管理司会同全国农业技术推广服务中心在北京召开了部分新发生病虫害防控对策研讨会，针对南方水稻黑条矮缩病等新病虫草害，提出了加强基础研究、监测预警、防控对策等方面的建议。2010 年 6 月 12 日发文成立了南方水稻黑条矮缩病防治技术

协作组，广东、湖南、江西、浙江、海南、广西、湖北、江苏、安徽、福建、辽宁、四川、重庆、上海、云南、贵州等 16 个省（自治区、直辖市）植保站为协作组成员单位，华南农业大学、福建农林大学、浙江省农业科学院、江苏省农业科学院、广西大学等 5 个科研教学单位为技术支持单位，开展病害诊断及白背飞虱带毒检测、传毒媒介-病毒-寄主植株的关系、病害危害损失、病害流行规律、综合防治措施等方面的调查研究和协作攻关。2011 年，农业部成立了南方水稻黑条矮缩病联防联控协作组，负责组织和协调各省（自治区、直辖市）农业植物保护部门以及有关科研教学单位协同攻关，开展联防联控行动。

二、防治技术协作研究进展

（一）病害的早期诊断与检测

1. 感病植株田间典型症状表现　水稻植株可在各个生育期感染南方水稻黑条矮缩病毒，每个生育期感病所表现的症状有所不同。水稻苗期感病，初期表现为叶色深绿，叶片僵直；分蘖初期感病表现为分蘖增加，上部叶片近基部叶面皱褶，植株矮缩，根系呈黄褐色，不发达，须根少而短；分蘖末期至拔节期感病的植株，矮缩不明显，植株下部数节茎节部生有向上的不定根和高节位分蘖，茎秆基部 1～2 节表面生有乳白色瘤状突起，短条状纵向排列，后期变为褐黑色，部分植株可以抽穗，但穗小或包颈穗，结实少，粒轻，对产量影响大；穗期感病，仅表现为叶色偏绿或无症带毒。水稻不同品种感病后表现的症状也有所差异。

在云南低热河谷、广东南部、贵州南部、福建东南部等稻区，部分年份田间存在南方水稻黑条矮缩病与齿叶矮缩病复合侵染现象，稻株同时表现 2 种病毒病的典型症状。玉米受该病毒侵染后，早期植株明显矮缩，节间粗肿，叶片密集丛生，叶色深绿、宽短僵脆，叶面皱褶不平，果穗畸形，不结实或结实很少；中后期感病，植株矮化不明显，仅表现出叶色深绿、叶面皱褶症状。在云南施甸旧城乡田间还观察到，玉米感病后苗期不显症，拔节后开始显症，叶背具白色蜡条状瘤状突起，与叶脉平行纵向排列等。

2. 带毒介体和感病寄主植物的快速检测　对灯下和田间白背飞虱带毒率检测，是早期正确判断病毒病是否流行、流行范围和程度、是否需要采取针对性防治措施的重要依据。在病害流行初期白背飞虱迁入危害稻区，迁入代介体携毒和带毒率的检测以及个别稻区采集田间白背飞虱进行检测，受采样田块类型、取样稻株、样本量等因素影响，易出现带毒率较高（70% 以上）的情况，不能正确反映田间白背飞虱带毒情况，还容易误导防治决策。因此，在稻区水稻生长前期（3—6 月）进行病害流行监测和预警，检测灯下虫的带毒率，更具有参考价值。

对疑似感病稻株（以及其他寄主植物）的检测，尤其是在感毒初期未显现典型生物学症状时，正确鉴别寄主植物种类、明确植株早期感毒以及田块范围，对于提前确定秧苗是否移栽、明确防治目标田块以及受害田的保险补偿等问题具有重要意义。

采用分子检测方法、电子显微镜观察法虽然稳定可靠，但由于操作复杂，耗时长，成本高，需要一定的仪器设备支持，仅少数科研教学推广单位实验室具备检测条件，远远不能满足生产上批量介体昆虫和疑似植株带毒率的检测需要。浙江大学、贵州大学、福建农林大学等多家科研教学单位积极研发血清学快速检测方法并取得成功，其中，浙江大学以合成的 SRBSDV 衣壳蛋白的多肽为抗原制备了抗 SRBSDV 特异性单克隆抗体，以制备单抗为核心建立了 dot-ELISA 方法，并开发了快速检测试剂盒，为植物保护技术部门，尤其是市县级机构早期、快速、批量检测介体昆虫和疑似植株提供了高效、可靠的技术。

（二）白背飞虱的传毒特性

1. 介体白背飞虱发生特点　自 2005 年以来，白背飞虱在我国南方各稻区严重发生，发生面积和发生程度有所增长。2008—2017 年，发生面积分别为 1.20 亿亩次、1.40 亿亩次、1.44 亿亩次、1.39 亿亩次、2.02 亿亩次、1.58 亿亩次、1.49 亿亩次、1.48 亿亩次、1.49 亿亩次、1.30 亿亩次。其中，2012 年达到 2.02 亿亩次，为历史极值（图 2-1）。

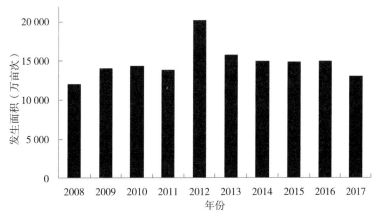

图 2-1　2008—2017 年全国白背飞虱发生面积
注：数据来源于全国农业技术推广服务中心《全国植保专业统计资料》。

白背飞虱田间种群量一般在每百丛 1 000 头以上，发生严重田块可达到每百丛 2 万头以上。白背飞虱发生范围广泛分布于我国从环渤海湾的辽宁沿海稻区至海南岛的各个稻区，具有远距离迁飞性，早春由中南半岛、我国海南岛南部和云南低热河谷地带等终年繁殖区或越冬区随西南气流逐级向北部稻区迁飞，这些冬季和早春发生区成为南方水稻黑条矮缩病的最初侵染源。南方水稻黑条矮缩病的流行与介体昆虫白背飞虱在南方稻区的大范围严重发生具有同步性。因此，携毒白背飞虱有效虫源的迁飞和白背飞虱大发生是南方水稻黑条矮缩病大流行的关键因素之一。

2. 白背飞虱的传毒特性　研究表明，南方水稻黑条矮缩病是由白背飞虱以持久方式传播的，白背飞虱取食获毒后可终身带毒，但病毒不经卵传至下一代，若虫和成虫最短获毒饲喂时间为 5～10min，体内循回期为 6～14d。白背飞虱若虫和成虫均能传毒，但若虫传毒效率高于成虫，不同虫态三叶一心期稻株接毒时间为 4～11min，分蘖初期接毒时间为 5～12min。单头白背飞虱带毒初孵若虫，一生可使 22～87 株（平均 48 株）水稻秧苗染病。灰飞虱、褐飞虱、叶蝉不能传毒，但不到 5% 的灰飞虱可从水稻上获毒；水稻种子也不能传播该病毒。

3. 南方水稻黑条矮缩病毒的寄主范围　除水稻外，室内人工传毒、田间疑似感病植株检测结果表明，玉米、稗、双穗雀稗、水莎草、白草也是南方水稻黑条矮缩病寄主植物，感染病毒后出现与水稻相似的症状，如矮化、叶色浓绿等，但这些植物在病毒病侵染循环中发挥的作用尚未见明确的结论。在海南岛、云南低热河谷地区晚稻或单季稻收割后种植较大面积的秋冬种玉米发现，云南施甸旧城乡 2012 年秋冬种玉米 SRBSDV 发生面积 600 亩，占种植面积的 36.81%，病田率 36.59%，采集疑似感病株室内检测，阳性率 61.54%；元江红河社区采集疑似感病冬种玉米室内检测，阳性率 8.33%。海南、广东均调查到冬种玉米感染南方水稻黑条矮缩病毒，室内带毒白背飞虱也可将病毒传给玉米。

4. 白背飞虱带毒率　为了准确掌握迁入和当地白背飞虱携带南方水稻黑条矮缩病毒情况，分析介体带毒率与田间发病率的关联性，为病害的早期预警和田间防治决策提供依据，各病害流行省份的植保技术部门在白背飞虱发生期间，采集灯下和田间白背飞虱、水稻疑似感病植株，协作组组织了华南农业大学、福建农林大学、浙江大学、贵州大学、江苏省农业科学院、广西大学等具备病毒检测条件的机构进行白背飞虱和疑似稻株的检测鉴定。灯下采集白背飞虱成虫检测带毒率，由于迁飞路径、迁入时期、批次、样本量不同，带毒率存在差异，总体上看，带毒率与田间水稻发病率存在正相关关系，带毒率较高时（>1%），水稻发病率则高。从田间感病稻株上采集的白背飞虱（成虫或若虫）带毒率一般较高，甚至达到 20%～70%，对判断病害的流行程度、扩散范围没有实际参考价值，但这些带毒虫会加重采样点小范围的病害发生程度（表 2-1）。

表 2-1　2010—2012 年部分稻区白背飞虱带毒率检测结果

年份	采样地点	采样时间	样品类型	样品数量（头）	带毒率（%）
2010	广东雷州	3—4 月	灯下长翅成虫	78	5.1
		5—6 月	灯下长翅成虫	107	2.8
		7—8 月	晚稻秧田长翅成虫	1 913	2.1
	广东海丰	3—4 月	灯下长翅成虫	24	0
		5—6 月	灯下长翅成虫	372	0.8
	广东遂溪	3—4 月	灯下长翅成虫	20	0
	广东广州	3—4 月	早稻本田初期长翅成虫	300	3.0
		7—8 月	晚稻秧田长翅成虫	120	2.5
	广东曲江	5—6 月	灯下长翅成虫	218	0.9
	广西宜州	3—4 月	灯下长翅成虫	52	0
		5—6 月	灯下长翅成虫	119	0
	广西上林	5—6 月	灯下长翅成虫	38	2.6
	广西凌云	5—6 月	灯下长翅成虫	86	1.2
	广西柳江	5—6 月	灯下长翅成虫	45	2.2
	广西钦州	5—6 月	灯下长翅成虫	96	3.1
	广西昭平	5—6 月	灯下长翅成虫	32	3.1

（续）

年份	采样地点	采样时间	样品类型	样品数量（头）	带毒率（%）
2010	广西永福	5—6 月	灯下长翅成虫	180	3.3
	广西岑溪	5—6 月	灯下长翅成虫	47	0
		9—10 月	灯下长翅成虫	35	0
	广西象州	5—6 月	田间长翅成虫	35	22.9
	广西贺州	7—8 月	灯下长翅成虫	76	1.3
		9—10 月	灯下长翅成虫	35	0
	湖南邵阳	7 月 2 日	早稻田间长翅成虫	108	0
	上海	7 月 6 日	灯下长翅成虫	58	6.7
	重庆	7 月 5 日	灯下长翅成虫	67	0
2011	广东海丰县附城	7 月 13—31 日	田间长翅成虫	120	21.7
	广东雷州市英利、覃头	7 月 27—30 日	秧田成虫	105	0
2012	广东韶关	5 月 10 日	灯下长翅成虫	360	1.39
	广东广州	5 月 20 日	田间成虫	120	0.83
	广西钦州	5 月 9 日	灯下长翅成虫	240	0.42
	广东海丰和广西宜州	7 月中旬之后	灯下白背飞虱成虫	442	1.81

注：由华南农业大学周国辉教授检测并提供。

（三）南方水稻黑条矮缩病的发生危害特点

1. 分布范围　南方水稻黑条矮缩病在我国南方稻区流行范围受到白背飞虱发生范围、水稻种植制度和生育期等因素制约，需要水稻感病敏感生育期与白背飞虱有效虫危害期吻合，才可导致水稻感病显症和流行。南方水稻黑条矮缩病主要分布在长江流域以南的华南稻区、西南稻区南部和中部、长江中游稻区和江南稻区，包括海南、广东、广西、福建、云南、贵州南部和西部、湖南、湖北、江西、浙江南部和中部、安徽沿江。四川、重庆、江苏仅在田间采集到发病稻株，未出现整田发病，可能与白背飞虱的带毒率低、危害期与水稻敏感期吻合差有关。

2. 发生面积　虽然南方水稻黑条矮缩病 2001—2008 年已经在广东、海南、江西等省份小范围流行，但是由于病害种类和病原不清，发病范围小，发病程度轻，发病症状易与已知病毒病混淆等原因，对稻田南方水稻黑条矮缩病的防治不及时。2009 年，晚稻近收获期南方水稻黑条矮缩病在湖南等省份大范围流行且局部造成绝收，据统计，广东、广西、海南、湖南、湖北、江西、福建、云南 8 省份发生面积为 280.65 万亩（浙江、安徽仅零星见病，未统计在内），大部分是根据田间症状表现进行直观判断，未做病原鉴定，且不排除与水稻黑条矮缩病或普通矮缩病混合发生的情况（图 2-2）。2010 年之后，为了及时掌握各省份病害流行和危害情况，全国农业技术推广服务中心将病害发生面积按病丛率分档统计，即病丛率分为 <1%、1%～4.99%、5%～9.99%、10%～29.99%、30%～

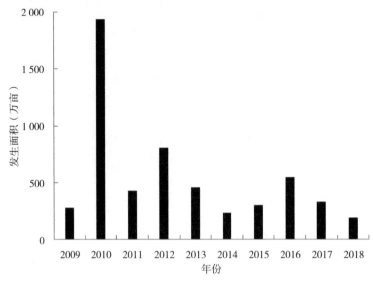

50%、>50% 6 个档，病丛率不同，对应的稻谷产量损失则不同。分级统计方法比较真实地反映了田间病害不同发生程度的面积和危害损失情况，之后一直被各地采用。

图 2-2　2009—2018 年全国南方水稻黑条矮缩病发生面积

据南方稻区 11 省份统计（表 2-2），2008—2018 年南方水稻黑条矮缩病累计发生面积 5 499.20 万亩。2008 年在江西、广东、广西、海南发生面积较小，其中，广西发病 3.92 万亩，海南发病 0.1 万亩。由于是新发生病害，对症状特征难以准确判断和区分，发生面积统计也不全面。2009 年发生区域迅速扩大到 11 个南方省份，除浙江、安徽、贵州为零星发生外，湖南、江西、广东、广西、福建、海南、湖北、云南合计发生 280.65 万亩，其中海南和湖南分别导致 5 万亩和 1.1 万亩稻谷绝收。2010 年南方 11 省份发生面积 1 936.15 万亩，达到历史极值，随后的 2011 年面积下降到 426.61 万亩，仅为 2010 年面积的 22.03%。2011—2018 年基本处于稳定状态，但在 2012 年和 2016 年出现反弹，发生面积分别达到 801.44 万亩和 542.37 万亩，2013 年、2014 年、2015 年、2017 年、2018 年发生面积 458.38 万亩、231.38 万亩、303.26 万亩、326.05 万亩、188.91 万亩，发生面积较小的 2014 年为大发生年份 2010 年的 11.95%。

表 2-2　2008—2018 年南方 11 省份南方水稻黑条矮缩病发生面积（万亩）

省份	2008 年	2009 年	2010 年	2011 年	2012 年	2013 年	2014 年	2015 年	2016 年	2017 年	2018 年	累计
浙江	—	零星	46.96	4.76	12.24	6.59	1.69	6.1	17.88	1.7	1.08	99.00
安徽	—	零星	50.66	0.45	0.45	0.45	0.45	0	0	0	0.01	52.47
福建	—	11	161	16	12.6	16.19	8.6	13.3	43.77	8.5	4.54	295.50
江西	零星	43	466	47	198.5	74	43.8	68.52	119.35	70.64	34.6	1 165.41
湖北	—	3	53.5	3.81	53.4	6.9	1.2	0.2	47.19	32.55	2.4	204.15
湖南	—	175	946.55	102	270	150.4	35	30	157.8	48.2	52.59	1 967.54
广东	零星	25.81	95.48	105.9	110.4	80.7	40.2	111.45	111.5	20	17.07	718.51

（续）

省份	2008 年	2009 年	2010 年	2011 年	2012 年	2013 年	2014 年	2015 年	2016 年	2017 年	2018 年	累计
广西	3.92	17.51	75.39	23.88	34.33	32.17	27.49	25.29	18.42	108.46	44.39	411.25
海南	0.1	5	5.78	5.5	0.28	1.97	5.78	2.35	0.27	3.51	4.91	35.45
贵州	—	零星	11.72	50.47	23.6	21.7	16.3	15.40	8.8	7.84	9.91	165.74
云南	—	0.33	23.12	66.84	85.64	67.31	50.87	30.65	17.39	24.65	17.41	384.19

2010 年为南方水稻黑条矮缩病发病面积最大、程度最重的年份，全年累计发生 1 936.17 万亩，其中早稻、中稻、晚稻分别发生 118.31 万亩、719.76 万亩、1 098.09 万亩，发病县数分别为 64 个、288 个、355 个。晚稻发生面积最大、范围最广，病丛率 10% 以下的轻病田占总面积的 88.42%，10% 以上的重病田占 11.57%；中稻发病程度最重，病丛率普遍较高，病丛率 >10% 的发病面积占 21.97%；早稻发病面积小、范围小，程度与晚稻相当，病丛率 >10% 的发病面积占 11.68%，病丛率 4.99% 以下的发病面积占 75.18%（表 2-3）。

表 2-3　2010 年全国各稻作南方水稻黑条矮缩病发病情况

稻作	项目	病丛率（%）							发病县数
		小计	<1	1~4.99	5~9.99	10~29.99	30~50	>50	
早稻	面积（万亩）	118.31	64.25	24.70	15.56	4.16	7.85	1.79	64
	占总面积比例（%）		54.30	20.88	13.15	3.52	6.64	1.52	
中稻	面积（万亩）	719.76	206.10	180.97	174.50	114.31	36.44	7.44	288
	占总面积比例（%）		28.64	25.14	24.24	15.88	5.06	1.03	
晚稻	面积（万亩）	1 098.09	419.69	352.96	198.30	97.20	24.07	5.87	355
	占总面积比例（%）		38.22	32.14	18.06	8.85	2.19	0.53	
合计	面积（万亩）	1 936.17	690.04	558.63	388.36	215.67	68.36	15.11	
	占总面积比例（%）		35.64	28.85	20.06	11.14	3.53	0.78	
	单产损失率 *（%）		0.01~3.00	1.17~8.20	5.60~10.00	10.50~26.70	14.00~45.00	59.20~100.00	

* 单产损失率为各稻区实地调查值范围。

3. 不同水稻品种的抗（耐）病性　在病害流行初期，各省开展了水稻主栽品种田间发病表现调查，总体情况为：一是生产上未发现明显抗病的品种。2010—2012 年大流行年份，重灾区所有品种均发病；广西 2009—2010 年对全区采集的 51 个矮化水稻样品进行检测，其中，49 个检测出南方水稻黑条矮缩病毒感染，2 个品种未检出。二是杂交稻发病重于常规稻，有学者认为，这与白背飞虱更偏好取食杂交稻而传毒有关。三是不同水稻品种田间抗性表现存在差异。江西 2011 年对主栽的 54 个品种进行田间抗性比较，病丛率为 0%~5.89%；广东选取 9 个主栽品种进行田间抗性比较，病丛率为 0.7%~51.24%，产量损失为 0.91%~59.58%，存在显著差异。四是在一些稻区个别品种如浙优 1 号、宜优 673、两优 2186、两优 2161，田间表现出一定的耐病性，但还不足以作为耐病品种推广种植。

4. 不同水稻稻作和生育期的发病情况　　南方水稻黑条矮缩病的介体白背飞虱为迁飞性害虫，随着纬度增加，白背飞虱迁入传毒期推迟，对各类型稻作发病面积、感病程度以及水稻各生育期的影响差别很大。海南、华南南部、云南低热河谷地区的早稻受当地越冬繁殖以及境外最早迁入的白背飞虱的传毒影响，早稻均有一定的发病面积，但总体程度较轻，田间病丛率通常为1%～3%，鲜有病丛率高的田块，其他早稻种植区病害只是偶见或零星发病，而中稻加重，晚稻发病面积最大、程度最重。福建等稻区的中稻，由于烟茬稻播种期推迟，恰与白背飞虱迁入传毒期较好吻合，中稻发病最重。分析原因主要为，早稻期间越冬和迁入白背飞虱虫量低、带毒率较低（1%以下），早稻则发病轻；经早稻扩繁，介体昆虫带毒率逐步累积，田间感病植株又可提供新的毒源，白背飞虱种群量增加，加之不断补充的带毒白背飞虱共同作用，致使中稻、晚稻介体带毒率增高、病害不断扩散，发生面积增加，危害加重。

水稻各生育期均可感病，田间可观察到秧苗期至穗期各生育期感病的不同症状表现，反之，也可根据这些症状初步判断植株的感病时期。总体上看，水稻秧苗期至分蘖初期为感病敏感期，各稻作此时期的感病植株最多，稻株表现为明显矮化不拔节，对产量影响较大或绝收。如果水稻孕穗拔节期至穗期受到带毒白背飞虱危害，植株仍可感病，仅在穗部和茎秆基部显症，或携毒不显症，并不矮缩，对产量有一定的影响。

5. 不同育秧和栽培方式的发病情况　　采用不同栽培方式和育秧方式的稻田南方水稻黑条矮缩病发病程度表现出较大差异。江西2010年调查结果显示，中稻和晚稻旱育秧发病重于湿润育秧和塑盘育秧。广东对直播稻、机插秧、人工移栽田发病情况调查结果显示，机插田发病最轻，人工移栽次之，直播田发病最重。江西的调查显示出相似结果，晚稻直播稻发病最重，机插秧次之，抛秧和人工移栽则轻；中稻抛秧田最轻，直播稻、机插秧、人工移栽发病率未表现明显差异。安徽南部和沿江稻区人工移栽和抛秧田发病重于直播田。

6. 病害对产量的影响　　南方水稻黑条矮缩病对产量的影响包括对单株及群体的影响两个方面。虽然不同水稻品种对病毒表现出不同的感（耐）病性，但对个体植株而言，产量主要受感毒时期影响。分蘖期前感病的植株，提前枯死，或不拔节抽穗，无产量。分蘖末期至穗期感病，主要影响水稻结实率。研究发现，水稻分蘖后期感病，感病株与健株相比，单株穗数减少14.3%，单穗结实减少71.9%，千粒重减少25.7%，单株产量减少81.9%；拔节期感病，单株穗数减少5.7%，单穗结实减少38.1%，千粒重减少9.0%，单株产量减少47.1%；孕穗期感病，单株穗数减少20.0%，单穗结实减少62.6%，千粒重无差异，单株产量减少70.1%。感病植株虽大部分茎可抽穗，但抽穗迟，穗小，空秕粒多，籽粒不饱满，结实率低，以分蘖后期和孕穗期感病减产最大，产量损失47.1%～81.9%。

针对南方水稻黑条矮缩病对水稻单产的影响，湖南研究了病丛率和病株率与水稻产量损失的关系，明确了病丛率和病株率与产量损失之间存在极显著的线性回归关系，病丛率或病株率越高，产量损失越大，病丛率或病株率每增加1%，产量损失增加约1%。由于水稻健株存在一定的补偿作用，当病丛率或病株率低于10%时，产量损失率显著低于病丛率和病株率；当病丛率或病株率在10%～40%时，产量损失率与发病率基本相当；当病丛率为80%或病株率为78%时，产量损失率略高于病丛率和病株率。据此提出了经济允许水平和成灾水平，中稻分别为病丛率 4.79％、30.54％或病株率 3.81％、28.98％，晚稻分别为病丛率 5.06％、30.54％或病株率 4.08％、28.98％，中晚稻的绝收水平为病丛率 79.22％或病株率 76.55％。

7. 病害的田间分布与调查方法　南方水稻黑条矮缩病株的空间分布，一方面与介体白背飞虱的田间分布有关，另一方面受病害流行的时期以及周边植被环境影响。广西等地调查表明，感病植株或传毒介体在田间具有明显的聚集现象，或由于环境条件的不均匀性，呈现出疏密相间的不均匀分布。轻病田病丛呈零星分布，重病田病丛呈聚集分布。田间明显显症矮缩植株通常为介体初侵染导致，而在矮缩植株周边还分布有轻症感病植株，与初侵染源的二次扩散再侵染有关。

广东在雷州、电白、阳西的水稻秧苗期、返青期、分蘖期、拔节孕穗期、抽穗开花期、灌浆成熟期 6 个生育期，进行田间调查取样方法研究，设置了双行（条）平行线 10 点取样法、单对角线 7 点取样法、5 点取样法、随机取样法 4 种方法，结果显示，在秧苗期、返青期、抽穗开花期和灌浆成熟期 4 个生育期采取 5 点取样法最能反映田块发病情况，分蘖期和拔节孕穗期 2 个生育期以双行（条）平行线 10 点取样法最能反映田块发病情况。在所有生育期中，随机取样法误差最大，容易产生无病田的假象。

8. 发生严重度评估方法　南方水稻黑条矮缩病田间发生程度的评估可以采用普遍率的方法，即用病田率（见病田与调查总田块数的比值）和病丛率或病株率（病丛数或病株数与调查总丛数或总株数的比值）两个指标来表示。普遍率可以客观、准确地评估南方水稻黑条矮缩病发病程度。很多地方借鉴了其他病害严重度 0 级至 5 级分级的方法，依据感病植株高度和症状表现等指标确定级数并计算病情指数，采用这种方法评价南方水稻黑条矮缩病的发病程度存在一些问题，值得商榷。一是水稻是以收获籽粒为唯一目标的作物，SRBSDV 感病植株大多矮缩、死亡、不抽穗，即使孕穗期之后染毒可以抽穗，也是包穗、小穗，结实率极低，产量仅为正常植株的 10％～20％，且籽粒成熟度差、碎米率高，已经达到了受灾至绝收程度，严重度分级不具有实际意义。二是南方水稻黑条矮缩病病丛率和病株率与水稻产量损失率之间存在极显著的线性回归关系，病丛率或病株率越高，产量损失越大，病丛率或病株率每增加 1％，产量损失增加约 1％。因此，采用病株率或病丛率即可真实反映田间实际的发病严重程度和导致的产量损失。三是严重度分级和病情指数计算增加了基层技术人员田间调查的难度和工作量，从实用有效可操作的角度来讲，这种复杂和过多的症状指标调查不具有实际应用意义。

9. 不同稻区的流行规律　根据南方水稻黑条矮缩病在各稻区发生流行时期、特点和危害情况，可以将我国南方水稻黑条矮缩病发生区域划分为 4 个发生区，即周年发生区、早春增殖区、夏秋流行区和波及区。明确该病害发生区域以及各自的规律及特点，对开展分区治理、制订全域和区域性防治策略和技术方案具有指导意义。

（1）周年发生区。包括海南、云南西南部和低热河谷区域、广东西南部和广西南部等地。该区域水稻周年种植，或冬闲田生长再生稻苗或落粒稻苗，或冬季种植玉米等白背飞虱寄主植物，白背飞虱可周年繁殖，病毒可在当地各季稻株或其他寄主植物上辗转侵染，水稻可周年感病，中稻和晚稻感病重于早稻。

（2）早春增殖区。包括广东和广西大部、江西、湖南和福建等双季稻区。该区域白背飞虱于 3 月下旬之前携毒迁入，白背飞虱在早稻上扩繁 1～2 代，病毒可完成 1～2 次再侵染，并成为其他以北稻区和本地晚稻的毒源。

（3）夏秋流行区。包括长江流域以南稻区，异地迁入或本地早稻上增殖的带毒白背飞虱侵染中稻、晚稻的秧田和本田，水稻分蘖盛期之前病毒完成 1 次初侵染和 1 次再侵染。

（4）波及区。包括西南稻区中北部、长江下游沿江、江淮、黄海稻区。该区域南方水稻黑条矮缩病常年零星发病或偶发，高带毒率的白背飞虱迁入单季晚稻或晚栽中稻秧田或本田分蘖期，形成初侵染。

三、防控技术开发及推广应用

2009 年南方水稻黑条矮缩病开始大流行时，各稻区植物保护技术部门和农户大多采取"治虫防病"的策略，即在水稻秧田期和本田期药剂防治白背飞虱，压低虫口数量，减少介体传毒，从而降低病毒病的感染发病。这项措施在病毒病大流行的初期，在对病毒病流行规律认识不清以及综合防治技术研发储备不足的情况下，对迅速有效控制病害流行、减轻稻谷损失发挥了重要作用，也对稳定病毒病严重流行稻区稻农的恐慌情绪、增强控害信心起到积极作用，但由于采取了最为严格的白背飞虱防治指标，甚至见虫就打药或定期打药，对药剂的品种采取无差别选择，无疑增加了稻田农药使用量，对稻田生态系统平衡造成了破坏，从而加剧了白背飞虱种群增长和进一步传毒，形成恶性循环。

协作组成立之初，对南方水稻黑条矮缩病的综合防治关键技术开展了协作研究开发，主要围绕病毒病的"断、避、抗、治"四字方针，分别在不同稻区开展相关田间试验示范和推广应用。

（一）综合防治关键技术

1. 秧田覆盖阻隔育秧 稻株感染南方水稻黑条矮缩病的敏感期为苗期至分蘖初期，因此，采用防虫网或无纺布秧田全程覆盖育秧，阻断介体白背飞虱传毒，是一项高效的预防措施。2012—2013 年海南、广东、广西、江西、浙江、贵州、云南等稻区试验示范结果表明，早稻和中稻、晚稻秧田分别选用 20～40 目、20 目的白色异型防虫网，水稻播种后至出苗前将防虫网覆盖在苗床上，网下每隔 1.5～2.0m 采用 1 根弧形或方形支架支撑，防虫网顶端距秧苗植株顶部 20～30cm，防虫网边缘沿畦面四周埋入土中 5～10cm 压实，多余部分抛在床面上，秧田期全程覆盖，中途不揭网，在秧苗移栽前 2～3d 揭网炼苗移栽。也可采用 15～20g/m² 规格的无纺布全程覆盖苗床，无纺布可直接覆盖在秧苗上，不需要搭拱棚。这项措施对秧苗期传毒的预防效果可达 80%～100%，使病毒病早期预防、减少秧田期用药成为可能。移栽前配合施用内吸性杀虫剂带药移栽，可以有效减轻分蘖期飞虱危害和传毒。防虫网可重复利用 3 年以上，秧田面积仅为本田的 1/60～1/10，每亩的防治成本 30～50 元，加之覆网秧田不需要杀虫剂种子处理和苗床喷雾，减少了 2～3 次施药成本，具有较好的经济效益。

多地试验还发现，早稻、中稻应用 30 目、40 目防虫网覆盖育秧，对秧苗生长具有一定的促进作用，叶龄、株高、根长、总根数、茎基宽、地上和地下部鲜重等指标均高于未覆网秧田；但华南稻区多地应用 20 目、30 目防虫网晚稻秧田覆盖育秧，对秧苗生长未表现出明显的促进作用。

2. 异地育秧　云南低热河谷地区是南方水稻黑条矮缩病严重流行区，贵州大学在云南施甸县选择较高海拔未发病地区的农田、葡萄园行间育秧，培育无毒健康秧苗，结合吡虫啉悬浮种衣剂拌种、带药移栽和分蘖期大田喷雾防治，分蘖末期平均病丛率为 8.0%，而在河谷病害重发生区育秧的稻田病丛率为 40.0%，河谷区农民自防田（分蘖期喷施 1 次吡虫啉）病丛率为 59.50%。

3. 种子处理和带药移栽　育秧田和直播田采用内吸性杀虫剂拌种或浸种，可有效防治秧田期或大田苗期的白背飞虱，避免苗床和大田苗期全田喷施杀虫剂，对保护早期水稻植株、预防南方水稻黑条矮缩病有良好的效果。湖南将种子药剂处理作为预防南方水稻黑条矮缩病的关键措施加以推广，要求稻种与种子处理杀虫剂一起销售，大幅度提高了种子处理应用面积。各稻区采用吡虫啉、噻虫嗪、吡蚜酮、烯啶虫胺等内吸性长持效药剂拌种或浸种，使秧田期和直播田苗期的防虫效果达 80% 左右，对南方水稻黑条矮缩病的预防效果为 75% 左右。水稻秧田移栽前 2~3d，采用内吸性长持效杀虫剂喷雾或浸秧，通过防治本田初期稻飞虱来预防病毒病，减少本田初期施用杀虫剂。

4. 避害栽培　福建烟后稻、广西北部单季中稻种植区进行调整播栽期避害栽培技术试验发现，广西北部中稻区水稻播种期提前至 4 月 15 日之前，水稻感病敏感生育期可有效避开白背飞虱的主迁入峰期，达到减轻病毒病发病的效果，4 月 15 日、4 月 30 日播种田块，南方水稻黑条矮缩病的病丛率分别为 0、2.5%，均显著低于 5 月 15 日播种田块的 8.50% 病丛率。福建省根据白背飞虱迁入峰期与水稻播栽期和感毒敏感期的吻合程度调查分析结果，建议南方水稻黑条矮缩病重病区将中稻播种期由常年的 4 月中下旬至 5 月下旬提前至 3 月中旬至 3 月底，使水稻感病生育期避开白背飞虱迁入高峰期。

晚稻育秧田选择远离早中稻感病稻田和玉米田，适当调整播种期，可以避免带毒白背飞虱迁移进入晚稻秧田传毒，降低秧苗感毒率。

5. 清除感病植株　在病害大流行年份，各稻区大力提倡在移栽时清除感病秧苗，避免病毒随秧苗扩散到本田成为进一步传播的毒源。杂交稻适当增加每穴苗数，以保证基本苗数量。在发病的本田，拔除感病稻株，踩入泥中，或带出田外集中销毁，补栽健康秧苗，或从健株上掰蘖补栽。这些措施可有效减少病毒在田间再次扩散蔓延。

6. 冬季毒源区翻耕灭茬　针对稻飞虱终年繁殖区冬春季的南方水稻黑条矮缩病寄主植物和感病情况的调查发现，在白背飞虱周年繁殖区，如广东雷州半岛、云南低热河谷地区，晚稻稻桩再生苗、落谷苗、早播秧苗、秋冬种玉米均可查到南方水稻黑条矮缩病感病植株和带毒白背飞虱。2012 年早春对云南施甸县、元江县的秋冬种玉米、水稻、黑麦草和稻飞虱的调查及样本检测结果显示，白背飞虱携带南方水稻黑条矮缩病毒，再生稻苗、水稻秧苗和秋冬种玉米感染了南方水稻黑条矮缩病，其中，玉米南方水稻黑条矮缩病的发病面积占种植面积的 36.81%。因此，这些区域越冬白背飞虱是早春水稻、玉米南方水稻黑条矮缩病传播的重要介体，再生稻、秧苗、玉米是病毒冬季存续循环的重要寄主和初始毒源。这些区域治理病毒病的有效措施有：一是改秋冬种玉米为蔬菜，或推迟玉米播期，晚稻收割后至玉米播种期间有 1 个月以上的空田期，可阻断晚稻白背飞虱将病毒传播到秋播玉米；二是晚稻收割后及时翻耕灭茬，减少冬季田间的再生稻、落谷稻，以降低本地越冬的白背飞虱虫源和毒源。

7. 抗病毒剂的应用　虽然未见对南方水稻黑条矮缩病具有直接治疗作用的药剂，但在生产中，一些植物免疫激活剂和植物生长调节剂表现出对南方水稻黑条矮缩病积极的预防作用。毒氟磷通过拌种或秧田期和分蘖期喷雾，单独使用或与杀虫剂混用，对稻株感染南方水稻黑条矮缩病毒具有一定的预防作用，在植株未感毒前和感毒初期施用，防治效果为33%～43%。宁南霉素、超敏蛋白、香菇多糖、氨基寡糖素、赤·吲乙·芸苔、盐酸吗啉胍等药剂与杀虫剂混用，在各地田间表现出不同程度的降低稻株发病率或减轻显症的作用。

8. 杀虫剂防治白背飞虱　各稻区筛选了防治白背飞虱高效杀虫剂，以内吸或触杀作用、长持效期药剂品种为主，包括吡虫啉、噻虫嗪、吡蚜酮、烯啶虫胺、醚菊酯、噻嗪酮、毒死蜱等，以及这些品种的复配制剂。施用方法包括拌种或浸种、浸秧、叶面喷雾等。

（二）分区域防治策略

1. 周年发生区　采用20～40目防虫网或15～20g/m² 无纺布秧田全程覆盖阻隔育秧，非覆盖育秧田进行杀虫剂种子处理；在云南低热河谷等重流行区，有条件的地方可以异地育秧；秧苗带药移栽；根据白背飞虱有效虫量，本田期实行治虫防病；晚稻收割后及时翻耕稻桩，减少再生稻、落谷稻苗；秋冬季避免种植玉米等白背飞虱和南方水稻黑条矮缩病毒的寄主作物。

2. 早春增殖区　早稻和晚稻采用20～40目防虫网或15～20g/m² 无纺布秧田全程覆盖阻隔育秧，带药移栽措施；非覆盖育秧田重点做好晚稻秧田和本田分蘖期的病虫害预防，当带毒率较高时，采取种子处理、带药移栽、药剂防治等措施，以压低带毒白背飞虱种群数量；晚稻育秧选址应远离早稻发病田。

3. 夏秋流行区　根据周年发生区和早春增殖区早稻白背飞虱带毒率监测结果，以及这些区域田间发病情况，重点做好中稻和晚稻秧田至本田分蘖期的病虫害预防工作。可采取防虫网或无纺布全程覆盖秧田阻隔育秧，以及种子处理、带药移栽等措施；当白背飞虱带毒率高时，采取杀虫剂控虫防病。

4. 波及区　该区域南方水稻黑条矮缩病常年仅为偶发或零星见病，白背飞虱大量迁入危害时，已错过水稻植株感病敏感期。因此，该区域可根据夏秋流行区白背飞虱带毒率的监测结果和田间发病情况，重点做好水稻秧苗带药移栽和分蘖初期的药剂防治。水稻条纹叶枯病、黑条矮缩病流行区可以结合其他病毒病和灰飞虱一起进行防治。

（三）防治指标

1. 秧田期　采用防虫网或无纺布全程覆盖阻隔育秧的秧田，无须防治白背飞虱和南方水稻黑条矮缩病。未采取覆盖育秧的秧田，以灯下白背飞虱带毒率、灯下虫量和田间虫量作为判断指标，当灯下白背飞虱带毒率、灯下虫量、秧田虫量达到防治指标时，采取药剂防治措施，具体指标见表2-4。

表 2-4 秧田带毒白背飞虱防治指标

灯下白背飞虱带毒率（%）	平均单日单灯灯下虫量（头）	秧田虫量（头/m²）
<1	50	30
1～2	20	10
>2	10	5

2. 本田期 水稻分蘖期至孕穗末期是本田期南方水稻黑条矮缩病的防治关键期，该时期的防治指标主要参考田间白背飞虱虫量，并结合灯下白背飞虱带毒率。当带毒率 <1%时，可以采用常规的白背飞虱防治指标，即田间白背飞虱虫量超过 1 000 头时进行药剂防治；当带毒率≥1%时，则每百丛白背飞虱虫量超过 500 头就应进行药剂防治（表2-5）。

表 2-5 本田初期带毒白背飞虱防治指标

灯下白背飞虱带毒率（%）	田间白背飞虱虫量（头/百丛）
<1	≥1 000
≥1	≥500

（四）大面积防控效果

1. 推广应用规模 在生产上，为了有效控制南方水稻黑条矮缩病的快速大范围流行危害，各稻区采取了多项综合防治关键措施，主要包括两个方面。一是针对介体昆虫白背飞虱的治虫防病，压低有效虫源种群量，从而减轻病毒感染。二是针对病毒病采取的预防性措施，如白背飞虱带毒率检测、种子处理、带药移栽、防虫网覆盖育秧、免疫诱抗剂等。据统计（表2-6），2010—2013 年发病高峰期，白背飞虱每年累计防治面积分别达到 1.31 亿亩次、1.45 亿亩次、1.85 亿亩次、1.60 亿亩次，2014 年之后，则逐年下降。针对白背飞虱采取的治虫防病措施，有效降低了介体昆虫种群量，减轻了病毒病发病程度，对在短期内控制南方水稻黑条矮缩病的大范围扩散蔓延和暴发成灾发挥了重要作用。

表 2-6 2010—2018 年南方水稻黑条矮缩病发生省份白背飞虱防治面积（万亩次）

省份	2010 年	2011 年	2012 年	2013 年	2014 年	2015 年	2016 年	2017 年	2018 年
浙江	2 172.74	2 016.65	1 648.12	1 514.85	1 476.18	1 234.72	1 197.99	1 070.03	802.70
安徽	1 396.17	1 152.84	2 486.68	1 668.18	1 278.39	1 508.11	1 501.81	1 444.83	1 529.40
福建	221.83	269.04	337.33	280.96	325.30	385.68	381.98	298.25	228.26
江西	1 510.10	856.21	1 462.00	1 374.15	1 451.82	1 607.42	1 679.14	1 127.59	875.64
湖北	926.98	1 922.86	2 435.23	2 247.96	2 043.77	2 483.86	1 496.26	1 480.32	1 865.81
湖南	2 980.82	3 991.70	4 981.31	4 053.03	4 158.81	3 901.57	3 735.26	3 428.63	3 140.90
广东	1 548.97	1 963.86	2 023.63	2 195.59	2 305.31	2 332.28	2 375.24	2 181.73	1 826.82
广西	692.69	844.62	1 417.19	1 325.85	1 294.06	1 271.61	1 226.50	1 237.86	1 176.68

（续）

省份	2010 年	2011 年	2012 年	2013 年	2014 年	2015 年	2016 年	2017 年	2018 年
海南	44.01	72.78	90.08	32.53	24.80	30.20	65.28	27.49	32.24
贵州	710.53	669.99	679.17	565.61	629.57	504.41	524.30	485.38	444.66
云南	857.06	783.02	944.32	785.82	663.27	685.73	767.71	704.04	604.14
合计	13 061.90	14 543.57	18 505.06	16 044.53	15 651.28	15 945.59	14 951.47	13 486.15	12 527.25

注：数据来源于全国农业技术推广服务中心《2010—2018 年全国植保专业统计资料》。

随着南方水稻黑条矮缩病综合防治关键技术的开发，各省根据当地稻作特点、白背飞虱发生规律、病毒病流行特征，集成适宜本稻区的南方水稻黑条矮缩病综合防治技术，大力推广应用多项农业防治、物理防治、化学防治等综合性预防措施。如湖南提出了"治虱防矮、虫病共治"技术模式；云南开展冬后带毒率普查，掌握防病主动性；广东集成了健身栽培、种子处理、带药移栽、秧田避虫防虫、防虫治病防控技术体系；浙江采用种子处理、秧苗带药下田、适当延迟单季稻播种期、生态工程控飞虱的综合防治技术。以上措施均取得了良好的防病控害效果。据统计（表 2-7），2010—2015 年南方水稻黑条矮缩病防治面积在江西、湖南、浙江、云南、福建、海南、广东累计分别达到 1.16 亿亩次、3 560 万亩次、807 万亩次、785 万亩次、459 万亩次、20 万亩次、495 万亩次（其中云南为 2010—2014 年累计，海南为 2011—2015 年累计，广东为 2010—2013 年累计），有效遏制了南方水稻黑条矮缩病的快速蔓延和严重危害态势，防控成效显著。据全国农业技术推广服务中心统计，2018 年，我国华南、长江中游、西南稻区的 11 省南方水稻黑条矮缩病发病面积 188.91 万亩，为历年最低，防治面积 774.40 万亩次，挽回稻谷损失 13.08 万 t，实现了南方水稻黑条矮缩病的持续控制。

表 2-7　2010—2015 年、2018 年部分省份南方水稻黑条矮缩病防治面积（万亩次）

省份	2010 年	2011 年	2012 年	2013 年	2014 年	2015 年	2018 年
浙江	499.09	35.72	159.92	100.72	10.14	1.72	7.55
福建	233.6	52.3	45.7	55.4	23.8	48.1	14.86
江西	1 767	2 400	2 850	1 900	1 530	1 130	262.94
湖南	50	540	850	920	650	550	346.52
广东	200	69.81	165.03	60.1	—	—	20.15
海南	—	6.7	0.2	3.2	6.4	3.5	4.71
云南	99.75	145.5	209.40	180.75	149.55	—	31.56

注：广东 2014 年和 2015 年、海南 2010 年、云南 2015 年未对南方水稻黑条矮缩病防治面积进行单独统计。

2. 综合防治效果　南方水稻黑条矮缩病综合防治协作研究开发的一系列综合防治关键技术，在病毒病防控中发挥了重要作用，扭转了病害流行初期单纯依赖杀虫剂防治白背飞虱"治虫防病"的被动局面，各稻区植保技术部门也坚定了南方水稻黑条矮缩病可防可控的信心。在生产上，各稻区抓住水稻播前、秧田期、分蘖初期几个关键环节，多项措施综合施策，病毒病大流行的态势得到了有效遏制，通过防治，挽回稻谷产量损失 5%～

15%。据 2018 年统计，全国南方水稻黑条矮缩病防治后挽回稻谷产量损失 13.08 万 t，平均每亩挽回 69.2kg，按当年全国稻谷平均每亩单产 468kg 计算，病害流行区挽回稻谷损失为 14.79%。湖南于 2013 年 9 月对示范区现场验收结果显示，综防区病丛率、病株率分别为 30%、10.5%，农户自防区病丛率、病株率分别为 63%、33%，示范区稻谷每亩单产 476kg，农户自防区稻谷每亩单产 311kg，示范区比农户自防区亩增产 165kg。云南保山市为南方水稻黑条矮缩病周年流行区，通过大面积推广应用综合防治技术措施，2009—2014 年保山市累计防控面积 59.92 万亩次，大面积应用平均防治效果 74%，比农民自防区平均防治效果 38.39% 提高了 35.61 个百分点，每亩平均挽回稻谷产量损失 65.5kg，比农民自防区每季减少用药 1~2 次，有效降低了农药用量，保障了稻谷生产安全、生态安全，取得了显著的社会效益、经济效益和生态效益。

（作者：郭　荣　朱晓明　朱景全　卓富彦）

广东省南方水稻黑条矮缩病
发生流行规律调查研究进展

南方水稻黑条矮缩病毒是由我国首先发现鉴定和命名的危害农作物的病毒新种，属于呼肠孤病毒科斐济病毒属（*Fijivirus*），该病毒可侵染水稻、玉米、薏米、白草和稗等多种禾本科植物，引起南方水稻黑条矮缩病和玉米粗缩病。白背飞虱是该病的主要传毒介体，病毒可在白背飞虱体内繁殖，白背飞虱一旦获毒，即终身带毒，若虫及成虫均能传毒。该病毒不经水稻种子传毒。

近几年，南方水稻黑条矮缩病在湛江、汕尾、阳江、茂名、韶关、清远等地的早、中、晚稻相继发生并造成稻谷损失，严重威胁广东省的粮食生产安全。由于病害流行初期国内相关的基础研究尚未完善，缺少早期诊断技术和有效的关键防控技术，给基层农业技术人员的技术指导工作带来了一定的难度。为摸清广东省南方水稻黑条矮缩病的发生流行规律，开发防治对策，2010—2013 年广东省对病害的发生流行规律进行调查研究，开展了水稻不同品种、不同稻作、不同水稻生育期感染南方水稻黑条矮缩病对产量的影响，以及病害田间调查方法等试验研究，并开展了防治关键技术试验示范研究，形成一套科学有效的防治技术体系，为控制广东省南方水稻黑条矮缩病扩散危害提供技术支撑。

一、南方水稻黑条矮缩病发生情况

广东是水稻种植大省，每年水稻播种面积约 200 万 hm^2，其中早稻约 93.3 万 hm^2，晚稻约 106.7 万 hm^2，除粤西北部分区域以单季稻为主外，广东省大部分地区种植双季稻。白背飞虱为广东省稻飞虱的主要种群之一，年发生面积约 113.3 万 hm^2 次。水稻生长前期白背飞虱迁入量大，发生重，后期则以褐飞虱为主。白背飞虱在广东 1 年可发生 7~8 代，其中早稻发生 4~5 代，晚稻发生 3~4 代，第三代、第六代分别为早稻和晚稻的主危害代。白背飞虱是南方水稻黑条矮缩病的传毒介体，自 2008 年南方水稻黑条矮缩病在广东发生扩散危害以来，每年部分稻区早、中、晚稻均有不同程度的发病，局部地区偏重发生，重发生区主要在汕尾、阳江、湛江、茂名、韶关和清远等地。2010—2012 年，广东省发病面积逐年递增，但增幅不大，病丛率普遍在 1％以下。从 2012 年开始，发生面积则逐年减少，2014 年发生面积下降到 2.67 万 hm^2，仅为 2013 年发生面积的一半，其中，病丛率 5％以上造成的产量损失面积为 0.07 万 hm^2，危害损失降到历年最低值。2015 年强对流天气明显，强降水天气异常频繁，气温偏高，有利于迁飞性白背飞虱迁入，也有利于病害的发生流行，因此南方水稻黑条矮缩病发生面积达 7.43 万 hm^2，其中，6.89 万 hm^2 病丛率在 5％以下，占总面积的 92.7％（图 2-3）。

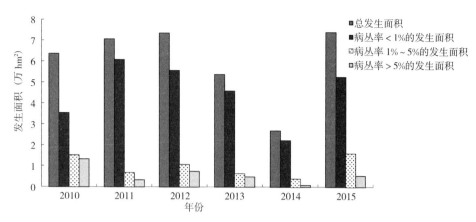

图 2-3 2010—2015 年广东省南方水稻黑条矮缩病发生面积

(一) 不同稻作发病情况

2010—2015 年，不同稻作的发病面积和程度在年度间均表现出相同的趋势，即晚稻发生面积大于早稻，发病程度也重于早稻，主要是由于病毒及其传毒介体在早稻上得到一定量的积累，从而造成晚稻发病较重。2015 年初春气候暖和，降水显著偏少，白背飞虱越冬虫源基数大，并有一定的带毒率，因此早稻南方水稻黑条矮缩病发生较前几年明显增多，发生面积为 2.6 万 hm^2（图 2-4）。

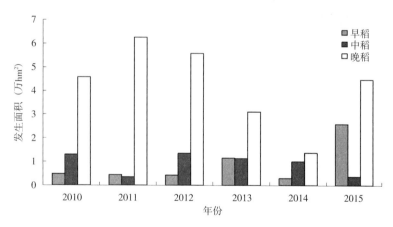

图 2-4 2010—2015 年广东省不同稻作南方水稻黑条矮缩病发生面积

(二) 不同栽培方式对南方水稻黑条矮缩病发生程度的影响

在常年发病严重的广东雷州选点随机调查，分别调查直播田、人工移栽田、机插田 3 种类型田，其中，直播田和人工移栽田各 20 块，每块田面积 1 333～2 667m^2，机插田 10 块，每块田面积 1 333～2 000m^2。调查结果显示，3 种栽培方式对水稻分蘖期白背飞虱虫量和抽穗期病株数均有一定的影响，直播田、人工移栽田、机插田 3 种方式下的虫量和病株率依次递减，机插田病害发生最轻，人工移栽次之，直播田发生最重。

1. 栽培方式对大田白背飞虱虫量的影响 于水稻分蘖期分别对 3 种栽培方式田进行

调查，结果显示：①若虫量，机插田最低，为每百丛 12 头，直播田和人工移栽田相当，分别为每百丛 20.5 头、每百丛 21 头，直播田若虫量是机插田的 1.71 倍。②成虫量，机插田最低，为每百丛 4 头，直播田为每百丛 11 头，人工移栽为每百丛 7 头，直播田成虫量为机插田的 2.75 倍。③总虫量，机插田最少，为每百丛 16 头，直播田最多，为每百丛 31.5 头，直播田总虫量是机插田的 1.97 倍（图 2-5）。

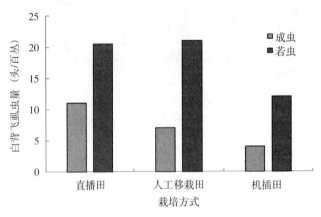

图 2-5　水稻分蘖期不同栽培方式对白背飞虱虫量的影响

2. 栽培方式对病株率的影响　调查结果显示，3 种栽培方式中，机插田病害发生最轻，人工移栽田次之，直播田发生最重。直播田抽穗期重病丛率为 11.6%，轻病丛率为 6.7%；人工移栽田抽穗期重病丛率为 4.2%，轻病丛率为 6.4%；机插田抽穗期重病丛率为 1.8%，轻病丛率为 3%。

3. 分蘖期白背飞虱虫量对抽穗期病丛率的影响　对 3 种栽培方式下分蘖期白背飞虱总虫量和抽穗期病丛率的调查数据表明，分蘖期白背飞虱虫量与抽穗期病丛率呈正相关，分蘖期白背飞虱虫量越多，则抽穗期病丛率越高（图 2-6），3 种栽培方式均表现出同一趋势。

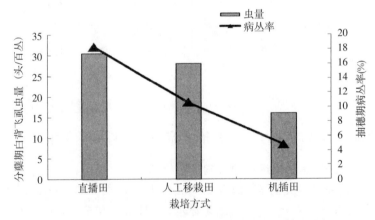

图 2-6　分蘖期白背飞虱虫量对抽穗期病丛率的影响

4. 原因分析　机插田受南方水稻黑条矮缩病影响最小，其原因可能是机插田播种量高，单位面积的秧苗数多，即使迁入的白背飞虱虫量与常规栽培田相近，而单株所承受的虫量较低，使其发病程度明显轻于直播和人工移栽的水稻田，在一定程度上减轻了该病对水稻的危害。分蘖期白背飞虱虫量的多少与抽穗期病丛率的大小呈正相关，分蘖期白背飞虱虫量越大，则抽穗期病丛率越高，进而影响水稻的产量，表明水稻前期白背飞虱的虫量直接影响到后期南方水稻黑条矮缩病的发生程度。分蘖期白背飞虱虫量越大，带毒虫量增多的概率越大，稻株受侵染的概率也相应增大，而稻株受侵染后，一般到抽穗期才明显表现症状。

（三）水稻不同品种感病对产量的影响

在雷州、电白、阳西各选 3 个杂交水稻主栽品种，共 9 个品种，每个品种选 3 块生育期、感病期基本相同的田块，常规管理，按 5 点取样法每块田调查 100 丛，于水稻收获期调查并记录发病丛数，计算发病丛率，测定产量。调查结果显示，在感病期基本相同的情况下，不同品种对南方水稻黑条矮缩病的抗感性存在一定的差异，主要表现为发病严重度和产量损失不同，感病后水稻的自我补偿恢复能力不同。

1. 不同品种感病的产量损失　9 个杂交稻品种中，以秋优 998、博优 998 和 Ⅱ优 3550 3 个品种发病最轻，病丛率分别为 1.56%、1.55%、1.56%，减产损失率分别为 1.74%、2.30%、0.91%，南方水稻黑条矮缩病对 Ⅱ优 3550 产量影响最小，Ⅱ优 3550 田间表现较为耐病；博优 6636 最为感病，病丛率达到 51.24%，减产损失率达 59.58%（表 2-8）。

表 2-8　水稻不同品种感病对产量的影响

地点	品种	调查总丛数（丛）	发病丛数（丛）	病丛率（%）	每亩单产（kg）	对照田每亩单产（kg）	减产损失率（%）
雷州	博Ⅱ优 15	100	7.12	7.12	308.58	356.44	13.43
	博优 6636	100	51.24	51.24	140.58	347.79	59.58
	博优 665	100	2.91	2.91	339.9	343.86	1.15
电白	金稻优 998	100	18	18	350.9	458.6	23.48
	万金优 2008	100	3.67	3.67	392.9	432.0	9.05
	万金优 322	100	5.22	5.22	413.06	453.36	8.89
阳西	秋优 998	100	1.56	1.56	339	345.0	1.74
	博优 998	100	1.55	1.55	342.17	350.23	2.30
	Ⅱ优 3550	100	1.56	1.56	371.78	375.2	0.91

注：对照田为同一品种未发病田。

2. 病丛率与减产损失率的关系　9 个测试的杂交水稻品种感染南方水稻黑条矮缩病的减产损失率与病丛率呈正相关关系，病丛率越高，减产损失率相应越高，9 个品种均显示这种正比关系。除博优 665、Ⅱ优 3550 外，其他品种减产损失率均略高于病丛率。当病丛率小于 3% 时，减产损失率与病丛率更为接近。由此可见，稻田的病丛率越高，对产量影响越大（图 2-7）；当田间病丛率低于 3% 时，病丛率与产量损失率相当。

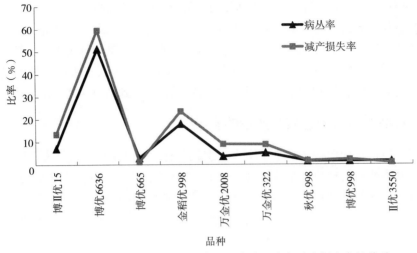

图 2-7　水稻不同品种南方水稻黑条矮缩病病丛率与减产损失率的关系

（四）水稻不同生育期病毒病田间调查方法研究

在雷州、电白、阳西各选择 1 块稻田，于水稻秧苗期、返青期、分蘖期、拔节孕穗期、抽穗开花期、灌浆成熟期 6 个生育期，分别采取双行（条）平行线 10 点（平行 10 点）取样法、单对角线 7 点取样法、5 点取样法、随机取样法共 4 种方法进行取样调查，以确定更科学和准确反映田间病毒病发生情况的水稻不同生育期病毒病田间调查方法。每种取样方法设 3 次重复，3 个地区数据计算平均数。

以最大限度反映田间发病情况为原则，分析不同取样方法的病害发病率结果显示，秧苗期、返青期、抽穗开花期和灌浆期 4 个生育期以 5 点取样法最能反映田块发病情况；分蘖期和拔节孕穗期 2 个生育期的田间调查方法以平行线 10 点取样法最能反映田块发病情况；而在所有生育期中随机取样法误差最大，容易造成无病田假象（表 2-9）。

表 2-9　水稻不同生育期南方水稻黑条矮缩病田间不同取样方法调查结果

生育期	调查方法	调查丛数（丛）	发病丛数（丛）	发病率（%）
秧苗期	1（平行 10 点）	139.33	0.45	0.32
	2（单对角线 7 点）	139.33	0.83	0.60
	3（5 点取样）	139.33	0.86	0.62
	4（随机取样）	139.33	0.15	0.11
返青期	1（平行 10 点）	139.33	1.10	0.79
	2（单对角线 7 点）	139.33	1.78	1.28
	3（5 点取样）	139.33	2.02	1.45
	4（随机取样）	139.33	1.75	1.26
分蘖期	1（平行 10 点）	639.33	9.20	1.44
	2（单对角线 7 点）	639.33	7.43	1.16
	3（5 点取样）	639.33	8.90	1.39
	4（随机取样）	639.33	8.70	1.36

（续）

生育期	调查方法	调查丛数（丛）	发病丛数（丛）	发病率（％）
拔节孕穗期	1（平行 10 点）	639.33	36.38	5.69
	2（单对角线 7 点）	639.33	34.43	5.39
	3（5 点取样）	639.33	34.94	5.47
	4（随机取样）	639.33	36.76	5.75
抽穗开花期	1（平行 10 点）	639.33	89.13	13.94
	2（单对角线 7 点）	639.33	88.21	13.80
	3（5 点取样）	639.33	90.47	14.15
	4（随机取样）	639.33	94.40	14.77
灌浆成熟期	1（平行 10 点）	639.33	89.23	13.96
	2（单对角线 7 点）	639.33	88.73	13.88
	3（5 点取样）	639.33	93.42	14.61
	4（随机取样）	639.33	93.81	14.67

（五）水稻不同稻作（早稻、晚稻）感病对产量的影响

2010 年，在雷州、电白、阳西各选择 1 个当地主栽品种，跟踪调查早稻、晚稻发病情况，调查发病丛数，计算发病率，并采用理论测产法，分别对轻度、中度、重度 3 种发生程度的田块进行测产。各块田感病期基本相同，每块田对角线 3 点取样，取感病株及其周边 1m² 进行实收，计算亩产量和减产损失率，比较南方水稻黑条矮缩病对早稻和晚稻产量的危害（表 2-10）。

表 2-10　2010 年水稻不同稻作（早稻、晚稻）感病对产量的影响

稻作	发生程度	发病丛数（丛）	发病率（％）	每亩单产（kg）	减产损失率（％）
早稻	轻度	1.55	1.87	329.58	1.18
	中度	7.06	4.51	353.18	4.85
	重度	13.76	13.01	327.34	15.43
晚稻	轻度	4.02	2.11	405.19	2.23
	中度	15.03	16.03	366.62	6.92
	重度	77.67	50.38	191.27	52.90

结果显示，晚稻发病总体重于早稻，产量损失也较早稻大。早稻发病最严重田发病率为 13.01％，减产损失率为 15.43％；晚稻发病最重田块发病率达 50.38％，减产损失率达 52.90％。早稻期间病原在田间积累、传毒媒介白背飞虱带毒率的提高以及外来入侵虫源的增加，加重了晚稻感染南方水稻黑条矮缩病的概率。由于晚稻其他病虫也重于早稻，测产时未减除其他病虫和栽培管理等方面造成的产量损失，所以本调查存在一定的误差。

二、南方水稻黑条矮缩病防治情况

2010 年起，广东省植保植检总站与华南农业大学植物病毒研究室合作监测疑似病株和白背飞虱的带毒率，并在广东全省设立 10 个病毒病系统监测点，实时监测传毒介体的发生动态和秧田、本田水稻病毒病的发生情况，检测传毒介体和疑似病株的带毒率，做好病害田间系统调查和大田普查工作。监测结果显示，2010—2014 年灯下白背飞虱带毒率逐年下降，灯下白背飞虱平均带毒率由 2010 年的 2.38％下降到 2014 年的 0.25％，2015 年小幅度提高到 0.79％（表 2-11）。

表 2-11　2010—2015 年广东省南方水稻黑条矮缩病灯下带毒率监测结果

年份	2010 年	2011 年	2012 年	2013 年	2014 年	2015 年
灯下白背飞虱平均带毒率（％）	2.38	1.13	0.56	1.28	0.25	0.79

同时，广东省在病毒病高发区进行栽培技术、秧田防护和化学调控减害等单项防治技术试验，评价各项措施的防治效果。试验结果显示，拌种、浸种、浸秧等处理使稻株对白背飞虱有一定的驱避作用，减少稻株感染病毒概率，从而起到一定的防控作用。广东省遂溪试验结果显示，于拔节抽穗期调查发病率，浸种、拌种、浸秧处理的防治效果分别为82.4％、70.6％、64.7％；机插栽培方式病害发生较轻，人工移栽次之，直播最重；防虫网和无纺布覆盖育秧防虫效果都比较好，分蘖期两者的防治效果达 100％，拔节期为97.4％，孕穗期为 50％，两者防治效果无差别，持效期也较长；药剂喷雾试验中，秧田期吡虫啉和吡蚜酮的防治效果较为明显，持效期也长，均在 90％以上，噻虫嗪次之，醚菊酯与烯啶虫胺效果一般，大田期 4 种药剂的防治效果无明显差别。根据试验结果，广东省提出了一套科学、可行的防治技术。一是健身栽培，选用抗（耐）病虫品种，培育无病虫壮秧，移栽时剔除疑似病株，减少本田毒源。二是种子处理，通过拌种、浸种、浸秧等处理，使稻株对白背飞虱有一定的驱避作用，减少稻株感染病毒概率，从而起到一定的防控作用。三是秧田避虫防虫，秧田远离感病稻田和玉米田，适当调整播种期，避免水稻秧苗期与白背飞虱传毒高峰期吻合。四是防虫治病，拔节前若带毒白背飞虱迁入，及时施药防治，药剂可每亩选用 25％吡蚜酮可湿性粉剂 20g，或 20％醚菊酯乳油 45mL，加入抗病毒剂 4％嘧肽霉素水剂 300 倍液，兑水 40～50kg 均匀喷雾；拔节初期发病，可施用植物生长调节剂、叶面肥、抗病毒剂提高稻株抗性，减少产量损失。

（作者：郑静君　黄立胜　李国君　李水赞　许兆伟　邹寿发）

广西壮族自治区南方水稻黑条矮缩病防治技术协作研究总结

　　广西是我国华南重要的水稻种植区域之一，水稻年种植面积3 000万亩以上，主要有早稻、晚稻和单季中稻。广西地处亚热带，气候温暖，雨量充沛，高温多湿的气候特点造成农作物病虫害常年频发、重发。其中，水稻稻飞虱在广西年发生面积2 000万亩次左右，主要种类为褐飞虱和白背飞虱。稻飞虱在广西各地早稻、晚稻、中稻上均有发生，局部发生重，近年来连续暴发，经过防治后每年仍造成稻谷损失约5万t。南方水稻黑条矮缩病的突发，引起广西农业植保部门的高度重视，立即展开病害普查、送样检测鉴定，防控技术科技立项，通过研究、试验、示范，组装防控技术模式，提出防控技术对策，部署防控工作，发动群防群治，遏制了南方水稻黑条矮缩病在广西暴发流行态势，最大限度减少了南方水稻黑条矮缩病等水稻病毒病危害造成的粮食损失，取得了显著的经济效益、生态效益和社会效益。

一、南方水稻黑条矮缩病发生情况

　　广西各地区均有水稻病毒病发生危害，发生种类、发生面积、发生程度因不同年份、不同地域、不同地块类型存在差异。2009年之前，广西水稻病毒病为零星发生。2009年南方水稻黑条矮缩病在广西南部沿海钦州市、防城港市和北海市等地晚稻发生严重。2010年在广西普遍发生（图2-8），发生面积94.53万亩次，以南方水稻黑条矮缩病和锯齿叶矮缩病（RRSV）为主，7月在水稻上首次检测出携带RRSV。桂北的桂林、贺州及桂南沿海等中晚稻上发生较为严重，贺州发生面积44.53万亩次，桂林发生面积为20.90万亩次，柳州发生面积9.08万亩次。2009年至2011年上半年，以南方水稻黑条矮缩病发生为重，全区普遍发生；2011年之后，锯齿叶矮缩病在桂西南等

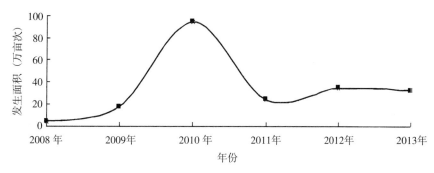

图 2-8　2008—2013 年广西水稻病毒病发生面积

地流行发生，南方水稻黑条矮缩病发生相对减少。同时，田间水稻感病植株存在 2 种病毒病混合发生的情况。

2009 年南方水稻黑条矮缩病等水稻病毒病在广西晚稻上暴发，发生程度重，一般病丛率 15%～20%，病丛率最高 80% 以上，个别失管田块失收。2010 年南方水稻黑条矮缩病在广西普遍发生，中晚稻重于早稻，育秧移栽田发病重于直播田，杂交稻发病重于常规稻。全区早稻发生 0.3 万亩，中稻发生 53.25 万亩，晚稻发生 40.95 万亩。其中，贺州市平桂管理区和富川县最为严重，个别失管田块绝收，发生面积分别为 17.85 万亩、8.25 万亩，占全年发生面积的 27.68%，平均病丛率分别为 10.50%、17.70%，最高病丛率分别为 43.50%、57.00%。全州县、灌阳县、灵川县和桂中八步区、昭平县、钟山县、平乐县等地发生较重，发生面积分别为 3.15 万亩、3.01 万亩、3.15 万亩、5.55 万亩、5.55 万亩、7.20 万亩和 4.05 万亩，其次为兴安县、龙胜县、融安县和融水县等地，发生面积分别为 2.10 万亩、1.95 万亩、2.40 万亩和 2.25 万亩。2011—2013 年经过开展一系列综合防控技术研究及示范应用推广，水稻病毒病发生蔓延得到有效控制。

（一）田间危害症状

水稻染病后症状表现为水稻叶面可见凸凹不平的皱褶，茎节处常有气生根和高节位分蘖，茎秆表面有乳白色瘤状突起，突起呈蜡点状，纵条状分布，后期氧化成黑褐色，水稻根系不发达，须根少且短，严重时根系呈黄褐色。

水稻早期感病，病瘤在植株下位节，植株严重矮缩，后期不能正常抽穗。水稻后期感病，病瘤在水稻幼嫩的茎秆表面，感病时期越晚，产生的节位越高，植株抽穗极小，穗小，实粒少，粒轻，大部分稻谷呈褐色。成熟后期感病症状不明显。

南方水稻黑条矮缩病感病植株常伴有水稻叶鞘腐败病发生，SRBSDV 侵染不同的品种在不同时期症状表现有所差异。在五节芒、稗和李氏禾上的症状表现与水稻类似，植株矮缩，叶片窄小浓绿，叶片正反面有皱褶凹凸不平，茎秆未见蜡状突起。

经调查，田间出现 SRBSDV 和 RRSV 混合感染的水稻植株，症状主要表现为严重矮缩，叶片窄小浓绿，叶边缘缺刻处不规则变黄，叶尖扭曲螺旋，严重时新叶叶尖枯死。叶片有凹凸不平的皱褶，叶脉和茎秆有脉肿，分蘖增多，茎秆产生乳白色至褐色蜡状突起，水稻植株不能正常抽穗或抽穗极小。

（二）发生范围

采取大田巡视法，调查广西水稻种植区域早、中、晚稻南方水稻黑条矮缩病发生情况，对田间水稻矮化植株进行全生育期观察，采集矮化水稻植株，进行实验室 RT-PCR 分子检测或免疫斑点法（DIBA）快速检测，确定病毒病的分布范围。

2009—2010 年广西 14 个市级植保部门开展普查，采集矮化水稻样品 297 份，经检测带毒样品占 48.15%。除北海市、贵港市和梧州市没有检测出 SRBSDV 外，其余 11 个市样品均检出 SRBSDV；河池市送检样品携带 SRBSDV 比例为 33.72%，感病稻株检测到 SRBSDV 和 RRSV 两种病毒混合感染（表 2-12）。

表 2-12　2009—2010 年广西全区水稻病毒病检测结果

地点	检测样品数（株）	感染 SRBSDV		SRBSDV＋RRSV 复合感染	
		株数（株）	所占比例（%）	株数（株）	所占比例（%）
南宁	46	26	56.52	5	10.87
柳州	7	5	71.43	0	0.00
桂林	40	17	42.50	3	7.50
河池	86	29	33.72	5	5.81
百色	15	4	26.67	0	0.00
崇左	18	9	50.00	5	27.78
防城港	27	19	70.37	1	3.70
钦州	41	31	75.61	2	4.88
北海	5	0	0.00	0	0.00
玉林	2	1	50.00	0	0.00
贵港	2	0	0.00	0	0.00
来宾	2	1	50.00	0	0.00
梧州	2	0	0.00	0	0.00
贺州	4	1	25.00	0	0.00
合计	297	143	48.15	21	7.07

（三）田间发病品种

1. 发病品种　2009—2010 年对全区采集的矮化水稻样品进行 RT-PCR 检测，分析统计发病品种。

检测出感染 SRBSDV 的品种有 44 个，分别为 G 优 3 号、Q 优 2 号、Q 优 6 号、TN1、T 优 111、Y 两优 1 号、Y 两优 302、Y 两优 7 号、博优 253、博优 358、博优 679、丰两优 1 号、辐香优 98、冈优 364、花香 7 号、金优 284、两优 2186、两优 6326、两优 662、宁恢 63、秋优 1025、秋优 998、秋优桂 99、深两优 5814、十优 838、苏御糯、泰丰 998、特优 258、特优 838、特优 9846、天优 3550、五丰优 T025、武香 880 号、香优 8305、湘丰优 9 号、新两优 6 号、新两优 821、宜香 1577、宜香 3003、玉晚占、中优 272、中优 85、中浙优 1 号、中浙优 8 号。博Ⅱ优 15 和博优 329 未检测出携带 SRBSDV。

检测出 SRBSDV 和 RRSV 混合感染的品种有 10 个，分别为 Y 两优 302、Y 宜香 10、丰两优 1 号、辐香优 98、冈新两优 6 号、国际糯、两优 281、特优广 12、香二优 253、新两优 821。

2. 不同品种发病程度差异　2009—2010 年对平乐县、兴安县和北流市主栽水稻品种 SRBSDV 田间发病情况进行调查统计，经分子鉴定，水稻品种感病情况见表 2-13。

兴安县水稻品种主要感染 SRBSDV，发病率 5%～56%。苏御糯、TN1、宜香 1577、花香 7 号、宁恢 63 和中优 85 发病较重，发病率在 20% 以上；中浙优 8 号发病较轻，发病率为 5%。不同品种感染 SRBSDV 田间发病程度依次为苏御糯＞TN1＞宜香 1577＞花香 7 号＞宁恢 63＞中优 85＞天优 3550＞中浙优 8 号。

表 2-13　2009—2010 年广西水稻品种发病程度调查结果

染病情况	调查地点	品种	生育期	发病率（%）	主要症状
SRBSDV	平乐县二塘镇	宜香 1577	腊熟期	28	壳褐色，心叶基部皱缩
	兴安县界首镇	中浙优 8 号	齐穗期	5	茎秆有瘤，叶片有皱
	兴安县界首镇	花香 7 号	齐穗期	25	茎秆有瘤，叶片有皱
	兴安县界首镇	苏御糯	齐穗期	56	茎秆有瘤，叶片有皱
	兴安县界首镇	宁恢 63	齐穗期	22	茎秆有瘤，叶片有皱
	兴安县界首镇	TN1	齐穗期	53	茎秆有瘤，叶片有皱
	兴安县界首镇	中优 85	齐穗期	21	茎秆有瘤，叶片有皱
	北流市新荣镇	天优 3550	齐穗期	7	叶尖螺旋
RRSV+ SRBSDV	平乐县张家镇	两优 281	黄熟期	10	茎秆有瘤，叶尖螺旋、叶片有皱
	平乐县平乐镇	Y 宜香 10 号	齐穗期	12	茎秆有瘤，叶片有皱
	平乐县平乐镇	香二优 253	乳熟期	11	30% 空壳，茎秆有瘤，叶尖螺旋
	平乐县同安镇	辐香优 98	乳熟期	15	叶片皱缩，茎秆有瘤，高节位分蘖

二、南方水稻黑条矮缩病空间分布

（一）调查方法

2010 年 9—10 月在晚稻上调查南方水稻黑条矮缩病空间分布格局及抽样技术，调查水稻品种为玉晚占。按病情程度选择田间危害轻度、中度、重度（病丛率分别为＜5%、5%～20%、＞20%）3 种类型田，每种类型田查 3 块，划出 5 丛×5 丛的方块作为样方，采用棋盘式取样，每块田取 200 个样方，3 种类型田×3 块/类型×200 样方/块＝1 800 样方，共计 45 000 丛。记录每样方（25 丛）内水稻的发病丛数，按照田块实际大小，每样方间隔 5 丛以上。分别用泊松分布、核心分布和负二项分布 3 种分布型对调查结果进行检验，聚集度检验利用 6 种指标进行验证。

（1）平均拥挤度 m^*，$m^* = m + [(s^2/m) - 1]$，式中，m 为平均密度，s^2 为样本方差。

（2）丛生指标 I，$I = (s^2/m) - 1$，当 $I < 0$ 时为均匀分布，$I = 0$ 时为随机分布，$I > 0$ 时为聚集分布。

（3）Cassie 指标 C_A，$C_A = [(s^2/m) - 1]/m$，当 $C_A < 0$ 时为均匀分布，$C_A = 0$ 时为随机分布，$C_A > 0$ 时为聚集分布。

（4）聚块性指标 m^*/m，当 $m^*/m < 1$ 时为均匀分布，$m^*/m = 1$ 时为随机分布，$m^*/m > 1$ 是为聚集分布。

（5）负二项分布参数 K 指标，$K = m/[(s^2/m) - 1]$，当 $K < 0$ 时为均匀分布，

$K \to +\infty$ 时为随机分布，$K > 0$ 时为聚集分布。

（6）Beall 扩散系数 C 指标，$C = s^2/m$，当 $C < 1$ 时为均匀分布，$C = 1$ 时为随机分布，$C > 1$ 时为聚集分布，对计算结果为非整数 1 情况下，确定允许偏离判别标准范围采用 F 测验，即用自由度 $n_1 = n - 1$，$n_2 = \infty$ 来查表，若 C 值大于 F 值表中数值，则趋向于聚集分布。

（二）调查结果

1. 空间分布型的确定　对调查数据利用 DPS 软件进行分析，分别用泊松分布、核心分布和负二项分布进行计算检验，结果见表 2-14，由表可知：

泊松分布实测值 $\chi^2 = 4\ 657.661\ 6 > \chi^2_{0.05} = 12.59$ 和 $\chi^2_{0.01} = 16.81$；

核心分布实测值 $\chi^2 = 970.705\ 2 > \chi^2_{0.05} = 18.31$ 和 $\chi^2_{0.01} = 23.21$；

负二项分布实测值 $\chi^2 = 21.287\ 6 < \chi^2_{0.05} = 22.36$。

说明南方水稻黑条矮缩病在田间的空间分布符合负二项分布，该分布型的特点是：由于发病植株或传毒介体具有明显的聚集现象或由于环境条件的不均匀性，发病植株呈现出疏密相间，很不均匀的分布。田间调查表明，发病轻的田块病丛呈零星分布，发病重的田块病丛呈聚集分布，显症矮缩植株周边存在一定范围分布的轻症感病植株，表现为叶色深绿、茎表具瘤突，但植株不明显矮化，显示田间整体发病程度与初侵染源发生扩散再侵染有关。对采样的 27 株矮化植株进行携带南方水稻黑条矮缩病毒快速检测，27 株全部带毒，带毒率 100%，表明为南方水稻黑条矮缩病发生田块。

表 2-14　2010 年广西南方水稻黑条矮缩病空间分布结构

每样方病丛数	实查频次	理论频次 (f)			卡方 (χ^2)		
		泊松分布	核心分布	负二项分布	泊松分布	核心分布	负二项分布
0	827	267.583 3	1 040.405 5	780.565 3	1169.531 5	43.773 2	2.762 3
1	308	510.043 5	69.166 7	341.379 2	80.035 5	824.694 1	3.263 7
2	200	486.099 8	118.357 8	206.176 5	168.387 4	56.316 2	0.185 0
3	124	308.853 4	137.594 1	135.970 5	110.637 5	1.343 1	1.053 8
4	85	147.177 2	124.284 0	93.446 1	26.267 7	12.417 0	0.763 4
5	62	56.107 2	95.553 4	65.778 0	0.618 9	11.782 2	0.217 0
6	49	17.824 4	67.465 9	47.032 6	54.527 2	5.054 2	0.082 3
7	34	6.311 3	46.438 2	34.002 4	3 047.656 0	3.331 5	0
8	27	—	32.139 8	24.784 5	—	0.822 0	0.198 1
9	19	—	22.384 6	18.180 2	—	0.511 8	0.037 0
10	19	—	15.493 2	13.403 0	—	0.793 8	2.337 2
11	13	—	10.555 3	9.921 8	—	0.566 2	0.955 0
12	10	—	7.065 6	7.369 8	—	1.218 7	0.938 7
13	8	—	13.096 2	5.489 9	—	8.081 3	1.147 7
14	6	—	—	4.099 6	—	—	0.880 9

（续）

每样方病丛数	实查频次	理论频次（f）			卡方（χ^2）		
		泊松分布	核心分布	负二项分布	泊松分布	核心分布	负二项分布
15	4	—	—	（15～）5.368 0	—	—	（15～）1.290 5
16	4	—	—	—	—	—	—
17	1	—	—	7.032 8	—	—	5.175 0
	1 800	1 800	1 800	1 800	4 657.661 6	970.705 2	21.287 6
$df=6$，$\chi^2_{0.05}=12.59$		$\chi^2_{0.01}=16.81$		自由度	$n-2=6$	$n-3=10$	$n-3=13$
$df=10$，$\chi^2_{0.05}=18.31$		$\chi^2_{0.01}=23.21$		概率	$P<0.01$	$P<0.01$	$P>0.05$
$df=13$，$\chi^2_{0.05}=22.36$		$\chi^2_{0.01}=27.69$		适合程度	极不适合	极不适合	适合

2. 聚集指标测定 利用拥挤度指标 m^*、David Moore 的丛生指标 I、Cassie 指标 C_A、扩散系数 C、负二项分布参数 K 等指标分析南方水稻黑条矮缩病的空间分布型，由表 2-15 可知，调查 6 块样地的丛生指标 $I>0$，聚块性指标 $m^*/m>1$，Cassie 指标 $C_A>0$，扩散系数 $C>1$，负二项分布参数 $K>0$，说明南方水稻黑条矮缩病在田间为聚集分布。样地 1～2、4～9 的聚集均数 λ 均小于 2，说明聚集是由环境条件引起，样地 2 的聚集均数 2.222 9 大于 2，说明聚集是由染毒植株或传毒介体行为或环境条件引起的。

表 2-15 聚集指标计算结果

样地号	平均值 m（25 丛）	方差 S^2	拥挤度 m^*	I	m^*/m	C_A	扩散系数 C	K	空间分布	聚集均数 λ
1	2.730	10.690 6	5.646	2.916	2.068 1	1.068 1	3.916	0.936 2	聚集	1.847 6
2	2.815	13.659 1	6.667 3	3.852 3	2.368 5	1.368 5	4.852 3	0.730 7	聚集	1.703 9
3	3.275	14.642 6	6.746	3.471	2.059 9	1.059 9	4.471	0.943 5	聚集	2.222 9
4	1.050	2.851 8	2.766	1.716	2.634 3	1.634 3	2.716	0.611 9	聚集	0.569 2
5	0.900	4.271 4	4.646	3.746	5.162 2	4.162 2	4.746	0.240 3	聚集	0.45
6	1.225	5.542 1	4.749 2	3.524 2	3.876 9	2.876 9	4.524 2	0.347 6	聚集	0.557 3
7	1.615	4.810 8	3.593 8	1.978 8	2.225 3	1.225 3	2.978 8	0.816 1	聚集	1.032 6
8	2.250	9.706	5.563 8	3.313 8	2.472 8	1.472 8	4.313 8	0.679	聚集	1.306 1
9	1.295	2.731 6	2.404 3	1.109 3	1.856 6	0.856 6	2.109 3	1.167 4	聚集	0.950 7
				>0	>1	>0	>1	>0		

3. Iwao-m^*-m 回归方程 经拟合求得 Iwao 的 m^*-m 回归方程为：
$$m^*=1.950\ 01+1.470\ 84m \quad (R=0.818\ 4^*)$$

式中，$\alpha=1.950\ 01>0$，说明发病植株间相互作用，分布的染毒植株成分是个体群；$\beta=1.470\ 84>1$，说明为聚集分布；$\alpha>0$，$\beta>1$ 的组合，说明其分布为一般负二项分布。

4. Taylor 幂函数法则 根据各样地的方差（S^2）和平均值（m）拟合 S^2-m 的关系，得到方程：
$$\lg S^2=0.514\ 7+1.232\ 1\times\lg m \quad (R=0.905\ 8)$$
$$S^2=3.670\ 3\times m^{1.232\ 1}$$

式中，α＝3.670 3＞1，β＝1.232 1＞1，说明南方水稻黑条矮缩病在田间分布为聚集分布，且聚集强度对病丛率具有依赖性。

5. 抽样技术　根据 Iwao 提出的理论抽样公式：

$$n= (t^2/d^2) \times [(α+1)/m+ (β-1)]$$

式中，n 为应抽取样本数；t 为保证概率（田间调查取 $t=1$）；d 为允许误差（取 0.1、0.2、0.3）；α、β 为调查田块的 m^*-m 回归系数。将 Iwao 的 m^*-m 回归方程系数 α＝1.950 01，β＝1.470 84 代入 Iwao 的理论抽样公式，得：

$$n_1= (295.001/m) +47.084 \qquad (d=0.1)$$
$$n_2= (73.750 3/m) +11.771 0 \qquad (d=0.2)$$
$$n_3= (32.777 9/m) +5.231 6 \qquad (d=0.3)$$

对 m 取值即可得到南方水稻黑条矮缩病在不同病丛率情况下的理论抽样数（表 2-16）。

由此可知，南方水稻黑条矮缩病田间发病率为 4% 时，若允许误差 $d=0.2$，需具有代表性抽样，则至少调查样方 86 个（2 150 丛），在同一发病密度要求水平下，理论抽样数随允许误差的增大而减小。在同一允许误差水平下，理论抽样数随病丛率的增大逐渐变小。随着允许误差和南方水稻黑条矮缩病发病率的提高，抽样数逐渐减少。

表 2-16　南方水稻黑条矮缩病的理论抽样数

平均病丛数（丛/样方）	平均病丛率（%）	不同允许误差的样方数		
		$d=0.1$	$d=0.2$	$d=0.3$
0.25	1	1 227	307	136
0.50	2	637	159	71
0.75	3	440	110	49
1.00	4	342	86	38
1.25	5	283	71	31
1.50	6	244	61	27
1.75	7	216	54	24
2.00	8	195	49	22
2.25	9	178	45	20
2.50	10	165	41	18
3.00	12	145	36	16
3.50	14	131	33	15
4.00	16	121	30	13
4.50	18	113	28	13
5.00	20	106	27	12
6.25	25	94	24	10
7.50	30	86	22	10
10.00	40	77	19	9
12.50	50	71	18	8

6. 序贯抽样模型 序贯抽样是根据田间调查实况，在一定的置信范围内利用取得的样本信息确定合适的抽样量或是否达到防治的指标。根据 Iwao 提出的新序贯抽样理论，即设种群临界密度（防治指标）为 m_0，其通式为：

$$T_{0(n)} = nm_0 \pm t\sqrt{n\left[(\alpha+1)m_0+(\beta-1)m_0^2\right]}$$

式中，T 为抽取样本总数，n 为抽取样本数，t 为保证概率（一般取 1.96 或 1），m_0 为防治指标。结合生产实际，设定南方水稻黑条矮缩病的防治指标为 4%，即对应的每样方（25 丛）的病丛数为 1 丛，得出序贯抽样公式。取 $t=1$，$m_0=1$ 时，

$$T_{0(n)} = n \pm 1.8496\sqrt{n}$$

根据方程求得南方水稻黑条矮缩病序贯抽样检索表（表 2-17），由表可知，调查样方数为 n 时，若累计病丛数超过上限，可定为防治对象田；若累计病虫数未达到下限时，可定为不防治田；若累计病丛数在上下限之间，则应继续调查，直到最大样本数 $m_0=1$ 时，即病丛率为 4%，调查丛数为 2 150 丛时停止。

表 2-17　南方水稻黑条矮缩病序贯抽样检索表

调查样方数（n）	调查丛数（丛）	Iwao 模型（$t=1$, $m_0=1$）	
		$T_{0(n)}$ 上限	$T_{0(n)}$ 下限
10	250	15.85	4.15
11	275	17.13	4.87
12	300	18.41	5.59
13	325	19.67	6.33
14	350	20.92	7.08
15	375	22.16	7.84
16	400	23.40	8.60
17	425	24.63	9.37
18	450	25.85	10.15
19	475	27.06	10.94
20	500	28.27	11.73
25	625	34.25	15.75
30	750	40.13	19.87
35	875	45.94	24.06
40	1 000	51.70	28.30
45	1 125	57.41	32.59
50	1 250	63.08	36.92
55	1 375	68.72	41.28
60	1 500	74.33	45.67
65	1 625	79.91	50.09
70	1 750	85.47	54.53
75	1 875	91.02	58.98

（续）

调查样方数（n）	调查丛数（丛）	Iwao 模型（$t=1$，$m_0=1$）	
		$T_{0(n)}$ 上限	$T_{0(n)}$ 下限
80	2 000	96.54	63.46
85	2 125	102.05	67.95
86	2 150	103.15	68.85
90	2 250	107.55	72.45
95	2 375	113.03	76.97
100	2 500	118.50	81.50

三、南方水稻黑条矮缩病传毒介体发生情况及带毒率监测

（一）近年稻飞虱发生动态

2009 年广西稻飞虱偏重发生，发生面积 2 316.55 万亩次。灯下监测始见期偏早，早春 2 月中旬迁入量大。田间调查第二代稻飞虱主要在桂南大部及桂中、桂西南部分稻区发生，百丛虫口密度一般 1 150~2 708 头，虫口密度高时为 3 100~6 286 头；第三代稻飞虱中等偏重发生，全区普遍发生，桂东北、桂西北及桂东南等稻区发生较重，百丛虫口密度一般 1 000~2 820 头，虫口密度高时为 3 020~10 500 头，桂东北、桂西南及桂东南个别田块在 2 万头以上；第四代稻飞虱偏轻发生，右江河谷、桂东南、桂西南及桂东北局部发生较重；第六代稻飞虱主要在桂东北、桂中、桂东南、桂西南及桂南沿海等稻区发生，百丛虫量一般为 136~498 头，虫口密度高时为 702~1 780 头；第七代稻飞虱主要在桂东北及桂东南部分稻区发生，百丛虫量一般为 481~1 300 头，虫口密度高时为 2 100~4 676 头。

2010 年稻飞虱中等偏重局部大发生，发生面积 2 497.87 万亩次。灯下监测始见期偏早，明显迁入峰偏迟，灯下诱虫量大。4 月 9—13 日，桂南沿海、桂中部分稻区及桂东北局部稻区灯下出现第一个明显突增峰。田间调查显示，5 月下旬稻飞虱发生数量上升迅猛，呈暴发态势。第三代稻飞虱若虫高峰期出现在 5 月下旬至 6 月上旬，6 月上旬各地调查早稻田百丛虫口密度一般 1 105~2 940 头，虫口密度高时为 3 070~8 920 头，桂南、桂西北、桂东北部分稻区局部田块更是高达万头以上；第五代稻飞虱若虫高峰期出现在 8 月上中旬，主要在桂东北、桂中迟熟品种及桂西北局部中稻田上发生，桂东北的湘桂走廊稻区发生相对较重；第六代稻飞虱若虫高峰期出现在 9 月中旬，桂东南、桂南沿海及桂东北、桂中、桂西南局部稻区密度较高。第七代稻飞虱田间虫口密度高峰期为 10 月上中旬，百丛虫口密度一般 550~1 950 头，虫口密度高时为 2 488~7 000 头。

2011 年稻飞虱中等发生，发生面积 1 875.77 万亩次。灯下监测上半年稻飞虱迁入峰偏迟，第一个迁入峰出现在 4 月中旬，比常年偏迟 20d 左右。迁入量偏低。明显迁入峰推迟，上半年明显迁入峰只有 1 个，少于常年的 2~3 个；迁入时间明显滞后，出现在 6 月上中旬。下半年稻飞虱回迁偏早，8 月上旬，桂北及桂中部分稻区灯下出现一个明显回迁

高峰，而常年该时段回迁量很少。

2012年稻飞虱偏重局部大发生，发生面积2 523.85万亩次，全区普遍发生，发生区在桂东北、桂东南的大部，桂中及桂西南的局部。灯下监测稻飞虱迁入峰出现较早，峰次多，迁入量大，回迁出现早。3月上旬桂南沿海即出现迁入峰，4月中旬、4月下旬、5月上旬、5月下旬灯下均出现迁入高峰，特别是5月上旬的迁入峰范围广、虫量大。田间调查第二代稻飞虱若虫高峰期出现在5月中旬，桂中、桂北稻区百丛虫口密度一般1 000～2 733头，虫口密度高时为3 200～7 345头，桂南稻区百丛虫口密度一般618～1 500头，虫口密度高时为1 600～3 329头，桂东南及右江河谷局部田块密度较高，达5 000～15 165头；第三代稻飞虱若虫无明显若虫高峰期，田间百丛虫口密度一般500～1 860头，虫口密度高时为2 070～6 500头；第五代稻飞虱发生较重，田间若虫高峰期出现在7月底，中稻田及早稻迟熟田百丛虫口密度一般760～1 956头，虫口密度高时为2 496～4 650头，桂北及桂西南个别田块达14 680～34 500头。田间第六代稻飞虱若虫高峰期出现在9月中旬，晚稻大田百丛虫口密度一般398～1 836头，虫口密度高时为2 027～4 800头，桂东南及桂东北个别田块达7 270～20 380头。

2013年稻飞虱中等偏重，局部大发生，发生面积2 485.97万亩次，防治面积2 619.73万亩次（表2-18）。

表2-18　2008—2013年广西稻飞虱发生情况

年份	发生面积（万亩次）	防治面积（万亩次）	发生程度	挽回损失（t）	实际损失（t）
2008	2 672.50	2 937.15	4级	908 538.55	100 549.41
2009	2 316.55	2 469.89	3级	678 863.53	60 727.81
2010	2 497.87	2 804.64	4级	792 936.51	71 215.86
2011	1 875.77	2 038.19	3级	608 609.14	68 615.05
2012	2 523.85	2 700.09	4级	913 476.69	69 010.08
2013	2 485.97	2 619.73	4级	797 966.42	71 822.08

（二）越冬情况

1. 越冬面积　从表2-19可见，广西有7个县/地区稻飞虱能够安全越冬，占调查县区数的70%。博白稻飞虱越冬面积最大，为42.03万亩，占73.78%，此外，合浦、那坡、龙州、江州、大新和天等均调查到稻飞虱越冬，陆川、兴业和玉州未发现稻飞虱越冬。从纬度上看，稻飞虱在北纬23°以南地区能够顺利越冬，越冬情况与当年冬季气温等因素有关。

表2-19　2011年广西稻飞虱越冬面积

县/地区	纬度	经度	越冬面积（万亩）				
			冬秧田	再生稻及稻桩	落粒稻及稻桩	杂草（游草）	小计
合浦	21°82′	109°34′	0	0	0	7.60	7.60

（续）

县/地区	纬度	经度	越冬面积（万亩）				
			冬秧田	再生稻及稻桩	落粒稻及稻桩	杂草（游草）	小计
博白	22°09′	109°84′	0.1	0	39.93	2.00	42.03
陆川	22°25′	110°23′	0	0	0	0	0
龙州	22°39′	106°85′	0.01	0	0.01	0.10	0.12
江州	22°43′	107°44′	0	0.10	0	0.50	0.60
兴业	22°45′	109°52′	0	0	0	0	0
玉州	22°68′	109°94′	0	0	0	0	0
大新	22°76′	107°19′	0	0	0.02	0.01	0.03
天等	23°09′	107°06′	0	0	0	0.19	0.19
那坡	23°20′	105°75′	0	4.90	1.50	0	6.40
合计			0.11	5.00	41.46	10.40	56.97

2. 越冬场所及密度　从表2-20可看出，稻飞虱可以在落粒稻苗田及稻桩、杂草、冬秧田、再生稻苗田及稻桩中顺利越冬，越冬虫口密度均较低，龙州落粒稻苗田及稻桩中稻飞虱越冬密度最大，每亩达240.0头。调查发现稻飞虱以成虫或若虫形态越冬，密度较低。

表2-20　2010年稻飞虱越冬情况调查表

县/地区	落粒稻苗田及稻桩		杂草（游草）		冬秧田、再生稻苗田及稻桩	
	每亩虫量（头）	百株卵量（粒）	每亩虫量（头）	百株卵量（粒）	每亩虫量（头）	百株卵量（粒）
合浦	0	0	222.17	0	0	0
博白	37.04	0	7.41	0	21.4	0
龙州	240.0	0	200.0	0	18.8	0
江州	0	0	6.7	0	5.4	0
大新	12.0	0	15.1	0	0	0
天等	0	0	22.2	0	0	0
那坡	16.7	0	0	0	33.4	0

3. 白背飞虱带毒率监测　2010—2013年进行白背飞虱携带南方水稻黑条矮缩病毒情况检测，于白背飞虱发生期在广西全区范围内采集虫体样品，进行RT-PCR检测，灯下出现白背飞虱迁入高峰时单独采集，进行RT-PCR或DIBA快速检测。

（1）2010年监测结果。2010年，采集第一至三代灯下白背飞虱样品34批次1 112头，经检测平均带毒率8.18%，早春第一代带毒白背飞虱主要分布在桂东南和桂南沿海稻区，第二代白背飞虱桂东、桂南均出现带毒样品，第三代白背飞虱全区大部分地区出现带毒样品（表2-21）。

表 2-21　2010 年白背飞虱带毒率

代次	采样地点	时间 （月/日）	检测虫数 （头）	携带 SRBSDV 虫数（头）	带毒率 （％）
第一代	北流	4/13	5	4	80.00
	陆川	4/13	4	1	25.00
	钦州	4/13	10	4	40.00
	钦州	4/13	12	7	58.33
	东兴	4/15	7	3	42.86
	崇左	4/20	21	0	0
	百色	4/20	16	0	0
	隆安	4/20	100	0	0
	永福	4/20	104	0	0
	小计/平均		279	19	6.81
第二代	灵川	4/24	96	0	0
	合浦	5/5	7	4	57.14
	柳江	5/8	10	8	80.00
	玉林	5/11	7	0	0.00
	合浦	5/13	7	1	14.29
	宜州	5/26	63	1	1.59
	小计/平均		190	14	7.37
第三代	上林	6/2	49	1	2.63
	凌云	6/2	86	1	1.16
	岑溪	6/7	47	0	0
	博白	6/8	10	2	20.00
	钦北	6/8	96	9	9.38
	灵川	6/9	10	1	10.00
	柳江	6/10	55	7	12.50
	浦北	6/13	10	1	10.00
	灵山	6/13	10	0	0
	玉林	6/17	8	2	25.00
	平南	6/17	8	0	0
	凌云	6/17	8	0	0
	钦北	6/17	8	2	25.00
	北流	6/17	8	5	62.50
	昭平	6/18	32	1	3.13
	永福	6/20	141	9	7.89
	昭平	6/21	10	4	40.00
	象州	6/22	35	8	22.86
	靖西	6/23	12	5	41.67
	小计/平均		643	58	9.02
合计/平均			1 112	91	8.18

（2）2011年监测结果。2011年，采集第一至六代灯下白背飞虱样品18批次968头，平均带毒率为0.93%。第一代检测5批样品，仅最南端的防城有1批样品带毒，第二代3批样品均带毒，但第三代的3批样品又均不带毒，第四至六代检测的7批样品中，位于桂中地区的宜州、融安样品带毒，其他样品不带毒。第一代、第二代、第三代、第四至六代白背飞虱平均带毒率分别为0.56%、1.30%、0%和1.27%（表2-22）。

表2-22 2011年白背飞虱带毒率

代次	采样地点	时间（月/日）	检测虫数（头）	携带SRBSDV虫数（头）	带毒率（%）
第一代	防城	4/1	70	1	1.43
	防城	4/6	27	0	0
	防城	4/11	58	0	0
	合浦	4/19	22	0	0
	博白	4/19	28	0	0
	小计/平均		177	1	0.56
第二代	防城	5/5	145	2	1.38
	宜州	5/23	100	1	1.00
	合浦	5/24	62	1	1.61
	小计/平均		307	4	1.30
第三代	兴业	6/2	16	0	0
	宜州	6/8	72	0	0
	宜州	6/11	54	0	0
	小计/平均		142	0	0
第四至六代	融安	7/9	100	1	1.00
	资源	7/18	16	0	0
	永福	7/21	46	0	0
	凌云	8/14	30	0	0
	宜州	8/14	62	2	3.23
	融安	9/5	30	1	3.33
	柳江	9/5	30	0	0
	小计/平均		314	4	1.27
合计/平均			968	9	0.93

（3）2012年监测结果。2012年，采集第一至六代灯下白背飞虱样品29批次3 040头，平均带毒率4.41%，凌云白背飞虱样品带毒率最高，为16.00%。第一代、第二代、第三代和第四至六代白背飞虱平均带毒率分别为0%、0.59%、1.86%和9.64%。其中，早春检测桂南4批次第一代白背飞虱样品均不带毒；第二代检测的11批样品中，桂北高寒山区南丹和桂南钦北2批样品带毒，其他均不带毒；第三代检测9批次样品，桂北、桂中和桂南均出现带毒样品；第四至六代检测的5批样品中，桂北全州样品带毒率明显上升。外地虫源不断

迁入及本地虫源积累和繁殖，导致后期白背飞虱带毒率明显高于前期（表2-23）。

表2-23　2012年白背飞虱带毒率

代次	采样地点	时间（月/日）	检测虫数（头）	携带SRBSDV虫数（头）	带毒率（%）
第一代	钦北	4/13	54	0	0
	钦北	4/16	180	0	0
	龙州	4/17	5	0	0
	凭祥	4/18	3	0	0
	小计/平均		242	0	0
第二代	博白	5/1	80	0	0
	浦北	5/4	80	0	0
	永福	5/7	80	0	0
	钦北	5/8	50	0	0
	浦北	5/9	80	0	0
	永福	5/9	40	0	0
	钦北	5/9	80	0	0
	钦北	5/9	104	3	2.88
	融安	5/11	80	0	0
	南丹	5/20	120	0	0
	南丹	5/20	60	2	3.33
	小计/平均		854	5	0.59
第三代	天峨	5/21	60	0	0
	博白	5/26	80	0	0
	博白	5/26	120	3	2.5
	永福	5/28	126	2	1.59
	永福	5/29	50	1	2.00
	博白	5/31	89	0	0
	凌云	6/13	52	0	0
	凌云	6/18	124	0	0
	凌云	6/18	50	8	16.00
	小计/平均		751	14	1.86
第四至六代	全州	7/27	300	42	14.00
	全州	7/27	141	2	1.40
	富川	8/3	215	3	1.40
	宜州	8/3	62	1	1.61
	浦北	9/1	475	67	14.10
	小计/平均		1193	115	9.64
合计/平均			3 040	134	4.41

（4）2013 年监测结果。2013 年，采集第一至六代灯下白背飞虱样品 29 批次 2 774 头，平均带毒率 1.26%，第一代、第二代、第三代、第四至六代白背飞虱带毒率分别为 0.71%、1.20%、1.33% 和 2.19%，白背飞虱带毒率随代次增加而逐渐提高。其中，4 月 24 日岑溪送检第二代白背飞虱带毒率最高，达 19.05%，其次为岑溪 4 月 25 日送检第二代白背飞虱，带毒率为 15.00%。检出带毒样品 15 批次，占检测 29 批次的 51.72%。早春 3—4 月检测桂南沿海合浦、浦北、桂西南宜州及桂北全州白背飞虱样品，均检测出带毒样品。第二至三代检测的 15 批次样品中，岑溪、钦北、宜州均出现带毒样品。第四至六代检测白背飞虱 5 批次，检出带毒样品 4 批次，占 80%，相对前期带毒率明显上升（表 2-24）。

表 2-24　2013 年白背飞虱带毒率

代次	采样地点	时间（月/日）	检测虫数（头）	携带 SRBSDV 虫数（头）	带毒率（%）
第一代	宜州	3/25—3/31	33	0	0
	合浦	4/5	100	2	2
	合浦	4/5	200	0	0
	浦北	4/17	100	2	2
	宜州	4/19	150	1	0.67
	柳江	4/19	100	0	0
	柳江	4/19	100	0	0
	全州	4/20	100	1	1
	全州	4/20	100	1	1
	小计/平均		983	7	0.71
第二代	合浦	4/25	20	0	0
	岑溪	4/24	21	4	19.05
	岑溪	4/25	20	3	15.00
	钦北	4/18	56	1	1.79
	钦北	4/20	125	3	2.40
	钦北	4/24	68	0	0
	钦北	4/26	35	1	2.86
	合浦	4/25	3	0	0
	宜州	5/7	90	0	0
	岑溪	5/10	165	0	0
	岑溪	5/12	145	0	0
	凤山	5/19	100	0	0
	凤山	5/19	155	0	0
	小计/平均		1 003	12	1.20

（续）

代次	采样地点	时间（月/日）	检测虫数（头）	携带 SRBSDV 虫数（头）	带毒率（%）
第三代	凤山	5/25	50	0	0
	宜州	5/26	100	2	2
	小计/平均		150	2	1.33
第四至六代	浦北	7/27	270	5	1.85
	宜州	8/4	80	0	0
	宜州	8/23	93	2	2.15
	全州	8/25	100	1	1
	浦北	9/8	95	6	6.32
	小计/平均		638	14	2.19
合计/平均			2 774	35	1.26

四、防控技术研究

（一）中稻调整播种期技术

在灵川县利用虫情测报灯，监测记录灯下白背飞虱发生动态，同时，在中稻上试验研究调整播种期对南方水稻黑条矮缩病发生的影响。水稻品种为扬两优 6 号，试验设 4 月 15 日、4 月 30 日和 5 月 15 日 3 个播种期，秧田期各处理小区面积 0.4 亩，统一喷施 1 次 10% 吡虫啉可湿性粉剂，15d 后移栽至同一片区大田，每处理面积 4～5 亩，病虫防治及管理条件一致。水稻齐穗期（分别为 8 月 15 日、8 月 30 日、9 月 15 日）调查，采用平行跳跃法，每处理调查 20 点，每点调查 10 丛，共 200 丛，共计调查 600 丛，记录病丛数；同时采用目测法，在各小区巡视目测南方水稻黑条矮缩病发病情况。

试验结果表明，桂北等中稻区调整播种期至 4 月 15 日之前，可将水稻感病敏感生育期避开白背飞虱主迁入峰，达到减轻水稻病毒病发生的效果。灯下白背飞虱监测显示（表 2-25），一般年份灵川县灯下白背飞虱有 5～10 个迁入峰，主迁入峰为 6 月上中旬，极个别年份（2012 年）提前至 5 月上旬。试验调查表明（表 2-26），4 月 15 日和 4 月 30 日播种田块，病丛率分别为 0% 和 2.5%，二者病丛率均显著低于 5 月 15 日播种处理田块（8.50%）。大田巡视目测显示，4 月 15 日和 4 月 30 日播种处理的病丛数分别为 0 丛和 6 丛，均显著低于 5 月 15 日播种处理田块（>500 丛）。因此，为将中稻感病敏感生育期避开白背飞虱主迁入峰，当地中稻应在 4 月 15 日前播种。

表 2-25　2006—2012 年灵川县灯下白背飞虱诱集情况

年份	始见期（月/日）	终见期（月/日）	迁入峰数（个/年）	主峰日（月/日）	主峰日虫量（头）	总诱虫量（头）
2006	4/3	10/30	10	6/3	57 421	272 492
2007	3/14	9/30	7	6/8	2 544	20 290
2008	3/23	10/26	6	6/8	98 599	207 569

（续）

年份	始见期(月/日)	终见期(月/日)	迁入峰数(个/年)	主峰日(月/日)	主峰日虫量(头)	总诱虫量(头)
2009	4/13	9/20	7	6/9	3 339	9 091
2010	4/20	10/18	7	6/17	14 115	31 331
2011	4/25	9/22	5	6/13	2 785	6 446
2012	4/7	10/13	9	5/3	14 130	39 114
平均			7.29		22 876	75 558

表 2-26 2011 年广西灵川县中稻不同播种时间南方水稻黑条矮缩病发病情况

播种时间（月/日）	调查丛数（丛）	发病丛数（丛）	病丛率（%）	目测病丛数（丛）
4/15	200	0	0	0
4/30	200	5	2.5	6
5/15	200	17	8.50	>500

（二）防虫网阻隔技术

2010 年在融安县进行防虫网和无纺布阻隔稻飞虱及预防水稻病毒病效果试验。水稻品种为甬优 6 号。试验所用 30 目和 40 目白色异型防虫网由浙江台州市遮阳网厂提供，无纺布由广州正德无纺布有限公司提供。试验设 5 个处理，处理 1 为 30 目防虫网覆盖育秧，处理 2 为 40 目防虫网覆盖育秧，处理 3 为无纺布覆盖育秧，处理 4 为 60% 吡虫啉悬浮种衣剂拌种，处理 5 为空白对照，每处理面积 30m²。7 月 7 日水稻播种后立即覆盖防虫网或无纺布，秧田期全程覆盖，大田期分田移栽至同一片区，小区之间设保护行，管理措施一致。移栽前采用 5 点取样法，每点面积 0.2m²，盆拍法调查稻飞虱虫口密度，计算防治效果。齐穗期调查水稻病毒病发生情况，"Z"字形 10 点取样，每点查 30 丛，每处理查 300 丛，记录发病丛数，计算防治效果。

稻飞虱防效计算公式：

$$防治效果 = \frac{对照区虫数 - 处理区虫数}{对照区虫数} \times 100\%$$

病毒病防效计算公式：

$$防治效果 = \frac{对照区病丛数 - 处理区病丛数}{对照区病丛数} \times 100\%$$

试验表明（表 2-27），秧田期使用 40 目防虫网、30 目防虫网和无纺布育秧对阻隔稻飞虱效果均为 94.29%，三者之间差异均不显著，三者均与 60% 吡虫啉悬浮种衣剂（82.86%）差异显著。

利用 40 目防虫网、30 目防虫网和无纺布育秧对水稻病毒病的防治效果分别为 89.66%、86.25% 和 86.25%，三者之间差异不显著，但均显著高于 60% 吡虫啉悬浮种衣剂拌种（75.90%）。

表 2-27 2010 年广西融安防虫网育秧防治水稻病毒病效果

处理	稻飞虱		病毒病	
	秧苗期虫口密度（头/m²）	防治效果（%）	发病株率（%）	防治效果（%）
30 目防虫网	2.0	94.29aA	1.33	86.25aA
40 目防虫网	2.0	94.29aA	1.00	89.66aA
无纺布	2.0	94.29aA	1.33	86.25aA
60%吡虫啉悬浮种衣剂拌种	6.0	82.86bB	2.33	75.90bB
空白对照	35.0	—	9.67	—

注：表中数据为 5 点（10 点）调查平均数，同列数据后大小写字母分别表示新复极差法在 1%和 5%水平上差异性，字母相同表示差异不显著。

（三）化学防治技术

1. 杀虫剂治虫防病技术 2010—2011 年在龙胜县、凤山县、兴安县和南宁市等地试验 600g/L 吡虫啉悬浮种衣剂（德国拜耳作物科学公司）、70%噻虫嗪种子处理可分散粉剂（先正达作物保护有限公司）、35%丁硫克百威种子处理干粉剂（苏州富美实植物保护剂有限公司）拌种及 10%吡虫啉可湿性粉剂（南京红太阳股份有限公司）、10%吡虫啉·噻嗪酮乳油（广西田园生化股份有限公司）、25%烯啶·异丙威可湿性粉剂（广西田园生化股份有限公司）、25%吡蚜酮可湿性粉剂（广西田园生化股份有限公司）大田喷雾控制稻飞虱效果。

试验表明（表 2-28 至表 2-34）：①利用 35%丁硫克百威拌种防治秧苗期稻飞虱效果最好，达 82.2%；600g/L 吡虫啉效果次之，为 76.8%。推荐每千克稻种使用 35%丁硫克百威种子处理干粉剂 20g 拌种、600g/L 吡虫啉悬浮种衣剂 4g 拌种。②25%吡蚜酮可湿性粉剂和 25%烯啶·异丙威可湿性粉剂对稻飞虱具有非常好的控制效果，药后 10d 防治效果分别为 98.23%和 97.81%，田间推荐使用剂量为 25%吡蚜酮可湿性粉剂喷雾 75g/hm²，25%烯啶·异丙威可湿性粉剂喷雾 300g/hm²。③10%吡虫啉·噻嗪酮乳油对稻飞虱防治效果明显，每亩使用 50g 药后 7d 和 14d 的防治效果分别为 92.98%和 84.23%。

利用 35%丁硫克百威种子处理干粉剂或 600g/L 吡虫啉悬浮种衣剂拌种，10%吡虫啉·噻嗪酮乳油或 25%吡蚜酮可湿性粉剂或 25%烯啶·异丙威可湿性粉剂喷雾，可有效防治水稻病毒病的传毒介体稻飞虱。

表 2-28 2010 年广西兴安县 600g/L 吡虫啉悬浮种衣剂拌种防治稻飞虱效果

处理	药后 10d（秧苗期）		药后 20d（秧苗期）		药后 30d（大田前期）	
	虫口密度（头/m²）	防治效果（%）	虫口密度（头/m²）	防治效果（%）	虫口密度（头/m²）	防治效果（%）
每千克稻种使用 600g/L 吡虫啉悬浮种衣剂 4g	5.0	77.3	9.5	76.8*	118.0	66.1*

（续）

处理	药后 10d（秧苗期）		药后 20d（秧苗期）		药后 30d（大田前期）	
	虫口密度（头/m²）	防治效果（%）	虫口密度（头/m²）	防治效果（%）	虫口密度（头/m²）	防治效果（%）
每千克稻种使用 10%吡虫啉可湿性粉剂 24g	6.0	72.7	12.0	70.7	136.0	60.9
空白对照	22.0	—	41.0	—	348.0	—

注：表中数据为 4 次重复平均值，经 t 检验，* 表示 $P<0.05$，** 表示 $P<0.01$。

表 2-29　2010 年广西凤山 70%噻虫嗪种子处理可分散粉剂拌种防治稻飞虱效果

处理	药后 20d（秧苗期）	
	虫口密度（头/m²）	防治效果（%）
每千克稻种使用 70%噻虫嗪种子处理可分散粉剂 2g	192	67.78
每千克稻种使用 10%吡虫啉可湿性粉剂 14g	170	71.47
空白对照	596	—

注：表中数据为 4 次重复平均值，经 t 检验，* 表示 $P<0.05$，** 表示 $P<0.01$。

表 2-30　2010 年广西龙胜 35%丁硫克百威种子处理干粉剂拌种防治稻飞虱效果

处理	药后 20d（秧苗期）		
	虫口密度(头/m²)	防治效果(%)	差异显著性
每千克稻种使用 35%丁硫克百威种子处理干粉剂 10g	18	75.3	bB
每千克稻种使用 35%丁硫克百威种子处理干粉剂 20g	13	82.2	aA
每千克稻种使用 10%吡虫啉可湿性粉剂 20g	26	64.4	dC
空白对照	73	—	—

注：表中数据为 3 次重复平均值，同列数据后大小写字母分别表示新复极差法在 1%和 5%水平上差异性，字母相同表示差异不显著。

表 2-31　2010 年广西龙胜 10%吡虫啉可湿性粉剂防治稻飞虱效果

处理	药前基数（头/百丛）	药后 3d 防治效果（%）	药后 10d 防治效果（%）
10%吡虫啉可湿性粉剂 37.5g/hm²	80.5	55.10	68.40
20%异丙威乳油 600g/hm²	75	74.14**	84.17**
空白对照	78.5	—	—

注：表中数据为 3 次重复平均值，经 t 检验，* 表示 $P<0.05$，** 表示 $P<0.01$。

表 2-32　2010 年广西南宁 25%烯啶·异丙威可湿性粉剂防治稻飞虱效果

药剂	药前基数（头/百丛）	药后 3d		药后 10d	
		防治效果（%）	差异显著性	防治效果（%）	差异显著性
25%烯啶虫胺·异丙威可湿性粉剂 75g/hm²	197	69.80	cC	85.48	cC
25%烯啶虫胺·异丙威可湿性粉剂 187.5g/hm²	197	86.79	bB	94.19	bB

（续）

药剂	药前基数 （头/百丛）	药后 3d		药后 10d	
		防治效果 （%）	差异显 著性	防治效果 （%）	差异显 著性
25%烯啶虫胺·异丙威可湿性粉剂 300g/hm²	202	92.66	aA	97.81	aA
20%异丙威乳油 600mL/hm²	188	88.14	aB	79.17	dD
5%吡虫啉乳油 22.5mL/hm²	194	85.76	bB	93.94	bB
空白对照	186	—	—	—	—

注：表中数据为 3 次重复平均值，同列数据后大小写字母分别表示新复极差法在 1%和 5%水平上差异性，字母相同表示差异不显著。

表 2-33   2010 年广西南宁 25%吡蚜酮可湿性粉剂防治稻飞虱效果

处理	药前基数 （头/百丛）	药后 3d		药后 10d	
		防治效果 （%）	差异显 著性	防治效果 （%）	差异显 著性
25%吡蚜酮可湿性粉剂 45g/hm²	187	80.45	cC	87.61	cC
25%吡蚜酮可湿性粉剂 60g/hm²	183	86.33	bB	94.18	bB
25%吡蚜酮可湿性粉剂 75g/hm²	197	91.81	aA	98.23	aA
空白对照	186	—	—	—	—

注：表中数据为 3 次重复平均值，同列数据后大小写字母分别表示新复极差法在 1%和 5%水平上差异性，字母相同表示差异不显著。

表 2-34   2007 年广西合浦 10%吡虫啉·噻嗪酮乳油防治稻飞虱效果

处理	药前基数 （头/百丛）	药后 3d		药后 7d		药后 14d	
		防治效果 （%）	差异显 著性	防治效果 （%）	差异显 著性	防治效果 （%）	差异显 著性
每亩 10%吡虫啉·噻嗪酮 15g	326	75.87	bB	80.32	bB	69.13	bB
每亩 10%吡虫啉·噻嗪酮 30g	328	88.54	aA	90.80	aA	83.73	aA
每亩 10%吡虫啉·噻嗪酮 50g	367	91.20	aA	92.98	aA	84.23	aA
每亩 10%吡虫啉可湿性粉剂 20g	332	91.70	aA	93.37	aA	85.42	aA
每亩 25%噻虫嗪可湿性粉剂 25g	271	73.82	bB	92.17	aA	86.88	aA
空白对照	186	—	—	—	—	—	—

注：表中数据为 3 次重复平均值，同列数据后大小写字母分别表示新复极差法在 1%和 5%水平上差异性，字母相同表示差异不显著。

2. 抗病毒制剂防治病毒病技术   3%超敏蛋白微粒剂对水稻病毒病具有一定的控制效果，3 次药后调查发现，每亩 3%超敏蛋白微粒剂 20g 防治效果最好，为 61.05%。秧苗期和大田期综合使用 2%嘧肽霉素水剂各 2 次，预防水稻病毒病效果为 84.21%，每亩推荐使用浓度为 100mL，秧苗期喷雾可以预防病毒病发生。30%毒氟磷可湿性粉剂对水稻病毒病具有较好的防治效果，使用浓度为 337.5g/hm² 时防治效果最好，达 70.66%，推荐在病毒病发病初期使用，或移栽时作为"送嫁药"与杀虫剂一起喷雾，使用剂量为

$202.5 \sim 337.5 \mathrm{g/hm^2}$（表 2-35 至表 2-37）。

表 2-35 2010 年广西防城 3％超敏蛋白微粒剂防治水稻病毒病效果

处理	基数调查 病株率 （％）	齐穗期调查 病株率 （％）	齐穗期调查 防治效果 （％）	黄熟期调查 病株率 （％）	黄熟期调查 防治效果 （％）
每亩 3％超敏蛋白微粒剂 10g	20.59aA	26.48bB	24.00cC	26.65bB	50.74bB
每亩 3％超敏蛋白微粒剂 20g	22.65aA	23.27bB	39.43aA	23.12bB	61.05aA
每亩 3％超敏蛋白微粒剂 10g＋芸苔素 内酯 1 500 倍液＋细胞分裂素 1 500 倍液	20.86aA	23.13bB	34.44bB	26.53bB	51.67bB
空白对照	22.15aA	37.48aA	—	58.20aA	—

注：表中数据为 3 次重复平均值，同列数据后大小写字母分别表示新复极差法在 1％和 5％水平上差异性，字母相同表示差异不显著。

表 2-36 2010 年广西宜州 2％嘧肽霉素水剂防治水稻病毒病效果

处理		基数调查 病株率 （％）	最后一次药后 20d 调查丛数 （丛）	最后一次药后 20d 病丛数 （丛）	最后一次药后 20d 病丛率 （％）	最后一次药后 20d 防治效果 （％）
秧苗期 2 次 用药	每亩 2％嘧肽霉素水剂 80mL	0	500	7	1.4	63.16d
	每亩 2％嘧肽霉素水剂 100mL	0	500	5	1.0	73.68c
	每亩 2％嘧肽霉素水剂 120mL	0	500	4	0.8	78.95b
大田期 2 次 用药	每亩 2％嘧肽霉素水剂 80mL	0	500	8	1.6	57.89e
	每亩 2％嘧肽霉素水剂 100mL	0	500	5	1.0	73.68c
	每亩 2％嘧肽霉素水剂 120mL	0	500	5	1.0	73.68c
秧苗期 2 次＋ 大田期 2 次用药	每亩 2％嘧肽霉素水剂 80mL	0	500	4	0.8	78.95b
	每亩 2％嘧肽霉素水剂 100mL	0	500	3	0.6	84.21a
	每亩 2％嘧肽霉素水剂 120mL	0	500	3	0.6	84.21a
	每亩 20％盐酸吗啉胍可湿性粉剂 100g	0	500	7	1.4	63.16d
空白对照		0	500	19	3.8	—

注：表中数据为 3 次重复平均值，同列数据后小写字母表示新复极差法在 5％水平上差异性，字母相同表示差异不显著。

表 2-37 2011 年广西防城 30％毒氟磷可湿性粉剂防治水稻病毒病效果

处理	平均病指 药前	平均病指 药后	平均防治效果 （％）	差异显著性
30％毒氟磷可湿性粉剂 67.5g/hm²	4.92	7.94	59.78	cB
30％毒氟磷可湿性粉剂 202.5g/hm²	4.68	6.63	64.36	bB
30％毒氟磷可湿性粉剂 337.5g/hm²	4.24	4.98	70.66	aA
2％宁南霉素水剂 60mL/hm²	5.24	7.91	62.19	bcB
空白对照	5.02	19.76	—	—

注：表中数据为 3 次重复平均值，同列数据后大小写字母分别表示新复极差法在 1％和 5％水平上差异性，字母相同表示差异不显著。

（四）技术集成

1. 药剂拌种＋带药移栽＋健身栽培防治水稻病毒病技术　试验结果表明，中浙优8号、Y两优3218、中优85等3个水稻品种利用药剂拌种＋带药移栽＋健身栽培集成防控技术，防治水稻病毒病效果均在97％以上，分别为97.54％、98.87％和99.08％，与各品种常规处理防治效果（43.51％、54.03％、52.25％）均有显著差异，分别增产3.53％、12.61％和16.46％（表2-38）。因此，利用药剂拌种＋带药移栽＋健身栽培措施能很好地防控水稻病毒病。

表2-38　2010年广西兴安药剂拌种＋带药移栽＋健身栽培防治水稻病毒病效果

品种	处理	总株数（株）	病株数（株）	病株率（%）	防治效果（%）	亩产（kg）	增产（%）
中浙优8号	药剂拌种＋带药移栽＋健身栽培	6 634	10	0.15	97.54**	510	3.53
	常规处理	6 451	222	3.44	43.51	502	1.99
	空白对照	5 978	364	6.09	—	492	—
Y两优3218	药剂拌种＋带药移栽＋健身栽培	6 450	11	0.17	98.97**	555	12.61
	常规处理	6 127	465	7.59	54.03	503	3.58
	空白对照	6 385	1 054	16.51	—	485	—
中优85	药剂拌种＋带药移栽＋健身栽培	6 605	13	0.19	99.08**	553	16.46
	常规处理	6 389	631	9.88	52.25	512	9.77
	空白对照	6 176	1 278	20.69	—	462	—

注：表中数据为3次重复平均值，同一品种间，经 t 检验，* 表示 $P<0.05$，** 表示 $P<0.01$。

2. 防虫网育秧＋带药移栽＋健身栽培防治水稻病毒病技术　试验结果表明，中浙优8号、Y两优3218、中优85等3个水稻品种利用防虫网育秧＋带药移栽＋健身栽培综合技术，防治水稻病毒病效果均在98％以上，分别为98.19％、99.52％和99.47％，与各品种常规处理防效（43.51％、54.03％、52.25％）均差异显著，分别增产3.15％、12.14％和16.00％（表2-39）。因此，利用防虫网育秧＋带药移栽＋健身栽培能够很好地防控水稻病毒病。

表2-39　2010年广西兴安防虫网育秧＋带药移栽＋健身栽培防治水稻病毒病效果

品种	处理	总株数（株）	病株数（株）	病株率（%）	防治效果（%）	亩产（kg）	增产（%）
中浙优8号	防虫网＋带药移栽＋健身栽培	6 650	7	0.11	98.19**	508	3.15
	常规处理	6 451	222	3.44	43.51	502	1.99
	空白对照	5 978	364	6.09	—	492	—
Y两优3218	防虫网＋带药移栽＋健身栽培	6 395	5	0.08	99.52**	552	12.14
	常规处理	6 127	465	7.59	54.03	503	3.58
	空白对照	6 385	1 054	16.51	—	485	—

（续）

品种	处理	总株数（株）	病株数（株）	病株率（%）	防治效果（%）	亩产（kg）	增产（%）
中优85	防虫网＋带药移栽＋健身栽培	6 615	7	0.11	99.47**	550	16.00
	常规处理	6 389	631	9.88	52.25	512	9.77
	空白对照	6 176	1 278	20.69	—	462	—

注：表中数据为3次重复平均值，同一品种间，经 t 检验，* 表示 $P<0.05$，** 表示 $P<0.01$。

五、水稻病综合防控技术应用

（一）防控策略

南方水稻黑条矮缩病由传毒介体带毒传播，防治上采取"杀灭传毒害虫、切断毒链、治秧田保大田、治前期保后期"的策略，以达到治虫防病的目的。秧苗期和大田前期是防治的2个关键时期，推广以农业防治为基础，物理防治和化学防治相结合的综合防控技术，各稻作类型水稻病毒病防控策略如下。

1. 早稻　密切监测早春稻飞虱带毒率及田间发病情况，做好稻飞虱系统监测点采样检测，重发区采取药剂拌种或防虫网（无纺布）育秧，移栽前喷施送嫁药，大田期根据虫情调查结果适时进行化学防治，稻飞虱带毒率较高及发病稻区加喷抗病毒制剂。

2. 中稻　调整播种期，避开稻飞虱迁入高峰。桂北和桂西南中稻区播种期适当提前至4月15日之前，使中稻秧苗期和大田前期避开稻飞虱迁入高峰期。秧苗期采取药剂拌种，或防虫网（无纺布）全程覆盖育秧，移栽前喷施送嫁药。大田期根据虫情调查适时进行化学防治，稻飞虱带毒率较高及发病稻区加喷抗病毒病制剂，重病区秧苗喷施植物生长调节剂，促进秧苗生长，提高抗病能力。

3. 晚稻　秧田期采取药剂拌种，秧田期抓好稻飞虱防治，移栽前喷施防治稻飞虱送嫁药和抗病毒制剂。大田期根据虫情调查适时进行化学防治。稻飞虱带毒率高的稻区和发病稻区加喷抗病毒病制剂，重病区秧苗喷施植物生长调节剂，促进秧苗生长，提高抗病能力。

（二）综合防控措施

1. 农业防治

（1）选用抗病品种，避免种植高感病品种。发生区注意避免种植上年发病重的品种，减轻病毒病发生危害。

（2）加强田间管理，提高植株抗性。加强田间水肥管理，适当增施磷肥、钾肥，提高植株抗性。对早期田间显症矮化植株，及时拔除补苗，重病年份适当增加播种量和大田移栽时基本苗，保持田间后期总穗数。推广旱育稀植壮秧，抛秧移栽。

（3）调整播种期。广西中稻区适播期内适当提前播种，桂北中稻区播种期提前至4月15日之前，避开白背飞虱迁入高峰期与水稻秧苗及大田前期相遇，实施同一区域同时播种、集中连片育秧，降低白背飞虱成虫传毒概率，减少前期毒源。

2. 物理防治　秧田远离病田，集中连片育秧。利用防虫网或无纺布育秧，秧田期全程覆盖 30～40 目防虫网或无纺布，阻止传毒介体迁入传毒，预防水稻病毒病的发生。

3. 化学防治

（1）药剂拌种。种子催芽露白后，采用 35％丁硫克百威种子处理干粉剂或 600g/L 吡虫啉悬浮种衣剂，先与少量细土或谷糠拌匀，再均匀拌种，即可播种。

（2）药剂防治。采取"切断毒源、治秧田保大田、治前期保后期"的策略。

①秧苗及本田前期防治，最大限度压低虫源基数，同时兼顾稻飞虱全程治理，视虫情开展防治。

②喷施送嫁药。已进行药剂拌种处理或防虫网（或农膜、无纺布）全程覆盖育秧的，在移栽前 2～3d 揭网炼苗时，喷施送嫁药；无防虫网覆盖和无药剂拌种处理的秧田，三叶一心期喷施 1 次，移栽前喷施送嫁药。

③大田期应根据病虫情适时开展药剂防治稻飞虱。

④合理选用农药。拌种选用 35％丁硫克百威种子处理干粉剂或 600g/L 吡虫啉悬浮种衣剂，送嫁药和大田期防治药剂选用 10％吡虫啉·噻嗪酮乳油或 25％吡蚜酮可湿性粉剂或 25％烯啶·异丙威可湿性粉剂，送嫁药加 30％毒氟磷可湿性粉剂一同喷施，发病田块选用 30％毒氟磷可湿性粉剂或 2％嘧肽霉素水剂进行补偿防治。重病区秧田移栽前 10d 选择 5％氨基寡糖素水剂或 0.136％赤·吲乙·芸苔可湿性粉剂，促进秧苗生长，提高抗病能力。

4. 桂南、桂东北、桂西北稻区水稻病毒病阻截带建设　广西区沿边沿海，南面与越南接壤，周边与云南、贵州、湖南、广州等省份相邻，均是水稻病毒病的常发重发区域，越南中北部稻区是广西区稻飞虱的主要虫源地。在周边区域设置防控阻截带，可有效防止周边区域病毒病的直接传入蔓延危害。2012—2013 年，在桂南、桂东北、桂西北建立了 3 个水稻病毒病防控阻截带，每个阻截带设一个核心示范区并进行调查。桂南阻截带包括钦南区、钦北区、合浦县、防城区、上思县、宁明县、龙州县和凭祥市等稻区，主要阻截早春白背飞虱由越南等地迁入毒源，核心示范区位于钦北区小董镇，面积约 5 000 亩；桂东北阻截带包括资源县、全州县、龙胜县、兴安县、灵川县、灌阳县、恭城县和富川县稻区，主要阻截 8—10 月稻飞虱由湖南等地的回迁毒源，核心示范区设在兴安县界首镇，面积约 6 000 亩；桂西北阻截带包括隆林县、西林县、田林县、乐业县、天峨县、凌云县、凤山县和南丹县稻区，主要阻截贵州省和云南省等地水稻病毒病及传播介体扩散蔓延至桂西中晚稻，核心示范区设在凤山县长洲乡，面积约 3 000 亩。3 个核心示范区均设空白对照，面积约 10 亩，不施用防治稻飞虱和病毒病的农药。核心示范区组织农民开展统防统治，其他区域宣传发动，核心示范区应用 35％丁硫克百威种子处理干粉剂或 600g/L 吡虫啉悬浮种衣剂拌种，或 30 目防虫网（或无纺布）全程覆盖育秧，秧苗移栽前喷施 1 次 10％吡虫啉·噻嗪酮乳油或 25％吡蚜酮可湿性粉剂，监测稻飞虱发生动态及带毒率，病毒病发病初期及时喷施 30％毒氟磷可湿性粉剂。水稻齐穗期各阻截带内每村选 3 块田，每块田 5 点取样，每点 20 丛，共 1 800 丛，调查水稻病毒病发生情况。

调查结果表明，核心示范区内水稻病毒病得到有效控制，发病率明显降低。钦北区、

兴安县和凤山县 3 个阻截带内病毒病的病丛率均显著低于对照，防治效果分别为
85.21%、86.87% 和 84.00%。其中，钦北区核心示范区调查的 6 个村（点）平均病丛率
为 3.50%，显著低于对照的 23.67%；兴安县核心示范区调查的 6 个村（点）平均病丛率
为 2.67%，显著低于对照的 20.33%；凤山县核心示范区调查的 6 个村（点）平均病丛率
为 2.72%，显著低于对照的 17.00%（表 2-40）。同时，通过核心示范区的示范应用影响
和宣传培训、组织发动等，辐射整个阻截带农户应用病毒病综合防控技术，取得了良好的
效益。

表 2-40 2011 年广西水稻病毒病阻截带核心示范区南方水稻黑条矮缩病防治效果

阻截带	钦北区		兴安县		凤山县	
	病丛率（%）	防治效果（%）	病丛率（%）	防治效果（%）	病丛率（%）	防治效果（%）
1	2.33		1.33		3.00	
2	3.00		2.00		3.67	
3	4.00		3.67		1.33	
4	4.33		3.33		4.33	
5	3.67		2.67		1.67	
6	3.67		3.00		2.33	
平均	3.50	85.21	2.67	86.87	2.72	84.00
对照区	23.67	—	20.33	—	17.00	—

六、综合防控技术应用情况及效果

2011—2013 年，广西每年在各地建立综合防控示范样点，每个示范区 3 000～5 000
亩。示范区（样板）应用药剂拌种处理，防虫网或无纺布全程覆盖育秧，秧苗移栽前喷施
送嫁药，加强田间水肥管理，根据稻飞虱监测及其带毒率快速检测情况适时开展药剂防
治，实行专业化统防统治，发病初期用杀虫剂＋病毒制剂＋植物生长调节剂进行喷施。同
时，示范区树立示范牌，标明示范作物品种、面积、主要技术措施、实施单位等内容。以
示范区为基地，举办各类防治技术培训和现场会，通过挂图、小册子、报纸、病虫情报、
科技下乡、宣传栏、黑板报等多种形式开展宣传，并结合电视可视化、手机短信、广播等
进行宣传指导和技术培训，把防治技术辐射到全区。

2012 年，对凤山县水稻病毒病综合防控示范区进行查定，凤山县根据传毒介体及病
毒病监控情况适时施药，每季水稻施药 4 次，比常规防治区少施药 1 次，降低了农药使用
量，减少了农药残留，保护了生态环境。2013 年 9 月，组织专家对兴安县水稻病毒病综
合防控技术示范区进行现场查定验收，示范区病毒病传毒介体稻飞虱虫口密度低于常规防
治区，水稻病毒病的病丛率和病株率分别为 4.77% 和 1.83%，常规防治区分别为
18.54% 和 9.08%，对照区分别为 33.21% 和 16.26%，示范区综合防治效果达 85.63%，
比常规防治区（51.04%）高 34.59 个百分点。示范区比常规防治区每亩增产 40kg，比空

白对照区每亩增产 82kg（表 2-41）。

表 2-41　2013 年广西兴安水稻病毒病综合防控示范样板防治效果

处理	病丛率（%）	病株率（%）	防治效果（%）	亩产（kg）	增产率（%）
示范区	4.77	1.83	85.63	489	20.15
常规防治区	18.54	9.08	51.04	449	10.32
对照区	33.21	16.26	—	407	—

2011—2013 年应用示范结果表明，广西水稻病毒病防控效果显著，发生面积从 2010 年的 94.53 万亩，锐减到 2012 年的 34.33 万亩。其中，2011 年发生面积为 23.88 万亩，仅占水稻种植面积的 0.82%；2012 发生面积为 34.33 万亩，仅占水稻种植面积的 1.18%。广西水稻病毒病综合应用的大力推广和示范应用，减轻了江南、长江流域稻飞虱发生和水稻病毒病的防控压力。

七、防控成效

通过在广西全区水稻病毒病防控示范区开展综合防控技术培训、组织召开防控现场会、印发技术资料等措施开展宣传培训，指导农户进行药剂拌种，抓住秧田期和大田期 2 个关键防控环节，大力推广药剂浸（拌）种、防虫网全程覆盖育秧关键技术，通过调整播种期、适时开展稻飞虱化学防治、加强栽培管理等多项防控技术措施，大力开展统防统治、群防群治，结果表明，示范区内水稻病毒病发病率控制在 5% 以下，防治效果达 85% 以上，没有出现因水稻病毒病危害导致大面积矮缩现象田块。

（一）经济效益

防控示范区主要在改进过去常规防治的基础上进行，在计算经济效益时，以常规防治区作为对照，只计算新增加的产值。防控区新增加的经济效益包括两个方面：一是防控病毒病产量增加产生的经济效益，二是节支所产生的经济效益。

1. 产量增加产生的经济效益

增产总值(万元)=防控区增产平均数(kg/亩)×实施面积(万亩)×价格(元/kg)×缩值系数(0.7)
　　　　　　　=40kg/亩×375万亩×1.9元/kg×0.7＝19 950万元

2. 节支收益　防控区每季使用农药 3～4 次，常规防治区 4～5 次，每季减少农药使用 1 次，每次用药药剂成本 10 元，人工成本 10 元。

防控区利用防虫网育秧等技术，使用费用每亩秧田 150 元，按秧田和大田比 1∶10 计算，每亩大田成本为 15 元。

节支产值(万元)=[农户常规防治区投入防治费用(元/亩)−防控区投入防治费用(元/亩)]×
　　　　　　　实施面积(万亩)×缩值系数(0.7)
　　　　　　　=[20元/亩次×5次−(4次×20元/亩次＋15元/亩)]×375万亩×0.7
　　　　　　　=1 312.5万元

3. 实际收益

节支增收(万元)=增产总值(万元)+节支产值(万元)=19 950万元+1 312.5万元

$$=21\ 262.5\ 万元$$

实施综合防控的推广效益按科研∶推广∶农户=1∶4∶5的效益比例进行分摊。

$$实际收益(万元)=节支增收总额(万元)×50\%$$

$$=21\ 262.5\ 万元×50\%$$

$$=10\ 631.25\ 万元$$

(二) 社会效益

2011—2013年广西全区举办各类培训班和现场会1 500多次，发放技术资料及宣传图册120万份，直接培训农民20万人次以上，制作数字激光视盘（VCD）2套300多份，各地发布电视预报330期，电视字幕5万多条，手机短信50多万条，受益农民超过150万人次。通过宣传，提高了农民对病毒病的认识和防病意识，缓解了社会压力，为和谐社会作出了应有的贡献。

(三) 生态效益

通过开展技术培训、发放宣传手册等措施，科学指导农户进行水稻病毒病综合防控，提倡秧苗期利用防虫网全程覆盖育秧，减少了化学农药的使用，提高了病虫防治效率，改变了病虫防治观念，减少了农药的使用，生态效益显著。

（作者：王华生　王凯学　李　莉　檀志全）

海南省南方水稻黑条矮缩病防治技术
协作研究总结

一、海南水稻种植基本情况

海南省水稻常年种植面积470万～490万亩，种植的主要品种为特优系列、Y两优系列和神农系列等，如特优128、特优3301、特优009、博Ⅱ优312、博Ⅱ优138、博Ⅱ优128，杂交稻面积占85%以上。海南全省水稻种植分为两季或三季，栽培模式为早稻-晚稻-冬种瓜菜，水稻种植基本在每年11月中下旬结束。2013—2015年，早稻病虫发生程度连年加重，晚稻变化较小，早稻呈稻飞虱偏重、偏晚发生态势，白背飞虱在海南省东南部、南部和北部局部比例略增加。

二、南方水稻黑条矮缩病发生概况

海南省于2004年在万宁晚稻首次发现南方水稻黑条矮缩病，发生面积10亩，之后逐渐扩散蔓延，由1个市县扩散至2011年的11个市县，2012年以后发生面积和程度开始下降，2014年发生面积增加，但程度较轻。2015年发生面积小于2014年，局部病株率达到10%～15%。南方水稻黑条矮缩病在海南早稻发生较轻，晚稻重于早稻（表2-42）。

表2-42　2004—2015年海南省南方水稻黑条矮缩病发生情况

年份	发生面积（亩）	发生市县	稻作类型	发生程度
2004	10	万宁（东奥、礼记）	晚稻	1级
2005	1 000	万宁（东奥、礼记、北坡、长丰）	晚稻	2级，局部3级或绝收
2006	1 000	万宁、琼海	晚稻	2级
2008	1 000	屯昌	晚稻	2级
2009	50 000	儋州、琼中、昌江、保亭、东方、乐东、三亚	晚稻	2级
2010	57 000	三亚、昌江、屯昌、临高、定安、乐东、琼中、琼海	早稻、晚稻	2级，局部3级或绝收
2011	55 000	万宁、儋州、三亚、定安、保亭、琼中、陵水、澄迈、文昌、屯昌、琼海	早稻、晚稻	1级，局部2级
2012	2 800	保亭、屯昌、琼海、陵水、三亚、澄迈	早稻、晚稻	早稻1级，晚稻2～3级
2013	19 700	三亚、儋州、澄迈、琼中、文昌	早稻、晚稻	早稻、晚稻1级
2014	57 800	琼海、临高、保亭、琼中、澄迈、三亚、琼中	早稻、晚稻	1级
2015	23 500	三亚（海棠区、天涯区）、陵水、澄迈	早稻、晚稻	1级，局部2级

注：发生程度分级标准中，1级为零星发生，病丛率<3%；2级为中轻度发生，病丛率3%～20%；3级为重度发生，病丛率>20%。

三、南方水稻黑条矮缩病毒检测情况

2011—2014 年海南省植保总站寄送南方水稻黑条矮缩病疑似病株和田间白背飞虱至福建农林大学和华南农业大学检测。2011 年送检白背飞虱带毒率为 6.25%，疑似病株检出率为 10.6%；2012 年白背飞虱带毒率为 1%，疑似病株检出率为 62.8%；2013 年白背飞虱带毒率为 0.8%，疑似病株检出率为 7.6%；2014 年白背飞虱带毒率为 3%，疑似病株检出率为 12.1%（表 2-43）。疑似病株检出率和白背飞虱带毒率为多次检测结果的平均值。随着市县植保技术人员对南方水稻黑条矮缩病认识程度的加深，疑似病株检出率有所提高。由于白背飞虱样本相对较少，检测结果仅供参考。

表 2-43　2011—2014 年海南省疑似病株检出率和白背飞虱带毒率检测结果

年份	疑似病株检出率（%）	白背飞虱带毒率（%）
2011	10.6	6.25
2012	62.8	1
2013	7.6	0.8
2014	12.1	3

四、南方水稻黑条矮缩病主要寄主及感病症状

根据华南农业大学周国辉教授的研究结果，南方水稻黑条矮缩病在海南省主要寄主为水稻和甜玉米（西部东方、乐东）。水稻各生育期均可感病，症状因染病时期不同而异。秧苗期感病的稻株，严重矮缩（不及正常株高 1/3），不能拔节，重病株早枯死亡。本田初期感病的稻株，明显矮缩（约为正常株高 1/2），不抽穗或仅抽包颈穗。分蘖期和拔节期感病稻株，矮缩不明显，能抽穗，但穗小、不实粒多、粒重轻。发病植株叶色深绿，上部叶片可见凹凸不平的褶皱，褶皱多发生于叶片近基部。拔节期感病的植株，地上数节节部有气生须根和高节位分蘖，病株茎秆表面有乳白色瘤状突起，纵向排列成一短条形，后期变为深褐色至黑色。成熟期感病，对产量影响相对较小。

五、南方水稻黑条矮缩病发生类推预测

海南三亚地区根据南方水稻黑条矮缩病发生规律，运用类推法对发生趋势进行预测。

氮、磷、钾肥施用比例不均、速效磷肥偏高、速效钾肥缺乏的土壤种植水稻，南方水稻黑条矮缩病易严重发生。在水稻品种、栽培时间及防治技术措施均相同的田块，南方水稻黑条矮缩病防治结果显示，施用有机肥的水稻田未发生南方水稻黑条矮缩病，而未施用有机肥的水稻田严重发生。

白背飞虱发生高峰期也是南方水稻黑条矮缩病主要发生时期，带毒白背飞虱是南方水稻黑条矮缩病发病的重要前提。5 月、6 月、9 月三亚当地白背飞虱发生量大，以此类推

预测，5月、6月、9月是当地南方水稻黑条矮缩病严重发生的主要时期。

分蘖至孕穗阶段南方水稻黑条矮缩病可能发生偏重。水稻分蘖至孕穗阶段植株组织中鲜重占75%～85%，光合作用比较旺盛，是白背飞虱主要危害时期，迁入代成虫可进入迟插秧田或本田开始初期传毒、产卵，扩繁的第二代白背飞虱传毒仍可会引起水稻染病而出现植株矮缩症状。此时如果入侵虫量大，带毒率偏高，这些田块可能严重发病。

六、南方水稻黑条矮缩病防控技术开发

（一）药剂拌种和苗期叶面喷雾防效试验

2010年在海南省儋州市和琼中县开展了药剂拌种和苗期叶面喷雾防治南方水稻黑条矮缩病效果试验，试验采用25%噻虫嗪水分散粒剂拌种，苗期叶面喷施2%氨基寡糖素水剂，分别于移栽后10d、15d、25d叶面喷施2%氨基寡糖素水剂3次。琼中调查结果显示，拔节期处理区病株率为5.2%，对照区病株率为13.47%，防治效果为61.17%；灌浆成熟期，处理区和对照区病株率分别为5.87%和18.13%，防治效果为67.64%。儋州调查结果显示，分蘖期、拔节期、灌浆期的相对防效分别为62.55%、68.9%、64.13%，处理区比对照区稻谷增产46%。

（二）不同药剂与叶面肥组合防效试验

1. 试验设计　2013年在澄迈和屯昌开展了不同药剂与叶面肥组合防治南方水稻黑条矮缩病技术试验（表2-44）。

表2-44　不同药剂与叶面肥组合防治南方水稻黑条矮缩病试验设计

处理	秧田			本田	
	拌种（包衣）	一叶一心期	移栽前2d	移栽后7d	移栽后15d
1	70%噻虫嗪种子处理可分散粉剂包衣	25%吡蚜酮可湿性粉剂喷雾	25%噻虫嗪水分散粒剂喷雾	48%毒死蜱乳油＋爱沃富喷雾	25%吡蚜酮可湿性粉剂＋好施得喷雾
2	10%吡虫啉可湿性粉剂拌种	25%吡蚜酮可湿性粉剂喷雾	10%吡虫啉可湿性粉剂喷雾	48%毒死蜱乳油＋爱沃富喷雾	25%吡蚜酮可湿性粉剂＋好施得喷雾
3	农民常规用药				
4	空白对照，不施药防治				

注：爱沃富为叶面肥，氨基酸≥100g/L，锰和锌≥20g/L。好施得为氨基酸水溶肥，氨基酸≥100g/L，氮、磷、钾≥200g，硫≥10.6g，锌、硼、锰、铜≥20g，进口土壤改良剂≥20g。

2. 试验药剂与叶面肥使用方法

（1）70%噻虫嗪种子处理可分散粉剂。稻种按常规方法浸种，露白后捞起，按每千克稻种（干种质量）用2g药剂，兑水20～40mL调制成药浆，与种子直接混合搅拌，至全部种子表面均匀附着药剂为止，催芽或晾干后直接播种。

（2）10%吡虫啉可湿性粉剂。

①拌种。稻种按常规方法浸种，露白后捞起，按每千克稻种（干种质量）用14g药

剂，兑水 20～40mL 调制成药浆，与种子直接混合搅拌，至全部种子表面均匀附着药剂为止，催芽或晾干后直接播种。

②喷雾。按当地常规用量兑水喷雾。

（3）48％毒死蜱乳油、25％吡蚜酮可湿性粉剂。按当地常规用量兑水喷雾。

（4）25％噻虫嗪水分散粒剂。25％噻虫嗪水分散粒剂 5 000 倍液或每亩 6g，兑水喷雾。

（5）爱沃富、好施得。爱沃富和好施得 750 倍液或每亩 60mL，兑水喷雾。

除以上防治稻飞虱和南方水稻黑条矮缩病药剂外，田间若发生其他病虫，按照当地习惯进行防治处理。

3. 壮苗效果 澄迈试验调查结果显示，移栽前 2d，噻虫嗪（处理 1）拌种壮苗效果总体优于吡虫啉（处理 2）。噻虫嗪拌种比吡虫啉拌种根长增加 0.9cm，根数增加 0.4 根，株高减少 1.3cm，叶宽增加 0.04cm，叶长增加 1.42cm，分蘖数增加 0.2 个。齐穗期噻虫嗪处理的壮苗效果总体优于吡虫啉处理。噻虫嗪处理比吡虫啉处理根长增加 1.86cm，根数增加 47 根，株高增加 2.68cm，叶宽增加 0.036cm，叶长增加 2.62cm，分蘖数减少 0.6 个（表 2-45）。

表 2-45 2013 年海南澄迈不同药剂拌种对秧苗素质的影响

处理	移栽前 2d（5 株平均值）						齐穗期（5 株平均值）					
	根长(cm)	根数(个)	株高(cm)	叶宽(cm)	叶长(cm)	分蘖数(个)	根长(cm)	根数(个)	株高(cm)	叶宽(cm)	叶长(cm)	分蘖数(个)
1	10.34	13.0	34.58	0.72	23.06	1.8	27.54	655.2	97.24	1.438	54.9	17.2
2	9.44	12.6	35.88	0.68	21.64	1.6	25.68	608.2	94.56	1.402	52.28	17.8
3	10.22	12.6	36.64	0.66	22.66	1.6	24.78	593.4	95.16	1.414	52.22	18.0
4	9.62	12.4	33.02	0.6	21.7	1.6	23.6	558.8	93.28	1.376	46.7	15.4

屯昌试验调查结果显示，移栽前 2d，噻虫嗪拌种根长比其他处理增加 0.26～1.90cm，叶宽，叶长适中，叶色浓绿，叶片厚实。处理 1、处理 2 同时喷施两次叶面肥，但由于处理 1 前茬为瓜菜，地力好于处理 2，后期表现为处理 1 株高比其他处理增加 12.4～14.0cm，抗倒伏性差，将近收获时因风雨影响，出现部分倒伏，由于已为成熟期，收获及时，对产量影响较小（表 2-46）。

表 2-46 2013 年海南屯昌不同药剂拌种对秧苗素质的影响

处理	移栽前 2d（5 株平均值）						齐穗期（5 株平均值）					
	根长(cm)	根数(个)	株高(cm)	叶宽(cm)	叶长(cm)	分蘖数(个)	根长(cm)	根数(个)	株高(cm)	叶宽(cm)	叶长(cm)	分蘖数(个)
1	5.18	1.6	18.34	0.45	12.66	0	13.6	556.2	127.4	1.78	30.4	9.2
2	3.28	8.2	15.08	0.4	10.01	0	15.4	623.2	113.8	1.74	29.2	12.6
3	4.92	9	16.6	0.41	11.86	0	15	502.8	115	1.76	27.8	7.8
4	4.7	7.8	19.86	0.4	14.04	0	14.8	503.8	113.4	1.68	27.8	10

4. 对南方水稻黑条矮缩病的防治效果 在喷施吡蚜酮、毒死蜱及叶面肥爱沃富、好施得的基础上，使用 70％噻虫嗪种子处理可分散粉剂种子包衣处理，并在移栽前 2d 喷施

25％噻虫嗪水分散粒剂，按南方水稻黑条矮缩病病株率计算，病株防治效果达 77.13％，比对照药剂 10％吡虫啉的防治效果提高 13.77 个百分点，比农民常规用药的防治效果提高 29.75 个百分点（表 2-47）。

表 2-47　2013 年海南澄迈不同药剂和叶面肥处理对南方水稻黑条矮缩病的防治效果

处理	总丛数（丛）	总株数（株）	发病丛数（丛）	发病株数（株）	病株率（％）	病株防治效果（％）	病丛率（％）	病丛防治效果（％）
1	200	2 518	2	21	0.83	77.13	1.00	77.78
2	200	2 250	3	30	1.33	63.36	1.50	66.67
3	200	2 300	6	44	1.91	47.38	3.00	33.33
4	200	2 092	9	76	3.63	—	4.50	—

5. 产量调查　澄迈试验结果显示，采用 70％噻虫嗪种子处理可分散粉剂处理区单产为 5 720kg/hm²，比对照药剂 10％吡虫啉可湿性粉剂处理区增产 180kg/hm²，比农民常规用药处理区增产 480kg/hm²（表 2-48）。屯昌试验结果显示，70％噻虫嗪种子处理可分散粉剂和 10％吡虫啉可湿性粉剂处理区单产分别为 8 700kg/hm²、8 100kg/hm²，农民常规用药和空白对照分别为 8 600kg/hm² 和 7 700kg/hm²。噻虫嗪处理单产比对照药剂吡虫啉处理增加 600kg/hm²，比农民常规用药田和空白对照田分别高 100kg/hm²、1 000kg/hm²。噻虫嗪处理种子后，比农民常规用药田增产 1.16％～9.16％（表 2-49）。

表 2-48　2013 年海南澄迈不同药剂和叶面肥处理对水稻产量的影响

处理	5m² 实测产量（kg）	实测稻谷含水量（％）	5m² 稻丛数（丛）	12 丛水稻穗数（穗）	12 丛水稻实测产量（kg）	12 丛水稻饱满谷粒重量（kg）	40g 稻谷中饱满谷粒数量（粒）	40g 稻谷中瘪谷粒数（粒）	千粒重（g）	晒干后千粒重（g）	单产（kg/hm²）
1	2.86	14.95	96	150	0.49	0.42	1 431	215	26.12	25.56	5 720
2	2.77	16.82	99	129	0.45	0.4	1 402	330	25.21	24.78	5 540
3	2.62	15.46	94	132	0.45	0.4	1 408	325	25.27	24.82	5 240
4	2.22	15.25	97	121	0.38	0.32	1 275	413	24.85	24.27	4 440

表 2-49　2013 年海南屯昌不同药剂和叶面肥处理对水稻产量的影响

处理	5m² 实测产量（kg）	实测稻谷含水量（％）	5m² 稻丛数（丛）	12 丛水稻穗数（穗）	12 丛水稻实测产量（kg）	12 丛水稻饱满谷粒重量（kg）	40g 稻谷中饱满谷粒数量（粒）	40g 稻谷中瘪谷粒数（粒）	千粒重（g）	单产（kg/hm²）
1	4.35	27.25	169	121	0.399	0.38	1 281	233	24.77	8 700
2	4.05	27.92	128	111	0.3	0.287	1 391	137	23.98	8 100
3	4.3	27.75	181	106	0.285	0.273	1 276	178	24.9	8 600
4	3.85	27.78	176	85	0.257	0.245	1 374	122	24.42	7 700

七、南方水稻黑条矮缩病防治与培训情况

(一) 重视防治，组织得力

2010—2013 年，海南省植物保护总站下发了《关于加强南方水稻黑条矮缩病监测防控的通知》，明确要求海南全省水稻病毒病发生情报每周一期，特殊情况增加期次，同时上报农业部，下发至各市县植保站和植物医院基层服务站。通知要求，各市县任务点监测设备到位、人员到位、技术到位，在进行南方水稻黑条矮缩病毒病普查的同时，开展防治技术和措施的试验探索。

(二) 技术探索，效果突出

2010—2013 年分别在海南省澄迈、儋州、琼中、屯昌等地开展南方水稻黑条矮缩病的防控技术试验。2010 年 7—10 月，海南省植物保护总站组织专家制订了防控技术方案，并在琼中县长征镇老铺新村村脚洋（多年发病地点）和儋州市那大镇屋基村开展试验示范，通过采取及早治虫防病和提高水稻免疫能力等技术措施，取得较好的防控效果，拔节孕穗期平均防治效果为 61.17%～68.90%，灌浆成熟期防治效果在 64.13%～67.64%（表 2-50、表 2-51）。

表 2-50　2010 年海南琼中南方水稻黑条矮缩病田间防控试验效果

处理	调查总株数（株）	拔节孕穗期（9 月 28 日）				灌浆成熟期（10 月 30 日）			
		病株数（株）	病株率（%）	防治效果（%）	差异显著性	病株数（株）	病株率（%）	防治效果（%）	差异显著性
A	750	39	5.2	61.17	aA	44	5.87	67.64	aA
B	750	56	7.47	42.65	bB	69	9.47	46.54	bB
C	750	101	13.47	—	—	136	18.13	—	—

注：处理 A 为 25%噻虫嗪水分散粒剂拌种，苗期使用 2%氨基寡糖素水剂叶面喷施，移栽后 10～25d 使用 2%氨基寡糖素水剂叶面喷施。处理 B 为移栽前 3d 使用 48%毒死蜱乳油叶面喷雾，移栽后 10～25d 使用 2%氨基寡糖素水剂叶面喷施。处理 C 为空白对照（CK），喷清水。

表 2-51　2010 年海南儋州南方水稻黑条矮缩病田间防控试验效果

处理	调查总株数（株）	拔节期（9 月 18 日）				灌浆成熟期（11 月 5 日）			
		病株数（株）	病株率（%）	防治效果（%）	差异显著性	病株数（株）	病株率（%）	防治效果（%）	差异显著性
A	1 000	66.33	6.63	68.90	aA	91	9.1	64.13	aA
B	1 000	122.67	12.27	42.49	bB	163	16.3	35.75	bB
C	1 000	213.3	21.33	—	—	253.67	25.37	—	—

注：处理 A 为 25%噻虫嗪水分散粒剂拌种，苗期使用 2%氨基寡糖素水剂叶面喷施，移栽后 10d 使用 2%氨基寡糖素水剂叶面喷施 3 次，间隔 5d。处理 B 为移栽前 3d 使用 48%毒死蜱乳油 1 000 倍液浸泡秧苗 3min 捞出，用塑料薄膜闷 30min 移栽，移栽后 10d 使用 2%氨基寡糖素水剂叶面喷施 3 次，间隔 5d。处理 C 为空白对照（CK），喷清水。

（三）加强技术培训

2009—2013 年海南省植物保护总站共组织相关会议和技术培训 6 次，培训技术人员250 人次。2012 年 5 月，海南省召开"南方水稻黑条矮缩病毒病快速检测培训班"，各市县植物保护人员交流病毒病检测和测报新技术、新进展，传授测报心得与方法。海南省植物保护总站先后派技术人员赴三亚、临高、琼海等地，开展病毒病快速检测及防治技术培训。2014 年海南省植物保护总站和三亚市植物保护总站派出技术人员赴浙江大学，学习南方水稻黑条矮缩病快速检测技术。

（四）防治概况

2011—2015 年，海南省防治南方水稻黑条矮缩病共计 20 万亩次（图 2-9），总体防治效果为 69%～72%。

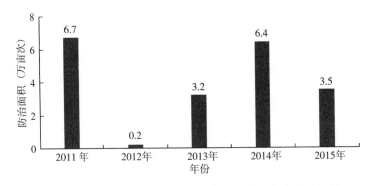

图 2-9　2011—2015 年海南省南方水稻黑条矮缩病防治面积

各级植物保护技术部门通过发放防控物资、示范观摩、技术指导的方式指导农民开展防控。通过培训和示范，不仅使各级领导和农民了解了南方水稻黑条矮缩病对水稻生产的巨大威胁，充分认识到做好防控工作的重要性，同时树立了"治虫防病、治秧田保大田、治前期保后期"的科学防控理念，植物保护工作者对南方水稻黑条矮缩病的认识和防控技术水平也不断提高，为及时发现并有效控制南方水稻黑条矮缩病奠定了基础。

（作者：张曼丽）

湖南省南方水稻黑条矮缩病
防治技术协作研究总结

　　湖南是全国水稻生产大省，年均水稻种植面积稳定在 6 000 万亩以上，以双季稻为主，辅以一定面积的单季稻。受气候变化、栽培方式变革和病虫抗药性水平上升等多种因素的影响，病虫害呈重发、频发、多发态势。尤其是 2009 年以来，新发生的南方水稻黑条矮缩病呈快速扩散蔓延态势，对水稻安全生产危害极大。从 2011 年开始，经多方努力和有效的应对，该病扩散蔓延态势才得到根本遏制。2011—2015 年，每年发生面积呈快速下降趋势，2015 年少见该病，基本无绝收面积。

一、发生情况及灾害损失

　　南方水稻黑条矮缩病从 2009 年在湖南省晚稻上发现以来，发生面积累积达到 1 709 万亩，其中早稻、中稻、晚稻分别为 118 万亩、700.3 万亩和 890.7 万亩，2009—2015 年累计造成稻谷损失 3.24 亿 kg，仅 2010 年就损失稻谷 2.32 亿 kg（表 2-52）。

表 2-52　2009—2015 年湖南省南方水稻黑条矮缩病发生危害情况

分类	2009 年	2010 年	2011 年	2012 年	2013 年	2014 年	2015 年	合计
总发生面积（万亩）	175	946.6	102	270	150.4	35	30	1 709
早稻发生面积（万亩）	—	74.1	0	32.9	11	0	0	118
中稻发生面积（万亩）	—	355.8	72	111.5	96	35	30	700.3
晚稻发生面积（万亩）	175	516.7	30	125.6	43.4	0	0	890.7
稻谷损失（万 kg）	5 000	23 200	800	1 890	1 500	—	—	32 390

　　注：2009 年仅统计晚稻，2014 年、2015 年危害非常轻，未统计产量损失。

二、发生规律、特点及相关寄主研究

　　湖南省不同稻作发病程度不同，以中稻发病最重，晚稻次之，早稻发生最轻。水稻品种间差异也较大，杂交稻发病重。栽培方式不同，发病程度差异大，移栽和抛秧田发病重，直播田发病相对轻。

　　为确定南方水稻黑条矮缩病毒的自然寄主范围，采集了湖南省各地发病田块附近的禾本科作物和杂草，提取 RNA 后，进行 RT-PCR 检测，发现玉米、高粱、野燕麦、牛筋草、稗、游草、看麦娘、水莎草和异型莎草是 SRBSDV 的自然寄主。对田间主要作物和杂草的带毒率进行检测，发现玉米、水稻、稗的带毒率最高。

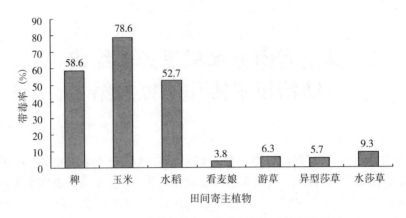

图 2-10　几种寄主植物田间自然带毒率检测结果

三、传毒介体白背飞虱消长规律与带毒率

（一）迁入时间

2009—2015 年白背飞虱迁入湖南省的时间相差不大，2009 年、2012 年迁入略早，3 月上旬测报灯下开始见虫，其他年份 3 月中旬开始见虫。每年大量迁入的时间一般为 4 月下旬至 6 月上中旬。

（二）迁入批次与迁入量

2010 年迁入批次不多，迁入量也不大，迁入高峰在 5 月中旬，灯下虫量一般在 1 000 头以下。2012 年为迁入批次最多年份，上半年迁入 5 批次，迁入量大，有 10 个县测报灯下单灯单晚诱虫量 10 000 头以上，同时，田间虫量也高。2011 年、2013—2015 年与常年基本相当。

（三）带毒率情况

湖南省从 2010 年开展白背飞虱和水稻带毒率检测，5 年共检测疑似病株样品 8 700 个，虫样 1 560 多批。单虫带毒率最高年份为 2010 年，芷江、会同、洪江等重发区田间带毒率一度高达 30％～75％，灯下带毒率高达 10％，2011 年带毒率 1％以下，2013 年带毒率略高，会同等地区一般为 2％。2012 年、2014 年、2015 年带毒率都较低，其中，2015 年基本检测不出带毒虫。将白背飞虱带毒率与同年同期田间发病情况对照表明，灯下白背飞虱带毒率高的年份南方水稻黑条矮缩病发病较重，反之较轻。

四、南方水稻黑条矮缩病对水稻产量的影响

（一）对水稻产量的影响因子

南方水稻黑条矮缩病造成水稻减产主要表现为稻穗数减少、平均穗长变短、每穗实粒数减少、空秕粒增加等性状。表 2-53 显示，空白对照（CK）与多项技术集成的处理 5

（不是全部都为健株）相比，稻穗数减少 103.7 穗/m²，平均穗长变短 0.6cm，每穗实粒数少 29.96 个，秕粒率增加 1 倍。

表 2-53 南方水稻黑条矮缩病影响水稻产量的几个数据因子

处理	病株率（%）	病丛率（%）	稻穗数（穗/m²）	平均穗长（cm）	每穗实粒数（个）	每穗秕粒数（个）	秕粒率（%）	亩产（kg）	比CK增产（%）
1	50.57	86.00	253.7	24.6	161.58	37.41	0.19	422.9	36.07
2	41	75.67	256.3	25.4	167.74	30.91	0.16	460.9	48.29
3	31.43	63.33	264.4	25	171.22	24.94	0.13	461.2	48.39
4	27.6	56.17	285.7	25.3	171.14	31.01	0.15	469.2	50.97
5	21.17	34.63	283.7	25.5	172.21	28.39	0.14	476.2	53.22
CK	58.1	88.33	180	24.9	142.25	55.17	0.28	310.8	

注：处理 1 为防虫网覆盖育秧；处理 2 为处理 1＋速效性药剂 10%吡虫啉可湿性粉剂喷雾；处理 3 为处理 1＋持效性药剂 25%吡蚜酮可湿性粉剂喷雾；处理 4 为处理 1＋速效性药剂 10%烯啶虫胺水剂＋持效性药剂 25%吡蚜酮可湿性粉剂喷雾；处理 5 为处理 4＋抗病毒剂 30%毒氟磷可湿性粉剂喷雾；CK 为空白对照，不采取覆盖育秧和药剂喷雾措施，喷清水。

（二）不同发病程度与产量损失的关系

南方水稻黑条矮缩病无论是病丛率还是病株率都与产量损失率存在极显著的线性回归关系，病丛率或病株率越高，产量损失越大，病丛率或病株率每增加 1%，产量损失增加约 1%。依据表 2-53 数据，建立产量损失评估模型，分别以病丛率（x_1）、病株率（x_2）与产量损失率（y）建立线性回归方程 $y = 1.027\,0x_1 - 1.363\,4$（$r = 0.999\,6$），$y = 1.050\,9x_2 - 0.450\,8$（$r = 0.999\,2$），当病丛率或病株率在 10%以下时，产量损失率显著低于病丛率和病株率，病情越轻差距越大，显示健株存在一定的补偿作用；当病丛率或病株率为 10%～40%时，对应的产量损失率与发病率基本相当，但以病株率与产量损失率间更接近；当病丛率为 80%或病株率为 78%时，对应的产量损失率略高于病丛率和病株率，但病丛率与产量损失率更接近。

（三）危害损失程度与测报因子

依据回归方程及南方稻区水稻生产实际情况，初步提出了几个测报因子，即南方水稻黑条矮缩病在中稻上的经济允许水平与成灾水平因子分别为病丛率 4.79%、30.54%或病株率 3.81%、28.98%，晚稻上的经济允许水平与成灾水平因子分别为病丛率 5.06%、30.54%或病株率 4.08%、28.98%，中晚稻的绝收水平因子为病丛率 79.22%或病株率 76.55%。

五、主要防控措施

（一）加强技术攻关，推行联防联控

南方水稻黑条矮缩病发生流行后，湖南省加强了与湖南农业大学植物保护学院、华南农业大学资源与环境学院、福建农林大学病毒研究所、贵州大学绿色农药研究重点实验

室、江苏省农业科学院植物保护研究所、湖南省农业科学院等科研和教学单位的合作与交流，探讨南方水稻黑条矮缩病的发生流行规律、传毒介体白背飞虱的传毒特性与致病机制、快速诊断技术，开展规模大、标准高、要求严的田间试验，不断完善南方水稻黑条矮缩病监测预警技术、农业防治技术与化学防治技术。同时，在农业部的统一部署与安排下，湖南省植保植检站作为南方水稻黑条矮缩病全国联防联控组成员单位及长江中下游单双季稻混栽区牵头单位，加强与周边省份的沟通，快速交流病虫情信息，推行区域内联防联控。2012年湖南作为牵头单位成功举办了长江中下游单双季稻混栽区防控现场会。

1. 单项技术的创新与应用

（1）拌种技术。采用60%吡虫啉悬浮种衣剂3.33g与1kg稻种拌种为最优剂量，各项指标值均高于空白对照，对水稻幼苗期生长表现安全，并可促进成苗和根系生长。当每千克稻种60%吡虫啉悬浮种衣剂用量超过3.33g，即有效成分含量超过2g时，水稻成苗率随着剂量加大而降低，表现出对稻苗生长的抑制作用（表2-54）。60%吡虫啉悬浮种衣剂最适剂量下的持效期为14d，14d后对白背飞虱的虫口减退率为69.4%，对南方水稻黑条矮缩病的防治效果按病株率计算为73.6%。

表2-54　不同浓度吡虫啉悬浮种衣剂对水稻成苗的影响

药剂使用量	根长（cm）	株高（cm）	鲜重（g）	成苗率（%）
每千克稻种使用60%吡虫啉悬浮种衣剂1g	15.66	34.01	32.84	72.1
每千克稻种使用60%吡虫啉悬浮种衣剂2g	16.86	34.79	38.00	74.4
每千克稻种使用60%吡虫啉悬浮种衣剂4g	16.05	35.12	35.06	73.9
每千克稻种使用60%吡虫啉悬浮种衣剂8g	16.18	34.45	36.77	69.4
每千克稻种使用10%吡虫啉可湿性粉剂2g	15.93	33.76	33.85	74.7
每千克稻种使用25%吡蚜酮可湿性粉剂0.5g	16.12	35.12	37.85	73.2
空白对照	16.59	34.71	35.29	72.5

（2）病毒抑制剂的田间防病效果。在南方水稻黑条矮缩病中等发生情况下，毒氟磷、超敏蛋白、宁南霉素、香菇多糖等病毒抑制剂对预防南方水稻黑条矮缩病具有一定的效果。毒氟磷、超敏蛋白等具有抗病免疫诱导机理的病毒抑制剂的防治效果优于宁南霉素等具钝化作用病毒抑制剂，但单独使用病毒抑制剂难以达到生产实际需求，需与其他技术互作。

2. 多项技术的集成　在明确单项技术效果的基础上，湖南省集成构建了具有抗病免疫作用的病毒抑制剂抗病技术、速效性与长效性结合的化学药剂防治白背飞虱技术、药剂拌种技术的"治虱防矮、虫病共治"的技术体系，主要包括3个环节。第一个环节为采用60%吡虫啉等高效药剂拌种；第二个环节为送嫁药，移栽前3～5d或水稻三叶一心至四叶一心期施药；第三个环节为移栽后10d即本田初期施药1次。后两步在药剂品种选择上需速效与长效药剂相结合，如烯啶虫胺和吡蚜酮的组合，也需化学药剂与病毒抑制剂互作，如烯啶虫胺与吡蚜酮这类化学药剂与毒氟磷的组合等。

（1）拌种技术的要点。水稻种子催芽露白后，用60%吡虫啉悬浮种衣剂有效成分6g，先与少量清水混匀，再均匀拌稻种，拌种剂量为干稻种杂交稻3kg或常规稻5kg，晾干

4～10h 即可播种。

（2）送嫁药施用要点。采用高含量吡虫啉单剂或噻嗪酮，与具有免疫激活作用的病毒抑制剂（如毒氟磷、香菇多糖、超敏蛋白等）现配混用，于水稻移栽前2～3d喷施。

（3）本田初期施药要点。选用25%或更高含量的吡蚜酮、吡虫啉或烯啶虫胺与具有免疫激活作用的病毒抑制剂（如毒氟磷、香菇多糖、超敏蛋白等）等药剂。当稻飞虱在特大发生情况下，中晚稻稻飞虱的防治时间应适当前移，并选用噻嗪酮与速效药剂烯啶虫胺混用。各种化学药剂的最佳亩用量为吡蚜酮5g、吡虫啉3g、烯啶虫胺5g、噻嗪酮12g、毒氟磷18g、香菇多糖0.6g、超敏蛋白1.8g。

（二）避免栽培易感品种，科学水肥管理

2009—2010年，对湖南全省中晚稻南方水稻黑条矮缩病发病情况进行普查，基本摸清了不同水稻品种的抗、感特性，发病严重的品种有T优353、T优259、T优115、T优15、T优207、T优597、金优207、金优297、金谷优72、丰优207、丰源优299、隆平048、隆平207、威优46、亿优6号、中优317、中优978、H37、优207等。依据调查结果，各地的技术方案指出，重发地区要逐步避免种植易感品种，科学水肥管控，推广合理施肥，适当增施磷肥、钾肥，提高植株抗病能力。此外，适当加大播种量，合理密植，或预留备用苗，以备水稻分蘖期田间发病时掰蘖补苗。

（三）开展监测预警，指导化学防治

1. 严密监测传毒介体白背飞虱的消长动态　依托植保系统的资源优势，分区域在22个县市区创建飞虱监测点，密切监测4—6月白背飞虱的迁入时间、迁入批次和迁入量。

2. 快速测定白背飞虱带毒率　为及时鉴定疑似病株、测定白背飞虱样品带毒率，根据地域分布，2011年湖南省财政投入经费200万元，在洪江市、邵东县、宁远县建立了3个分子检测实验室，在江华县、浏阳市建立了2个快速检测实验室，加之委托湖南农业大学植物保护学院的分子检测室，湖南全省共有6个单位可快速、准确检测传毒介体白背飞虱带毒率。

3. 加大系统调查和大面积普查力度　扩大调查取样范围，密切关注秧田期至水稻成熟期的各生育期水稻感病情况，全省每个县市区在早中晚稻的分蘖期、穗期分别进行一次大面积普查，比较全面地摸清南方水稻黑条矮缩病在全省的发生危害情况。

4. 加快病虫信息进村入户　及时通过病虫情报、手机短信、电视与电话等途径，第一时间把虫情信息传递到村、到户，及时指导农户开展防治。

（四）积极开展宣传培训

1. 大力宣传　明确引起湖南省水稻矮缩、不抽穗的原因为南方水稻黑条矮缩病后，湖南省植保植检站就通过召开会议、张贴公告、发放技术资料和宣传图册、出动宣传车及电视、短信传播等形式，全方位、多层次宣传南方水稻黑条矮缩病相关知识和技术，提高农民对媒介昆虫和病毒病的识别和防控技术水平。湖南省植保植检站印发《南方水稻黑条矮缩病防治技术手册》15万份，《南方水稻黑条矮缩病识别与防治技术挂图》3万份。据

统计，湖南省 86 个县级农业植物保护部门印发的南方水稻黑条矮缩病防治技术资料达 920 万份。醴陵市 2011 年于"治虱防矮"的关键时期，出动宣传车 13 台，拉宣传横幅 400 条，张贴防治公告 2 000 多张，向农民宣传该病的发生危害特点及防治技术措施，取得了很好的效果。

2. 广泛培训　病害流行初期，邀请湖南省农业科学院、华南农业大学专家培训省级及部分市级植物保护专业人员，并先后派出 5 批 30 人次参加全国的相关技术培训。在初步掌握该病的发生危害特点及防治技术方法的基础上，湖南省植保植检站于每年年初举办全省 100 多个县市区植物保护骨干参加的技术培训。重发病区植物保护部门也全力做好培训工作。浏阳、汨罗、芷江等县举办了千人培训班，邵阳、隆回等地把培训放到田中，现场解答农民和农技人员的困惑。2011—2015 年，湖南全省举办各种类型技术培训班 3 342 期，培训各级技术人员和农民 40 万人次。

3. 技术入户　通过病虫情报、病虫防治信息单等传统渠道及手机短信、电视、网络等现代传播手段，加快病毒病综合防控技术的进村入户，关键技术入户率达到 85%。2011—2015 年，各县共播出电视宣传片 684 期，发送手机短信息 850 万条，播出电视预报 300 多期，发布病虫情报 480 多期，促进了南方水稻黑条矮缩病防治技术的进村入户，为防控工作的有序开展提供了保障。

（五）切实搞好示范

湖南省先后在浏阳、望城、江华、醴陵、炎陵、会同、桃源、隆回等重发区域创建综合防控技术示范区，示范防虫网阻隔育秧、高含量吡虫啉拌种剂拌种、化学药剂防治及病毒抑制剂防病技术，2011—2015 年，累计创办示范区 150 多个，核心示范面积 12 万亩。在示范基础上，强化行政推动措施，多层次、大范围举办培训班，发放技术手册、挂图等技术资料，加强与江苏龙灯化学有限公司、拜耳作物科学（中国）有限公司、江苏克胜集团股份有限公司、广西田园生化股份有限公司等公司的合作，在湖南全省 12 个市州的 86 个县市区大力推广应用 60% 吡虫啉拌种技术和吡蚜酮、烯啶虫胺等高效化学药剂的"治虱防矮"技术，取得了非常好的效果，有效遏制了南方水稻黑条矮缩病发生危害程度逐年上升的势头，为保障湖南省粮食生产安全作出了重要贡献。

（六）投入资金

2011—2015 年，中央和湖南省级财政对南方水稻黑条矮缩病防控给予了大力支持，累计投入资金 4 788 万元，其中省级财政资金 950 万元，省级科技专项资金 23 万元，农业行业专项资金 70 万元，中央财政病虫重大病虫防治补助资金 3 742 万元。

六、防控效果及效益分析

（一）推广、应用规模

湖南在全省 12 个市州的 86 个县市区示范推广南方水稻黑条矮缩病综合防控技术，2010—2015 年累计防治面积 3 560 万亩次，辐射全省各主产稻区，2011 年、2012 年、

2013 年分别推广 540 万亩次、850 万亩次、920 万亩次（表 2-55）。

表 2-55　2011—2015 年湖南省南方水稻黑条矮缩病综合防治效果

防治效果	2010 年	2011 年	2012 年	2013 年	2014 年	2015 年	合计
防治面积（万亩次）	50	540	850	920	650	550	3 560
挽回损失（万 kg）	1 300	13 500	21 200	46 000	13 000	11 000	106 000

（二）综合防控效果

在探明南方水稻黑条矮缩病发生流行规律和完善监测预警技术的基础上，于水稻敏感生育时期，集成应用防虫网覆盖育秧或拌种、应用抗病毒剂、化学药剂防治飞虱等多项技术，取得了良好的防病控害效果，并形成了适合南方稻区生产实际的"治虱防矮、虫病共治"技术模式，解决了湖南粮食生产重大关切问题。2013 年 9 月湖南省科技厅组织专家对南方水稻黑条矮缩病综合防控技术示范区进行现场验收，防治区与农民自防区相比，控病增产效果显著。随机抽查结果显示，防治区病丛率 30％、病株率 10.5％，对照区病丛率 63％、病株率 33％，按病丛率计算防治效果为 52.4％，按病株率计算防治效果为 68.2％，比农民自防田普遍高 15 个百分点以上。防治区亩产稻谷 476kg，对照区 311kg，防治区比对照区亩增产 165kg，减损增产幅度 53.22％。

（三）经济、社会和生态效益

1. 经济效益　2011—2015 年，湖南全省 86 个县市区累计示范推广南方水稻黑条矮缩病综合防控技术面积 3 560 万亩次，与农民自防田比较，推广区加权平均每亩减损增产稻谷 29.78kg，亩防治投入成本 35 元，亩新增收入 39.43 元，合计减损增产稻谷 106 万 t，新增收入 26.5 亿元，总经济效益 16.7 亿元。

2. 社会效益　南方水稻黑条矮缩病综合防控技术的示范与推广，化解了严重困扰湖南省水稻生产的一大制约因素，减损增产效果明显，保障了国家粮食安全。通过宣传培训、发放技术资料、设立示范区展示核心技术等途径，使农户转变了归咎于种子质量问题的思想意识，改变了"谈矮色变"的观念，树立起有效控制病害流行蔓延和危害的信心和决心，提高了湖南省科学防控水稻病虫的整体水平。综合防控技术的推广应用，使农户感受到政府对农业的重视和对农民的关心，紧密联系了干群关系，维护了农民利益，极大地维护了社会的稳定大局，赢得了社会各界的普遍赞誉。

3. 生态效益　病害发生初期，由于缺乏有效的控制手段，存在盲目用药、多用药、重复大剂量用药、错过关键时机用药等问题。经过几年推广应用综合防治技术，逐步剔除了防治陋习，减轻了农药面源污染。吡蚜酮、烯啶虫胺、吡虫啉拌种剂等高效药剂的大面积推广应用，有效降低了稻田用药总量，保护了稻田生态环境，蜘蛛、黑肩绿盲蝽等天敌数量明显增加，稻田生物多样性指数增加 15％，生态效益显著。同时，稻米农药残留含量降低，项目区吡虫啉、毒死蜱等农药残留超标现象非常少见，稻米质量安全得到有效保障。

（作者：郑和斌　郭海明）

江西省南方水稻黑条矮缩病
防治技术协作研究总结

南方水稻黑条矮缩病是由白背飞虱传播的一种水稻病毒病，具有传播流行速度快、发生范围广、危害损失重等特点。SRBSDV 自 2001 年首次发现以来，在我国南方稻区迅速扩散，对水稻的丰产丰收构成重大威胁。2009 年江西南昌市南昌县首次确诊发生 SRBSDV，当年在南昌、赣州、吉安、抚州等地中晚稻上大面积发生。2010 年江西全省大暴发。2009—2014 年，江西省农业植物保护部门组织部分县市对 SRBSDV 的发生流行规律及防控技术进行了调查、研究，摸索防控技术模式，提出防控技术方案，开展宣传培训，发动群防群治，有效遏制了 SRBSDV 的暴发流行态势，最大程度减轻 SRBSDV 造成的稻谷损失，也促进了农村社会稳定。

一、南方水稻黑条矮缩病的发生概况

（一）发病情况

2006—2008 年，江西零星发病疑似 SRBSDV 的矮缩稻株。2009 年在江西局部暴发，危害严重。2010 年大暴发，发生面积和危害程度均明显重于 2009 年。2011 年后 SRBSDV 迅速下降，2012 年略有回升，2013—2014 年仅零星发生（图 2-11、图 2-12）。

SRBSDV 在江西省主要感染水稻，以中稻和晚稻为主，早稻发生面积小、发病轻。2009 年 SRBSDV 在江西省局部中晚稻上暴发，发病田块一般病丛率 5%～20%，病丛率较高时为 70%～80%，江西水稻严重绝收，全省发生面积 30 万亩。2010 年 SRBSDV 在

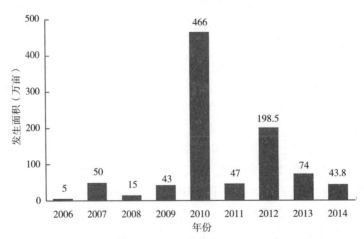

图 2-11　2006—2014 年江西省水稻南方黑条矮缩病发生面积
注：2006—2008 年为疑似 SRBSDV 感病，未确诊。

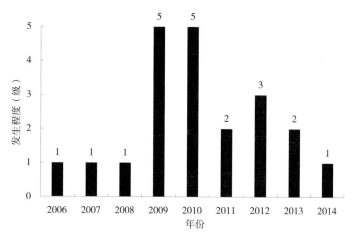

图 2-12　2006—2014 年江西省水稻南方黑条矮缩病发生程度

江西省大面积暴发，早中晚稻均有发生，中稻最为严重；早稻轻发生，18 个县见病，发生面积 12 万亩，约占全省早稻面积的 0.5%，病丛率一般为 1% 以下；中稻重发生，江西全省各县几乎均有发病，发病面积 107 万亩，占中稻面积的 17.8%，重发区域为赣州、萍乡、吉安、赣北局部，病丛率一般为 1%～15%；晚稻偏重发生，发病面积 340 万亩，占晚稻面积的 14.8%，病丛率一般为 0.5%～8.5%。2011—2014 年，经一系列综合防控技术的试验示范和推广应用，SRBSDV 的发生蔓延得到有效遏制，发病面积和危害程度均有明显下降（表 2-56）。

表 2-56　2009—2014 年江西省各稻作类型 SRBSDV 发生面积和发生程度

年份	早稻		中稻		晚稻		面积合计（万亩）
	发生面积（万亩）	发生程度	发生面积（万亩）	发生程度	发生面积（万亩）	发生程度	
2009			11	5 级	27	5 级	43
2010	12	2 级	107	5 级	340	4 级	466
2011			31	2 级	14	1 级	47
2012	2.5	1 级	42	3 级	150	2 级	198.5
2013	0.5	1 级	27	2 级	43.5	2 级	74
2014	0.3	1 级	5.5	1 级	36	1 级	43.8
合计	15.3	—	223.5	—	610.5	—	872.3

注：发生程度分级参考《南方水稻黑条矮缩病测报技术规范》（NY/T 2631—2014）。

（二）感病症状及危害损失

1. SRBSDV 田间症状

（1）秧苗期。病株叶色深绿，心叶抽生缓慢，心叶叶片短小而僵直，叶枕间距缩短，叶鞘包裹在下部叶鞘内,植株矮小。

(2) 分蘖期。分蘖增多丛生,上部数片叶的叶枕重叠,心叶破下叶叶鞘而出或从下叶枕口呈螺旋状伸出,叶片短而僵直,叶尖略有扭曲畸形,植株矮缩。

(3) 穗期。全株矮缩丛生,有的能抽穗,但抽穗迟且穗小,半包在叶鞘内,剑叶短小僵直,中上部叶片基部可见纵向皱褶,茎秆下部节间和节上可见蜡白色或黑褐色隆起的短条脉肿,常见倒生根和高节位分蘖。

2. 危害损失特点 秧苗期感病的稻株后期不能抽穗,常提早枯死。分蘖期感病的稻株植株矮小,主茎及早生分蘖尚能抽穗,但穗头难以结实,或包穗,或穗小。拔节抽穗期感病的稻株抽穗迟、穗小、稻粒青绿迟熟。水稻感病越早,对产量影响越大,苗期至分蘖前期感病,产量损失一般在10%以上,产量损失较高时为20%~50%,严重的甚至绝收;后期感病,产量损失5%~20%。

2011年江西省泰和县针对SRBSDV不同发病时期对水稻产量的影响进行考种测产,结果表明,分蘖初期发病对产量影响最大,其次为分蘖末期,最后为拔节孕穗期,对产量的影响表现为稻穗变短、实粒数减少、千粒重下降(表2-57、表2-58)。

表 2-57　2011 年江西泰和县 SRBSDV 不同发病时期对水稻产量的影响（考种实测）

发病时期	调查株数 (株)	穗长 (cm)	粒数 (粒/穗)	实粒数 (粒/穗)	秕粒数 (粒/穗)	每株平均产量 (g)	千粒重 (g)
分蘖初期	20	17.01	1 250	137	1 113	0.324	18.10
分蘖末期	20	19.78	1 502	625	877	0.891	18.82
拔节孕穗期	20	22.21	2 046	1 006	1 040	1.292	19.92
健株	20	25.22	3 024	1 693	1 341	1.776	21.11

表 2-58　2011 年江西泰和县 SRBSDV 不同发病程度对产量和千粒重的影响

发病程度	平均单株产量			千粒重		
	每株产量 (g)	每株产量损失 (g)	损失率 (%)	千粒重 (g)	千粒产量损失 (g)	损失率 (%)
1级	1.292	0.484	27.26	19.92	1.19	5.64
2级	0.891	0.885	49.84	18.82	2.29	10.85
3级	0.324	1.452	81.76	18.10	3.01	14.26
正常	1.776	——	——	21.11	——	——

注:发病程度级别中,1级为水稻能抽穗,穗长为正常的1/2~2/3;2级为水稻能抽穗,穗长为正常的1/2以下;3级为水稻抽穗困难,仅形成包颈穗,穗粒很少;4级为水稻明显矮化,完全不抽穗。

(三) 水稻主要发病品种

2009—2010年对江西全省中晚稻主栽品种SRBSDV发病情况进行调查,未发现明显抗病水稻品种。2010年水稻SRBSDV严重发病品种见表2-59。

表 2-59　2010 年江西省水稻 SRBSDV 严重发病品种

水稻品种	严重发病县数（个）
扬两优 6 号	17
两优 036	11
丰两优 4 号、糯稻	9
天优华占	8
两优 363、两优 6326	6
新两优 6 号、岳优 9113、丰源优 299	5
淮两优 527、Y 两优 1 号、欣荣优 254、先农 20 号	4
宜香 725、皖稻 93、黄华占、新两优 6 号、软占	3
冈优 725、川香 6 号、荆两优 10 号、天优 998、丰源 2297、汕优 10 号、T 优 111、株两优 02、隆平 207、先农 26 号、先农 22 号、岳优华 4 号、中优 481、泰国丝苗	2

（四）水稻不同栽插期对 SRBSDV 发病的影响

2010 年，江西省宜黄县、上犹县开展了调整中稻单季稻栽插期对 SRBSDV 避害作用试验，结果表明，中稻单季稻不同栽插期在各生育期 SRBSDV 病丛率、病株率有一定的差异（表 2-60、表 2-61）。试验结果表明，单季稻合理调整栽插期，可有效地减轻南方水稻黑条矮缩病的发生，尤其是赣北单季稻区适当早栽，避开白背飞虱危害高峰期，能显著降低南方水稻黑条矮缩病的危害，而赣南稻区由于稻飞虱发生早，提前栽插未必能起到避害效果。

表 2-60　2010 年江西省宜黄县中稻不同栽插期对 SRBSDV 发病及产量的影响

移栽时间	分蘖盛期		拔节期		圆秆期		黄熟期		实测亩产（kg）
	病丛率（%）	病株率（%）	病丛率（%）	病株率（%）	病丛率（%）	病株率（%）	病丛率（%）	病株率（%）	
5 月 27 日	0.8	0.88	1.6	1.19	2.4	1.77	1.6	1.94	518.5
6 月 1 日	2.4	2.45	3.2	2.61	4	3.25	4.8	5.07	471.4
6 月 5 日	10.4	12.17	14.4	12.89	16	13.33	16.8	13.96	406.5
6 月 8 日	7.2	6.92	9.6	8.05	11.2	9.71	10.4	11.21	419.5
6 月 12 日	3.2	2.92	6.4	6.2	9.6	9.41	6.4	6.96	457.3

表 2-61　2010 年江西省上犹县中稻不同栽插期对 SRBSDV 发病及产量的影响

移栽时间	分蘖盛期		拔节期		圆秆期		黄熟期		实测亩产（kg）
	病丛率（%）	病株率（%）	病丛率（%）	病株率（%）	病丛率（%）	病株率（%）	病丛率（%）	病株率（%）	
6 月 5 日	3.5	3.5	8	7	6	6	3	2.75	530
6 月 9 日	4	3.6	11	6	7	5.2	4	2.4	540
6 月 13 日	6	6	8	8	5.5	6.5	4	3.5	580
6 月 16 日	5.5	3.3	8	4.3	6	4.7	4	1.5	570
6 月 19 日	5	2	5	2.7	1.5	1.7	2	0.8	590

（五）不同耕作方式对 SRBSDV 发病的影响

2010 年江西省植保植检局组织全省各县对 SRBSDV 发生情况调查时发现，育秧方式和栽插方式对 SRBSDV 的发生均有一定的影响（图 2-13、图 2-14）。旱育秧 SRBSDV 发生重于湿润育秧和塑盘育秧，直播稻发生重于其他播种方式。

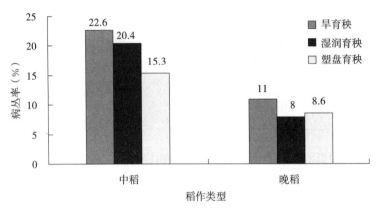

图 2-13　2010 年中稻和晚稻不同育秧方式大田 SRBSDV 病丛率

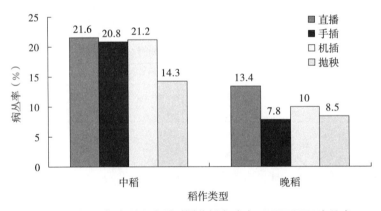

图 2-14　2010 年中稻和晚稻不同栽插方式大田 SRBSDV 病丛率

二、传毒媒介发生情况及带毒率监测

（一）稻飞虱发生面积

江西省稻飞虱常年发生较重，其中白背飞虱轻于褐飞虱，白背飞虱常年发生面积 700 万～900 万亩次，重度发生年份超过 1 000 万亩次。SRBSDV 的发生与白背飞虱发生面积和发生程度有很大的相关性（表 2-62），2010 年、2012 年是江西省白背飞虱发生较重年份，也是 SRBSDV 重发年份，2011 年、2013 年和 2014 年白背飞虱发生相对较轻，SRBSDV 发生程度和发生面积也随之大大降低。

表 2-62　2010—2014 年江西省白背飞虱发生与防治情况

年份	发生面积（万亩次）	防治面积（万亩次）	发生程度
2010	1 042.10	1 510.10	3 级
2011	700.12	856.21	2 级
2012	1 067.04	1 462.00	3 级
2013	853.42	1 374.15	3 级
2014	794.90	1 451.82	2 级

注：发生程度分级参考《稻飞虱测报调查规范》（GB/T 15794—2009）。

（二）白背飞虱种群动态和带毒率监测

1. 灯下白背飞虱的种群动态　2011 年对崇义、万安、井冈山、莲花 4 个县（市）进行了白背飞虱监测。结果表明，4 县（市）灯下白背飞虱虫量存在明显差异，崇义单灯虫量最多，其次为万安，莲花和井冈山较少。4 县（市）灯下白背飞虱发生高峰期也有所不同，崇义和万安田间白背飞虱发生较早，高峰期在 7 月 29 日至 8 月 4 日，井冈山的发生高峰期在 8 月 5—11 日，莲花的高峰期在 8 月 12—18 日（图 2-15）。

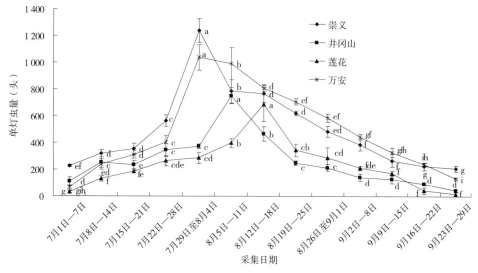

图 2-15　灯下白背飞虱数量消长动态

注：图中数据为 3 次重复的平均值±标准误。同列数据采用邓肯氏新复极差法进行差异显著性分析，不同字母表示在 5% 水平（$P=0.05$）上差异显著。

2. 田间白背飞虱的种群动态　2011 年田间监测结果表明，4 县（市）田间白背飞虱虫量存在明显差异，崇义虫量最多，其次为万安和井冈山，莲花最少。4 县（市）田间白背飞虱发生高峰期也有所不同，崇义和万安田间白背飞虱发生较早，高峰期在 7 月 28 日，井冈山发生高峰期在 8 月 8 日，莲花高峰期在 8 月 18 日（图 2-16）。

3. 灯下白背飞虱的带毒率　2011 年在 4 个县（市）采集灯下白背飞虱样本，采用 RT-PCR 方法检测白背飞虱 SRBSDV 带毒率。检测结果表明，4 县（市）灯下白背飞虱

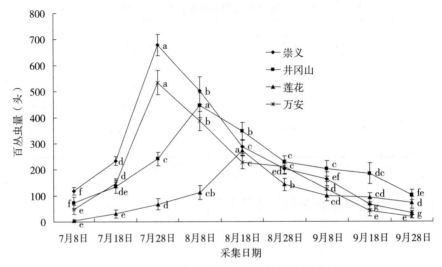

图 2-16 2011 年田间白背飞虱数量消长动态

注：图中数据为 3 次重复的平均值±标准误。同列数据采用邓肯氏新复极差法进行差异显著性分析，不同字母表示在 5% 水平（$P=0.05$）上差异显著。

带毒率存在明显差异，井冈山白背飞虱带毒率最高，其次为崇义和莲花。带毒率高峰值出现时间也存在差异，崇义高峰值在 8 月 5—28 日，井冈山和莲花在 7 月 22—28 日，万安县在 8 月 5—18 日（图 2-17）。

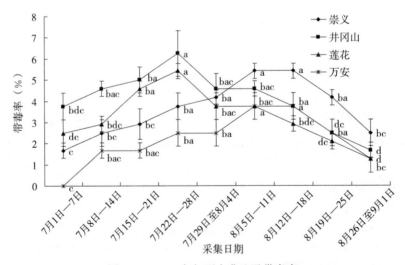

图 2-17 2011 年灯下白背飞虱带毒率

注：图中数据为 3 次重复的平均值±标准误。同列数据采用邓肯氏新复极差法进行差异显著性分析，不同字母表示在 5% 水平（$P=0.05$）上差异显著。

4. 田间白背飞虱的带毒率 2011 年 4 县（市）田间白背飞虱带毒率存在明显差异，井冈山带毒率最高，平均带毒率为 3.52%，最高带毒率达 6.25%；其次为崇义和莲花，平均带毒率分别为 2.45%、2.27%，最高带毒率为 5.00%、4.58%。带毒率高峰值时间也存在一定差异，崇义和万安高峰值时间在 8 月 12 日，井冈山和莲花在 7 月 28 日（图 2-18）。

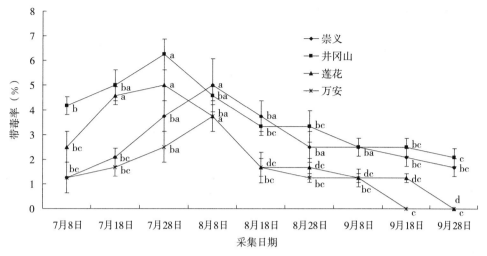

图 2-18　2011 年田间白背飞虱带毒率

注：图中数据为 3 次重复的平均值±标准误。同列数据采用邓肯氏新复极差法进行差异显著性分析，不同字母表示在 5% 水平（$P=0.05$）上差异显著。

三、南方水稻黑条矮缩病综合防治技术研究

（一）抗性品种筛选

2011 年南昌、宜黄、崇义、万安等地开展了水稻不同品种对 SRBSDV 抗性筛选试验。结果表明，水稻不同品种对 SRBSDV 的抗性存在较大差异。岳优 9113、两优培九、中优洲 481、福优 737、中浙优 1 号、Ⅱ优 1733 和皖稻 153 共 7 个品种平均病丛率 0.5% 以下，平均病丛率分别为 0%、0.06%、0.06%、0.22%、0.22%、0.33%、0.39%；金优 77 等 42 个品种平均病丛率在 0.51%～2.99%；金佳丝苗、奥龙优 282、三香优 786、五优 308 和天丰优 85 共 5 个品种平均病丛率 3.0% 以上，平均病丛率分别为 5.89%、5.78%、3.83%、3.22%、3.17%（表 2-63）。

表 2-63　2011 年水稻不同品种南方水稻黑条矮缩病的发病情况

品种	南昌县		宜黄县		崇义县		万安县		平均病丛率（%）
	病丛数（丛）	病丛率（%）	病丛数（丛）	病丛率（%）	病丛数（丛）	病丛率（%）	病丛数（丛）	病丛率（%）	
金优 77	0	0	15	3.33	6	1.33	0	0	1.17
江科 732	0	0	6	1.33	9	2.00	2	0.44	0.94
内 2 优 111	6	1.33	21	4.67	9	2.00	0	0	2.00
三香优 410	0	0	18	4.00	4	0.89	0	0	1.22
天丰优 85	18	4	18	4.00	21	4.67	0	0	3.17
三香优 786	27	6	6	1.33	36	8.00	0	0	3.83
两优培九	0	0	0	0	1	0.22	0	0	0.06

（续）

品种	南昌县		宜黄县		崇义县		万安县		平均病丛率（%）
	病丛数（丛）	病丛率（%）	病丛数（丛）	病丛率（%）	病丛数（丛）	病丛率（%）	病丛数（丛）	病丛率（%）	
扬两优6号	15	3.33	0	0	30	6.67	3	0.67	2.67
汕优448	0	0	9	2.00	3	0.67	5	1.11	0.95
荣优225	6	1.33	9	2.00	11	2.44	0	0	1.44
先农20号	3	0.67	6	1.33	3	0.67	0	0	0.67
先农313号	3	0.67	3	0.67	8	1.78	0	0	0.78
新两优6号	0	0	6	1.33	7	1.56	0	0	0.72
先农22号	0	0	6	1.33	4	0.89	0	0	0.56
欣荣优254	6	1.33	18	4.00	7	1.56	0	0	1.72
岳优9113	0	0	0	0	0	0	0	0	0
皖稻153	0	0	6	1.33	1	0.22	0	0	0.39
天优116	12	2.67	9	2.00	16	3.56	0	0	2.06
福优737	0	0	3	0.67	1	0.22	0	0	0.22
玉香优237	3	0.67	15	3.33	8	1.78	0	0	1.45
钱优1号	3	0.67	12	2.67	3	0.67	4	0.89	1.22
两优932	21	4.67	6	1.33	19	4.22	0	0	2.56
中优洲481	0	0	0	0	1	0.22	0	0	0.06
协优80	15	3.33	3	0.67	16	3.56	0	0	2.14
T优968	6	1.33	9	2.00	6	1.33	0	0	1.17
II优416	0	0	9	2.00	3	0.67	0	0	0.67
丰源优227	3	0.67	9	2.00	8	1.78	0	0	1.11
II优1733	0	0	3	0.67	1	0.22	2	0.44	0.33
汕优736	0	0	12	2.67	0	0	5	1.11	0.95
Y两优5867	0	0	12	2.67	2	0.44	2	0.44	0.89
威优644	0	0	6	1.33	3	0.67	2	0.44	0.61
岳优4号	3	0.67	6	1.33	0	0	2	0.44	0.61
江科736	3	0.67	9	2.00	5	1.11	0	0	0.95
Y两优916	3	0.67	3	0.67	7	1.56	0	0	0.73
天优1251	0	0	15	3.33	1	0.22	0	0	0.89
丰优9号	0	0	9	2.00	2	0.44	2	0.44	0.72
佳优133	6	1.33	9	2.00	10	2.22	0	0	1.39
佳优1251	3	0.67	3	0.67	12	2.67	0	0	1.00

（续）

品种	南昌县		宜黄县		崇义县		万安县		平均病丛率（%）
	病丛数（丛）	病丛率（%）	病丛数（丛）	病丛率（%）	病丛数（丛）	病丛率（%）	病丛数（丛）	病丛率（%）	
准两优 608	6	1.33	3	0.67	12	2.67	4	0.89	1.39
五优 308	12	2.67	18	4.00	28	6.22	0	0	3.22
丰源优 299	12	2.67	15	3.33	24	5.33	0	0	2.83
隆平 601	0	0	6	1.33	3	0.67	1	0.22	0.56
金佳丝苗	51	11.33	18	5.33	29	6.44	2	0.44	5.89
中 9 优 288	15	3.33	3	0.67	13	2.89	1	0.22	1.78
五丰优 T025	6	1.33	33	7.33	10	2.22	2	0.44	2.83
泸香 658	12	2.67	6	1.33	32	7.11	0	0	2.78
天优华占	3	0.67	18	4.00	8	1.77	0	0	1.61
协优 432	3	0.67	15	3.33	15	3.33	7	1.56	2.22
奥龙优 282	51	11.33	27	6.00	26	5.78	0	0	5.78
中浙优 1 号	0	0	0	0	4	0.89	0	0	0.22
跃新 2 号	15	3.33	3	0.67	21	4.67	1	0.22	2.22
岳优华 4	0	0	6	1.33	4	0.89	9	2.00	1.06
优 I 156	0	0	12	2.67	2	0.44	1	0.22	0.83
天丰优 6418	6	1.33	9	2.00	15	3.33	2	0.44	1.78

（二）防虫网阻隔育秧技术

2010 年大余、新建两地开展了秧田覆盖保护技术对 SRBSDV 避害作用的试验，采用 40 目防虫网，从播种后开始用防虫网覆盖部分秧苗，一直到秧苗栽插，防止稻飞虱危害秧苗。试验结果显示，大余秧田防虫网覆盖育秧效果极明显，使用防虫网覆盖保护的秧田移栽大田后没有发现明显的 SRBSDV 危害，而露天秧田移栽后 SRBSDV 病丛率为 4%～5%，田间测产秧田覆盖保护增产 6.7%。新建秧田覆盖保护的稻田抽穗破口期才开始见病，病丛率为 0.8%，而露天秧田则在分蘖期开始见病，破口期病丛率为 1.9%，避害效果为 57.9%，蜡熟期的避害效果为 46.5%。说明晚稻秧田覆盖育秧技术对 SRBSDV 的避害效果明显，可以在晚稻上大力推广（表 2-64）。

表 2-64　2010 年水稻覆盖保护育秧大田 SRBSDV 病丛率

处理	地点	病丛率（%）		
		分蘖期	破口期	黄熟期
防虫网覆盖育秧	大余	0	0	0
	新建	0	0.8	7
露天育秧	大余	4	5	5
	新建	0.2	1.9	8

（三）化学防治技术

2010 年江西省植保植检局在大余、宜黄、新建开展了 25％吡·噻悬浮剂、30％毒氟磷可湿性粉剂对白背飞虱及 SRBSDV 防治效果试验，分别于秧田三叶期、分蘖始盛期及分蘖盛末期各喷药 1 次。3 地试验结果分析显示，于水稻秧苗期、本田前期施用吡·噻、吡·噻＋毒氟磷、毒氟磷、吡蚜酮、宁南霉素等药剂，对 SRBSDV 均有一定的防治效果，其中 25％吡·噻悬浮剂、25％吡蚜酮可湿性粉剂防治效果明显，平均防治效果分别为 56.00％和 57.84％，25％吡·噻悬浮剂＋30％毒氟磷可湿性粉剂的防治效果优于单独施用 25％吡·噻悬浮剂（表 2-65）。为做好 SRBSDV 的预防，建议在水稻秧田期、大田初期防治 1～2 次稻飞虱，达到治虫防病的效果，同时施用抗病毒剂防治效果更佳。

表 2-65　2010 年不同药剂对 SRBSDV 的防治效果

药剂处理	防治效果（％）			
	大余	宜黄	新建	平均
25％吡·噻悬浮剂＋30％毒氟磷可湿性粉剂	52	70	64.71	62.24
25％吡·噻悬浮剂	47.8	63.33	56.86	56.00
30％毒氟磷可湿性粉剂	36.6	46.67	49.09	44.12
8％宁南霉素水剂	35.1	61.11	47.06	47.76
25％吡蚜酮可湿性粉剂	64.7	—	50.98	57.84

（四）综合防治技术研究

2012 年在南昌县武阳乡、万安县窑头镇和大余县黄龙镇开展不同药剂及不同使用方法的田间药效试验。水稻品种为奥龙优 282（感病品种），试验共设 8 个处理（表 2-66），每处理 3 次重复，稻田常规管理，各小区水肥条件和管理水平均一致。拌种在稻谷催芽后播种前 3～4h 将药剂与种子充分混拌均匀。

表 2-66　2012 年江西南昌、万安、大余开展田间试验的供试药剂及处理

处理	秧田期		本田期
	拌种	移栽前 2d 每亩喷雾	移栽后 15d 每亩喷雾
A1	每千克干稻种用 25％吡蚜酮可湿性粉剂 10g	25％吡蚜酮可湿性粉剂 20g	25％吡蚜酮可湿性粉剂 20g
A2	每千克干稻种用 25％吡蚜酮可湿性粉剂 20g	25％吡蚜酮可湿性粉剂 20g	25％吡蚜酮可湿性粉剂 20g
A3	每千克干稻种用 25％吡蚜酮可湿性粉剂 30g	25％吡蚜酮可湿性粉剂 20g	25％吡蚜酮可湿性粉剂 20g
B	每千克干稻种用 10％吡虫啉可湿性粉剂 20g	10％吡虫啉 20g	10％吡虫啉 20g
C	—	2％宁南霉素水剂 200mL	2％宁南霉素水剂 200mL
D	—	25％吡蚜酮可湿性粉剂 20g	25％吡蚜酮可湿性粉剂 20g
E	—	25％吡蚜酮可湿性粉剂20g＋2％宁南霉素水剂 200mL	25％吡蚜酮可湿性粉剂20g＋2％宁南霉素水剂 200mL
空白对照	—	—	—

　　由于南昌县和大余县各处理发病均较轻，未获得有效数据。万安县 7 个药剂处理中（表 2-67、表 2-68），处理 A2 和 A3 的防效最好，防治效果平均值分别为 60.00% 和 60.39%，且两者的防效没有显著性差异，表明南方水稻黑条矮缩病最有效的防治方法为每千克种子用 25% 吡蚜酮可湿性粉剂 20g 药剂拌种＋移栽前 2d 和移栽后 15d 每亩各喷施 1 次 25% 吡蚜酮可湿性粉剂 20g。比较处理 A1、A2、A3、D 的防治效果可知，是否采用药剂拌种以及药剂拌种剂量对防治效果影响很大，不采用药剂拌种或低剂量拌种（每千克种子用 25% 吡蚜酮可湿性粉剂 10g）的防治效果均显著地低于 25% 吡蚜酮可湿性粉剂 20g 拌种的防治效果，但当剂量提高到 30g 时，防治效果并没有显著提高；比较处理 A2 和 B 的防效可知，在同样的使用方法下，25% 吡蚜酮可湿性粉剂的防治效果显著性高于 10% 吡虫啉防治效果；比较处理 A2、C、E 的防治效果可知，2% 宁南霉素水剂单独使用，对南方水稻黑条矮缩病的防治效果较差，与 25% 吡蚜酮可湿性粉剂混合使用，并未显著提高防治效果。

表 2-67　2012 年江西万安不同处理对南方水稻黑条矮缩病的防治效果

处理		各级病株数（株）					病情指数	防治效果（%）
		0 级	1 级	3 级	5 级	7 级		
A1	重复 1	83	4	7	6	0	7.86	38.88
	重复 2	82	3	10	5	0	8.28	35.61
	重复 3	80	6	12	2	0	7.43	42.22
	平均值						7.86	38.80
A2	重复 1	83	7	10	0	0	5.29	58.86
	重复 2	81	10	6	1	0	4.71	63.37
	重复 3	82	8	10	0	0	5.43	57.78
	平均值						5.14	60.00
A3	重复 1	82	10	7	1	0	5.14	60.03
	重复 2	79	15	6	0	0	4.71	63.37
	重复 3	80	12	7	1	0	5.43	57.78
	平均值						5.09	60.39
B	重复 1	81	10	7	2	0	5.86	54.43
	重复 2	78	12	9	1	0	6.29	51.09
	重复 3	73	19	8	0	0	6.14	52.26
	平均值						6.10	52.59
C	重复 1	70	18	10	2	0	8.29	35.54
	重复 2	70	16	12	2	0	8.86	31.10
	重复 3	71	15	13	1	0	8.43	34.45
	平均值						8.53	33.70

（续）

处理		各级病株数（株）					病情指数	防治效果（%）
		0级	1级	3级	5级	7级		
D	重复1	71	18	10	1	0	7.57	41.14
	重复2	71	16	12	1	0	8.14	36.70
	重复3	74	15	11	0	0	6.86	46.66
	平均值						7.52	41.50
E	重复1	80	12	7	1	0	5.43	57.78
	重复2	81	10	9	0	0	5.29	58.86
	重复3	78	12	10	0	0	6.00	53.34
	平均值						5.57	56.66
CK	重复1	77	3	9	10	1	12.43	—
	重复2	75	5	12	8	0	11.57	—
	重复3	73	5	10	12	1	14.57	—
	平均值						12.86	—

注：0级为植株无病叶；1级为植株无明显矮缩，高度比健株矮20%以内；3级为植株矮缩，高度比健株矮21%～35%；5级为植株严重矮缩，高度比健株矮36%～50%；7级为植株矮缩50%以上。

表2-68 2012年江西万安不同处理差异显著性分析

处理	平均病情指数	平均防治效果（%）	差异显著性	
			5%	1%
A1	7.86	38.80	cd	B
A2	5.14	60.00	a	A
A3	5.09	60.39	a	A
B	6.10	52.59	b	A
C	8.53	33.70	d	B
D	7.52	41.50	c	B
E	5.57	56.66	b	A
CK	12.86	—	—	—

四、南方水稻黑条矮缩病综合防控技术应用

（一）南方水稻黑条矮缩病防控关键技术示范

1. 抗（耐）病品种的防病效果 2012年分别在宜黄县二都镇和宜丰县黄岗乡，2013年在南昌县塘南镇开展水稻品种对南方水稻黑条矮缩病抗病性示范。由于宜黄县二都镇示范的4个品种均未发病，未获得有效数据。宜丰县、南昌县示范的品种，田间表现出对南方水稻黑条矮缩病的抗性有很大差异（表2-69）。

表 2-69 水稻不同品种南方水稻黑条矮缩病的抗性表现

地点	年份	品种	病情指数
宜丰县黄岗乡	2012	岳优 9113	0
		两优培九	1.57
		中优洲 481	1.22
		金佳丝苗	6.39
南昌县塘南镇	2013	岳优 9113	3.69
		两优培九	7.58
		中优洲 481	9.03
		奥龙优 282	17.45
		科香优 8417	66.35

2. 药剂防治方法 水稻种子浸种催芽后播种前 3～4h，每千克稻种采用 25％吡蚜酮可湿性粉剂 20g 拌种，移栽前 2d 和移栽后 15～20d 每亩各使用 25％吡蚜酮可湿性粉剂 20g 喷雾 1 次，防治效果 65.67％～71.17％。

示范区每亩防治成本总计 30 元，其中，25％吡蚜酮可湿性粉剂（20g 装）零售价为 5 元，每亩施药人工费 12 元，具体防治成本如下。

①拌种新增费用。按每亩用 1kg 种子计算，需要 25％吡蚜酮可湿性粉剂 20g，人工费 3 元，每亩总计 8 元。

②送嫁药新增费用。1 亩秧田可移栽 10 亩水稻本田，每亩本田农药和人工费 5 元。

③本田初期新增费用。25％吡蚜酮可湿性粉剂防治 1 次，农药和人工费用 17 元。

稻谷单价 2.4 元/kg。新增纯收益＝新增收入－防治成本，将 3 地试验结果平均，每亩新增稻谷 43.8kg，新增收入 105.2 元，新增纯收益 75.2 元（表 2-70）。

表 2-70 南方水稻黑条矮缩病综合防治示范效果与经济效益

地点	年份	品种	综合防治区		空白对照区		防治成本（元/亩）	每亩新增稻谷（kg）	新增收入（元/亩）	新增纯收益（元/亩）
			病情指数	亩产（kg）	病情指数	亩产（kg）				
大余县黄龙镇	2010	奥龙优 282	6.13	505.8	21.26	450.5	30	55.3	132.72	102.72
万安县窑头镇	2012	奥龙优 282	3.56	512.6	10.37	488.2	30	24.4	58.56	28.56
南昌县塘南镇	2012	奥龙优 282	5.02	516.3	16.32	464.5	30	51.8	124.32	94.32

（二）南方水稻黑条矮缩病综合防控关键技术推广

2010—2013 年江西省南昌市、吉安市、赣州市、抚州市、宜春市、上饶市、九江市、萍乡市、鹰潭市等地推广抗病品种及药剂防治相结合的综合防控技术，累计应用面积 2 456 万亩，新增稻谷 73.68 万 t，新增纯收入 10.315 2 亿元。

五、南方水稻黑条矮缩病防控工作的组织与实施

(一) 防控示范区建设情况

2012 年新建、乐平等 40 县市开展南方水稻黑条矮缩病秧田预防示范,示范推广防飞虱、抗病毒等预防南方水稻黑条矮缩病的综合防控技术,江西全省专门统一采购防飞虱、抗病毒等预防南方水稻黑条矮缩病的农药,用于中晚稻秧田的统一防治。每个示范区面积 1 000 亩,辐射带动面积 5 万亩,病丛率明显降低,预防效果显著。

(二) 防治技术培训、宣传和发动情况

江西省植保植检局于 2010 年 9 月 13 日在南昌市召开南方水稻黑条矮缩病专家座谈会,分析研究江西省南方水稻黑条矮缩病的发生危害特点,共商预警与防治对策。江西省农业厅粮油局、江西省种子管理局、江西省农业技术推广总站、江西农业大学农学院、江西省农业科学院植物保护研究所、江西省农业科学院水稻研究所等单位的专家以及南昌市、南昌县、新建区等植物保护人员共计 20 多人参加了座谈会议。座谈会分析讨论了江西省南方水稻黑条矮缩病发生逐年加重的态势,并提出建议。一是加强农科教协作,共同开展南方水稻黑条矮缩病的监测与防控技术系统研究;二是应围绕"抗、避、除、治"4 个字集成推广预防南方水稻黑条矮缩病的综合措施;三是加强宣传培训,普及防控知识,提高农民科学防控水平。江西省植保植检局印制了南方水稻黑条矮缩病诊断识别图谱 10 万份,分发给各地开展技术培训,组织各地开展技术培训 150 期次,培训农民及农业技术推广人员 2 万多人次,并与江西省农业科学院植物保护研究所、江苏农业科学院植物保护研究所、贵州大学等科研院所合作,开展了南方黑条矮缩病发生规律及监测防控技术试验研究。

2010 年 10 月 10 日,农业部种植业管理司在赣州市召开全国南方水稻黑条矮缩病防治现场观摩及中长期治理对策研讨会,农业部种植业司、全国农业技术推广服务中心、中国农业大学、贵州大学、华南农业大学、中国农业科学院、江苏省农业科学院、江西省农业科学院等单位以及广东、湖南、贵州、江西等省份植保站(局)长和防治科长近 60 人参加了会议。与会人员观摩了大余县南方水稻黑条矮缩病药剂防控现场,调查了解了南方水稻黑条矮缩病的发病特征及防控试验对比效果,与会专家介绍了南方水稻黑条矮缩病的发生特点、流行规律和最新研究进展,各省份介绍了本地发生和防控情况。

2011 年江西省各地利用电视、广播、宣传单、条幅、标语、宣传画、病虫情报等多种媒介形式,宣传南方水稻黑条矮缩病的危害性和防控的重要性,介绍防控技术,对南方水稻黑条矮缩病防控的宣传做到了技术方案到县、宣传条幅到乡、宣传画到村组、明白纸入户。2011 年 5 月,江西省植保植检局在广昌县举办了一期南方水稻黑条矮缩病防控技术培训班,向种粮大户、乡镇农技人员传授南方水稻黑条矮缩病知识和防控技术。2011 年 6 月,江西省植保植检局在江西卫视黄金时档做了 10d 的公益广告,宣传南方水稻黑条矮缩病防治技术,提醒广大农户及时做好南方水稻黑条矮缩病的预防。江西省植保植检局编印了南方水稻黑条矮缩病防控技术宣传画 42 000 份,免费分发到各县市农业部门、乡

镇、村组及农药销售门店，张贴宣传。江西省植保植检局多次组织专家在江西农村广播《惠农直播室》对南方水稻黑条矮缩病的防控知识进行宣讲，解答农民问题。各地植保植检局（站）组织培训农民及农业技术推广人员2万多人次。赣州市章贡区、崇义县植保植检站也印制了南方水稻黑条矮缩病彩色宣传单页、明白纸，向农业技术推广人员、种子经营户和农户发放。通过宣传培训，农民增强了南方水稻黑条矮缩病的预防意识和防控的主动性，掌握了南方水稻黑条矮缩病的防治关键期和防治技术。

2012年7月，江西省植保植检局在江西卫视连续播放了5d的晚稻秧田预防南方水稻黑条矮缩病的公益广告，提醒广大农户及时科学预防晚稻秧田南方水稻黑条矮缩病。各地举办了60多期南方水稻黑条矮缩病防控技术培训班，培训农民、种粮大户、专业防治组织机防手3 000余人次。通过宣传培训和示范引导，农民的预防意识大大增强。

（三）资金和物资投入

2010年8月，江西省通过省级统一推介、县级统一采购的形式，统一采购吡蚜酮、噻嗪酮、毒死蜱、醚菊酯等防治稻飞虱药剂998t，免费发放给农户，并由各县农业部门指导农户在8月底之前统一防治1次稻飞虱，对减轻晚稻稻飞虱和南方水稻黑条矮缩病发生和危害发挥了重要作用。

2012年江西全省统一采购下拨了价值1 000万元的防飞虱、抗病毒等预防南方水稻黑条矮缩病的农药，用于中晚稻秧田防治；江西省财政拨付600万元专项经费，用于补贴中晚稻秧田的统一预防作业。江西全省中晚稻秧田预防面积达到95万亩，其中防飞虱、抗病毒等预防南方水稻黑条矮缩病秧田预防面积40万亩，统防统治预防积16万亩，预防效果明显，病丛率明显降低。

（作者：邱高辉　宋建辉　钟　玲　王旭明　段德康　刘剑青　程金生　陈爱榕　袁敬峰　龚美亮）

云南省南方水稻黑条矮缩病发生调查与治理对策

2009年，云南南部文山州、保山市、玉溪市等地南方水稻黑条矮缩病暴发，一般田块病丛率1%～3%，严重田块病丛率80%以上，部分区域出现严重矮化和抽小穗或不抽穗连片绝收情况。随后几年，病害进一步向德宏州等地扩展蔓延，发病面积达到6.66万hm²，给水稻生产造成较大损失。为摸清病害的发生规律，找到有效的防控方法，云南省植保植检站组织各地植保站对该病害的发生区域、寄主植物和白背飞虱带毒情况、冬季毒源寄主植物等进行了详细调查，在2010—2014年防控实践的基础上，提出了治理对策。

一、发病概况

（一）发生分布范围和程度

1. 调查方法　2009—2014年，云南在水稻产区和稻飞虱常年发生区开展了普查。在普遍调查的基础上，采集疑似水稻病株送样检测。检测单位为江苏省农业科学院、华南农业大学、贵州大学、浙江大学、云南省施甸县植保植检站、云南省德宏州植保植检站。检测方法为血清学方法和RT-PCR检测。在确认病区后，对发病区进行分级。1级表示轻发生，发病面积占该区域种植面积6%以下，以＋表示；2级表示中等发生，发病面积占该区域种植面积6%～30%，以＋＋表示；3级表示重发生，发病面积占该区域种植面积30%以上，以＋＋＋表示。

2. 分布范围　云南省南方水稻黑条矮缩病的主要发生区域在文山、保山、德宏、玉溪等州（市）。采集疑似水稻植株检测结果显示，云南省多个县（区、市）（东经97°31′～105°40′，北纬20°14′～28°39′）检测到南方水稻黑条矮缩病。其中，重发生区为保山市施甸县（一季早稻和一季中晚稻）、德宏州芒市（一季中稻）、文山州富宁县（双季稻）、文山州麻栗坡县（一季中稻）和玉溪市元江县（三季稻）；中等发生区域为一季中稻区，即德宏州盈江县、陇川县、梁河县、瑞丽市等；轻发生区域大部分为一季中稻区，分布在保山市、文山州、玉溪市、西双版纳州、红河州、临沧市和昭通市（表2-71、表2-72）。

表2-71　2009—2014年云南省水稻样品SRBSDV检测结果汇总表

州（市）	县（区、市）	南方水稻黑条矮缩病毒（SRBSDV）	检测单位
西双版纳	勐海	＋	贵州大学
	景洪	＋	贵州大学
	勐腊	＋	贵州大学
普洱	思茅	＋	贵州大学

（续）

州（市）	县（区、市）	南方水稻黑条矮缩病毒（SRBSDV）	检测单位
玉溪	元江	＋	贵州大学、浙江大学
	新平	＋	贵州大学、浙江大学
	峨山	＋	贵州大学、浙江大学
	通海	＋	贵州大学、浙江大学
	江川	＋	贵州大学、浙江大学
文山	富宁	＋	江苏省农业科学院
	广南	＋	江苏省农业科学院
	麻栗坡	＋	江苏省农业科学院
	西畴	＋	江苏省农业科学院
	丘北	＋	江苏省农业科学院
	文山	＋	江苏省农业科学院
	马关	＋	江苏省农业科学院
	砚山	＋	江苏省农业科学院
保山	施甸	＋	贵州大学、华南农业大学、浙江大学
	腾冲	＋	贵州大学、华南农业大学、浙江大学
	隆阳区	＋	贵州大学、华南农业大学、浙江大学
	龙陵	＋	贵州大学、华南农业大学、浙江大学
	昌宁	＋	贵州大学、华南农业大学、浙江大学
德宏	芒市	＋	贵州大学
	陇川	＋	贵州大学
	盈江	＋	贵州大学
	瑞丽	＋	贵州大学
	梁河	＋	贵州大学
红河	个旧	＋	贵州大学
	开远	＋	贵州大学
	蒙自	＋	贵州大学
	石屏	＋	贵州大学
	建水	＋	贵州大学
	弥勒	＋	贵州大学
	屏边	＋	贵州大学
临沧	临翔区	＋	贵州大学
	凤庆	＋	贵州大学
	镇康	＋	贵州大学
	永德	＋	贵州大学
	沧源	＋	贵州大学
	耿马	＋	贵州大学

（续）

州（市）	县（区、市）	南方水稻黑条矮缩病毒 （SRBSDV）	检测单位
昭通	镇雄	＋	贵州大学
	大关	＋	贵州大学
	昭阳	＋	贵州大学
	永善	＋	贵州大学
	水富	＋	贵州大学
	彝良	＋	贵州大学

注：＋表示阳性，带毒；－表示阴性，不带毒。

表 2-72　云南省南方水稻黑条矮缩病发生区域、发生程度及稻作类型

县（区、市）	经度（东经）	纬度（北纬）	发生程度	稻作类型
施甸	98°54′～99°21′	24°16′～25°00′	＋＋＋	一季早稻和一季中晚稻
腾冲	98°05′～98°45′	24°38′～25°52′	＋	一季中稻
昌宁	99°16′～100°12′	20°14′～25°12′	＋	一季中稻
隆阳	98°43′～99°26′	24°46′～25°38′	＋	一季中稻
龙陵	98°25′～99°11′	24°07′～24°50′	＋	一季中稻
芒市	98°01′～98°44′	24°05′～24°39′	＋＋＋	一季中稻
陇川	97°39′～98°17′	24°08′～24°39′	＋＋	一季中稻
盈江	97°31′～98°16′	24°24′～25°20′	＋＋	一季中稻
瑞丽	97°31′～98°02′	23°38′～24°14′	＋＋	一季中稻
梁河	98°06′～98°31′	24°31′～24°58′	＋＋	一季中稻
富宁	105°13′～106°12′	23°11′～24°09′	＋＋＋	双季稻
广南	104°31′～105°39′	23°29′～24°28′	＋＋	一季中稻
麻栗坡	104°33′～105°48′	22°48′～23°34′	＋＋＋	一季中稻
西畴	104°22′～104°58′	23°05′～23°37′	＋	一季中稻
砚山	103°35′～104°45′	23°18′～23°59′	＋	一季中稻
丘北	103°34′～104°45′	23°45′～24°28′	＋	一季中稻
文山	103°43′～104°27′	23°06′～23°44′	＋＋	一季中稻
马关	103°52′～104°39′	22°42′～23°15′	＋＋	一季中稻
思茅	100°19′～101°27′	22°27′～23°06′	＋	双季稻
勐海	99°56′～100°41′	21°28′～22°28′	＋	一季中稻
景洪	100°25′～101°31′	21°27′～22°36′	＋	一季晚稻
勐腊	101°05′～101°50′	21°09′～22°23′	＋	一季晚稻
元江	100°06′～105°40′	22°27′～25°32′	＋＋＋	三季稻

（续）

县（区、市）	经度（东经）	纬度（北纬）	发生程度	稻作类型
新平	101°16′～102°16′	23°38′～24°26′	＋	三季稻
峨山	101°52′～102°37′	24°01′～24°32′	＋	一季中稻
通海	102°30′～102°52′	23°65′～24°14′	＋	一季中稻
江川	102°35′～102°55′	24°12′～24°32′	＋	一季中稻
个旧	102°54′～103°25′	23°01′～23°36′	＋	一季中稻
开远	103°04′～103°43′	23°30′～23°58′	＋	一季中稻
蒙自	103°13′～103°49′	23°01′～23°34′	＋	一季中稻
石屏	102°08′～102°43′	23°19′～24°06′	＋	一季中稻
建水	102°50′	23°37′	＋	一季中稻
弥勒	103°04′～103°49′	23°50～24°39′	＋	一季中稻
屏边	103°24′～103°58′	22°49′～23°23′	＋	一季中稻
临翔区	99°49′～100°26′	23°29′～24°16′	＋	一季中稻
镇康	98°41′～90°22′	29°31′～34°05′	＋	一季中稻
永德	99°05′～99°50′	23°45′～24°27′	＋	一季中稻
沧源	98°52′～99°43′	23°04′～23°40′	＋	一季中稻
耿马	98°48′～99°54′	23°20′～24°02′	＋	一季中稻
镇雄	104°18′～105°19′	27°17′～27°50″	＋	一季中稻
大关	103°43′～104°07′	27°36′～28°15′	＋	一季中稻
昭阳区	103°1′～103°09′	27°01′～27°06′	＋	一季中稻
永善	103°15′～104°01′	27°31′～28°32′	＋	一季中稻
水富	104°03′～104°25′	28°22′～28°39′	＋	一季中稻
彝良	103°51′～104°45′	27°16′～27°57′	＋	一季中稻

注：＋表示1级，轻发生；＋＋表示2级，中等发生；＋＋＋表示3级，重发生。

3. 发生面积 2009—2014年云南省南方水稻黑条矮缩病累计发生面积19.610万 hm²，年平均发生面积3.268万 hm²（表2-73）。

表2-73 2009—2014年云南省南方水稻黑条矮缩病发生面积和绝收面积

年份	发生面积（万 hm²）	绝收面积（hm²）
2009	0.022	40
2010	1.541	90
2011	4.456	80
2012	5.709	100

（续）

年份	发生面积（万 hm²）	绝收面积（hm²）
2013	4.487	0
2014	3.391	0
合计	19.610	330
平均	3.268	50

（二）冬季寄主植物及白背飞虱带毒率确定

2012年1月和2013年1月，全国农业技术推广服务中心组织专家对云南省元江县、思茅区、勐海县等进行南方水稻黑条矮缩病毒冬季寄主植物（水稻、再生水稻苗、玉米、小麦、甘蔗、游草）和白背飞虱调查，采取疑似植株和白背飞虱样本，由浙江大学吴建祥教授进行血清学方法和RT-PCR检测，结果显示，调查区域南方水稻黑条矮缩病毒的冬季寄主植物为水稻、玉米（表2-74）。

2013年1月9日，在普洱市思茅区发病区域采集8头白背飞虱，经检测，其中1头为SRBSDV阳性，带毒率12.5%。在西双版纳州勐海县采集12头白背飞虱，2头阳性，带毒率16.7%，说明云南省除寄主植物外，白背飞虱也是南方水稻黑条矮缩病的重要越冬毒源。

表2-74　2013年1月云南省水稻疑似感病株检测结果

地点	植物种类	样本数（个）	南方水稻黑条矮缩病毒（SRBSDV）	
			阳性样本数（个）	阴性样本数（个）
西双版纳州勐海县	水稻	7	6	1
普洱市思茅区	游草	5	0	5
	小麦	6	0	6
	玉米	1	0	1
	再生水稻苗	5	5	0
玉溪市元江县	甘蔗	14	0	14
	玉米	24	9	15

二、发生原因分析

（一）稻作制度复杂

云南省地处中国西南边陲，位于北纬$21°8'32''\sim29°15'8''$和东经$97°31'39''\sim106°11'47''$，北回归线横贯云南省南部。云南全省海拔相差很大，最高点为滇藏交界的德钦县怒山山脉梅里雪山主峰卡格博峰，海拔6 740m，最低点在与越南交界的南溪河与元江汇合处，海拔76.4m。不同海拔高度温湿度条件差异大，导致多种稻作制度并存，一季中稻、双季稻和三季稻均有种植，南方水稻黑条矮缩病在各稻区均有发生。

（二）白背飞虱常发、重发

云南省是我国稻飞虱初始虫源地，一年之中一季中稻、双季稻及三季稻均有种植，为白背飞虱提供了丰富的食料。1996—1998 年，全国农业技术推广服务中心、中国水稻研究所、日本国际农研中心组成中日稻飞虱考察组，对云南省南部文山、普洱、西双版纳进行实地考察，明确了白背飞虱可以在云南南部 800～1 300m 海拔区域越冬并周年繁殖。2011—2014 年，云南省稻飞虱年发生面积 38.22 万～48.06 万 hm²，占水稻种植面积的48.24%～66.55%（表 2-75），成为我国稻飞虱常年发生区和重发生区。

表 2-75　2011—2014 年云南省水稻种植和稻飞虱发生面积

年份	水稻种植面积（万 hm²）	稻飞虱发生面积（万 hm²）	发生面积占水稻种植面积比例（%）
2011	79.23	38.22	48.24
2012	72.22	48.06	66.55
2013	72.37	43.39	59.96
2014	96.00	40.26	41.94

每年 4 月，越冬白背飞虱虫源随西南气流向我国西南地区迁移扩展。2013 年，在红河流域元江一带，3—7 月处于稻飞虱迁飞活动频繁区域，单日单灯诱虫量最高可达 5 760头（图 2-19）。每年 4—8 月主要为白背飞虱活动，随气流远距离移动，携带病毒的虫源向其他非病区扩散。

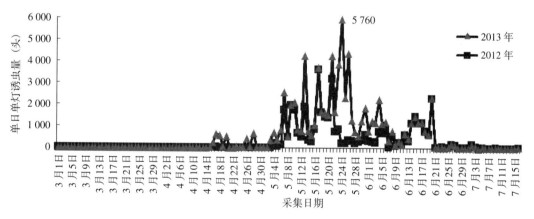

图 2-19　2012—2013 年云南省元江县每日单灯稻飞虱诱虫量

（三）多种病毒寄主并存

云南省水稻年播种面积 96 万 hm²，玉米 133.333 万 hm²，夏秋季水稻、冬季玉米构成了病毒周年的寄主循环。经初步勘测，云南省冬季稻飞虱寄主有早稻、落粒稻和再生稻，面积合计 3.728 万 hm²（不含杂草、黑麦草），以白背飞虱为主，主要分布在临沧、普洱、西双版纳、玉溪等地。冬玉米主要分布在德宏、保山、玉溪等南方水稻黑条矮缩病发生区域，该区域早稻、中稻、晚稻和冬季玉米构成了周年的白背飞虱寄主循环，并形成毒源链条。在水稻和冬玉米种植区域的德宏州芒市、盈江、陇川、瑞丽和梁河等地区，每年5—8月水稻处于分蘖期至抽穗期，水稻植株带毒率可以达到16.70%以上，最高95.60%（表2-76）。

表2-76　2011—2014年云南省德宏州水稻植株带毒率

地区	年份	疑似病株数（株）	阳性病株数（株）	带毒率（%）	检测单位
芒市	2011	19	13	68.40	贵州大学
	2012	33	30	90.90	德宏州植保植检站快速检测室
	2013	58	31	53.50	
	2014	18	10	55.55	
	合计	128	84	65.60	
梁河县	2011	21	13	61.90	贵州大学
	2012	57	36	63.20	德宏州植保植检站快速检测室
	2013	61	39	63.90	
	2014	23	4	17.39	
	合计	162	92	56.79	
盈江县	2011	18	16	88.90	贵州大学
	2012	38	35	92.10	德宏州植保植检站快速检测室
	2013	45	27	60.00	
	2014	20	6	30.00	
	合计	121	84	69.42	
陇川县	2011	14	9	64.30	贵州大学
	2012	63	12	19.10	云南省农业科学院生物技术与种质资源研究所
	2012	120	20	16.70	
	2012	85	51	60.00	德宏州植保植检站快速检测室
	2013	36	20	55.60	
	2014	25	8	32.00	
	合计	343	120	34.98	
瑞丽市	2011	23	22	95.60	贵州大学
	2012	52	39	75.00	德宏州植保植检站快速检测室
	2013	61	42	68.90	
	2014	25	11	44.00	
	合计	161	114	70.80	

三、治理对策

通过对南方水稻黑条矮缩病发生规律的研究，明确了云南省冬春季存在大量的带毒白背飞虱虫源和带毒寄主植物,可构成南方水稻黑条矮缩病自身周年循环,导致云南省成为全国南方水稻黑条矮缩病的高发区和常发区,也给防治带来了难度。经过2010—2014 年的防控实践,云南省提出了"秋季清园,减少病源基数;培养无毒苗;治虫控病;压低水稻分蘖前期病株率,控制后期毒源扩散"的基本策略。采取的主要防控技术如下。

(一) 选用抗 (耐) 病品种

选用抗 (耐) 病品种。在重病区选择抗性好的浙优 1 号、宜优 673、两优 2186、两优 2161,淘汰丰优香占等感病品种。

(二) 秋季清园,减少病源基数

水稻收获后,及时翻犁稻茬田,处理带病再生稻,铲除病株或就地深埋,可减少翌年发病基数。

(三) 优化作物种植结构控病

减少晚稻播种面积,避免水稻、玉米在同一区域种植。在上一年因发病绝收的田块,改种玉米以外的旱地作物,如蔬菜、马铃薯等,最好连续改种 3 年之后,再种植水稻。

(四) 采取无毒育苗技术

采取客土育苗、异地育苗、防虫网隔离育苗、秧盘育苗技术,培养无病壮苗。将无病毒土壤移植到苗床,再撒播水稻种子,进行客土育苗。在海拔较高未发生病害的区域,或其他旱作地进行异地育秧。在白背飞虱毒源区,采用 30 目防虫网全程覆盖育秧,阻断病毒传播途径,移栽前 3~5d 揭网炼苗,并于揭网时每亩喷施 25%吡蚜酮可湿性粉剂 25g+30%毒氟磷可湿性粉剂 60g,降低缓苗期感病率。采取异地秧盘育苗,减轻苗期带毒率。

(五) 冬后毒源普查

病害发生区域,对越冬后毒源进行普查。一是各县区安排 1 个监测点,监测稻飞虱发生情况,高峰期采集样品,检测白背飞虱带毒率;二是分别于水稻秧苗二至三叶一心、移栽前、大田分蘖初期、分蘖末期、拔节孕穗期分 5 次采取疑似感病植株,检测植株带毒率;三是建立南方水稻黑条矮缩病毒州、市、县级检测实验室 3 个,承担云南全省病毒检测任务。同时,根据监测结果分析病害发生趋势,提出防治意见,科学指导防控。

(六) 推广养鸭生物防控稻飞虱,减少农药使用

在水稻分蘖期,每亩放置鸭龄为 15d 的鸭子 4 只,40 亩范围内统一放置,田边用尼龙网或遮阳网围住,在田埂上建鸭棚供鸭子栖息。鸭子捕食植株基部白背飞虱,于水稻抽穗后收回鸭子。放鸭之后,不再使用杀虫剂,可减少 1~2 次施药。

（七）优化化学防治措施

1. 药剂拌种　每千克干种使用 25％吡蚜酮可湿性粉剂 8g＋每亩 30％毒氟磷可湿性粉剂 4g 拌种育秧；每千克干种使用 60％吡虫啉拌种剂 20mL＋每千克干种使用 30％毒氟磷可湿性粉剂 4g 拌种。

2. 治虫控病　选用 25％吡蚜酮可湿性粉剂、25％噻嗪酮可湿性粉剂、80％烯啶·吡蚜酮水分散粒剂、10％吡虫啉可湿性粉剂与 7.5％吗啉胍·菌毒水剂、0.5％氨基寡糖素水剂、30％毒氟磷可湿性粉剂等药剂混用，进行种子处理和秧田期防治，压低白背飞虱虫量，并激活植株免疫功能，钝化病毒，减轻发病。

3. 大田分蘖初期和拔节孕穗期各进行 1 次统防统治　于移栽后 10～15d 每亩喷施 25％吡蚜酮可湿性粉剂 25g＋30％毒氟磷可湿性粉剂 60g，后期根据田间监测和实验室检测情况，在拔节孕穗期酌情施药 1 次。

四、防治效果

2009—2014 年云南省在 15 个重点发生县（区），建立防控样板 21 个，面积 1 400hm²，开展科学防控培训 510 场次，培训农户 8.6 万人，云南全省累计防治面积 56.25 万 hm²，防治效果在 70％以上，以每亩挽回产量损失 60kg 计算，挽回产量损失 50.62 万 t（表 2-77）。

表 2-77　2009—2014 年云南省南方水稻黑条矮缩病防治面积和产量挽回损失

年份	防治面积（万 hm²）	挽回产量损失（万 t）
2009	3.92	3.53
2010	6.65	5.98
2011	9.70	8.73
2012	13.96	12.57
2013	12.05	10.84
2014	9.97	8.97
合计	56.25	50.62

（作者：吕建平　金林红　吴建祥　肖文祥　顾中量　韩忠良　胡惠芬　孙宇杰）

云南省保山市南方水稻黑条矮缩病
防治技术协作研究总结

南方水稻黑条矮缩病是近年来在我国新发生的水稻病毒病，由迁飞性害虫白背飞虱传毒，不仅危害水稻，还可危害玉米、甘蔗、禾本科杂草等。为了尽快摸清南方水稻黑条矮缩病在保山市的发生规律，探索防控技术，保山市植保植检工作站于 2009—2014 年对南方水稻黑条矮缩病的发生规律及防控技术进行研究。

一、南方水稻黑条矮缩病发生流行规律

（一）发生特点

1. 发生区域广、面积大　南方水稻黑条矮缩病自 2009 年在保山市施甸县旧城乡首次发生，2010—2014 年通过普查和病毒检测鉴定确定，保山所辖县区均有不同程度发生，发生范围主要在勐波罗河流域的施甸县旧城乡，柯枯河流域的昌宁湾甸乡、柯街镇，潞江流域的龙陵县勐糯镇、碧寨乡，隆阳区潞江镇、芒宽乡，以及腾冲的荷花乡、团田乡、蒲川乡等 15 个乡（镇），海拔高度 650～1 400m 的低热河谷稻区。经贵州大学、华南农业大学、浙江大学采用血清学方法、RT-PCR 方法检测，施甸县南方水稻黑条矮缩病毒与齿叶矮缩病毒混合发生，其他县区仅发生南方水稻黑条矮缩病毒。保山市 2009—2014 年累计发生面积 10.041 3 万亩。该病害不仅严重威胁保山市水稻生产安全，还直接影响烟-稻轮作区香料烟、冬烟等产业的发展。

2. 本地和外来毒源混合侵染　经过多年的毒源监测、普查和飞虱带毒率测定，明确了保山市南方水稻黑条矮缩病毒毒源。一是本地毒源，传毒白背飞虱可在本地再生稻、黑麦草、杂草、冬玉米上越冬，翌年 1—2 月开始危害早稻秧苗；2—3 月危害早稻、冬玉米；4—5 月开始进入高峰期，危害中稻；6—7 月达到高峰期，危害中晚稻；8—9 月虫量开始下降。二是外来迁入的带毒白背飞虱，2012 年监测数据显示，第一高峰期为 4 月 25日，虫量 363 头/d，第二高峰期为 5 月 28 日，虫量 1 264 头/d。同期褐飞虱第一高峰期为 5 月 28 日，虫量 1 081 头/d，第 2 高峰期为 6 月 12 日，虫量 10 096 头/d。

3. 白背飞虱带毒率高　2012 年检测灯下白背飞虱带毒率为 33.3%，田间捕捉的白背飞虱带毒率 83.3%。

4. 扩散蔓延速度快，产量损失大　2009 年施甸县旧城乡南方水稻黑条矮缩病中晚稻发生 3 300 亩，绝收 600 亩；2010 年中晚稻发生 4 235 亩，绝收 850 亩；2011 年发生 20 578 亩，绝收 1 063 亩；2012 年发生 29 700 亩，少部分田块损失 30% 以上；2013 年发生 25 300 亩；2014 年发生 17 300 亩，极少部分田块损失 5% 以上，病害开始在施甸旧城早稻和冬玉米上发生，龙陵、隆阳、昌宁、腾冲也有不同程度发生。

5. 低热河谷地区发病严重，暴发性强　通过普查发现，保山市发病区域均在海拔650～1 400m 的低热河谷稻区。施甸早稻病田率 27.7％、病丛率 6.97％、中晚稻病田率100％、病丛率 40.11％。腾冲中稻病田率 6.5％、病丛率 1.7％。昌宁、隆阳、龙陵 3 个县（区）中稻病田率 5％～10％、病丛率 2％～15％。海拔 1 400m 以上稻区尚未发现南方水稻黑条矮缩病发生。

6. 水稻品种抗性不明显　保山市发病区域内，所有主栽的水稻品种均发病，未发现显著抗病的品种。

7. 与齿叶矮缩病混合或复合侵染　根据施甸旧城、昌宁弯甸田间病株调查发现，在同一块田里发病稻株同时表现锯齿叶和矮缩症状。2011 年取样送华南农业大学和贵州大学检测，确定为南方水稻黑条矮缩病毒和齿叶矮缩病毒侵染。因此，施甸旧城、昌宁弯甸病株为南方水稻黑条矮缩病和齿叶矮缩病混合发生或复合侵染。

8. 防治难度大，成本高　2012—2013 年，保山市大力开展了南方水稻黑条矮缩病的联防联控，防治后仍有少部分田块损失 30％以上，亩防治成本平均 100～150 元。

（二）发生原因分析

根据多年的监测和调查结果分析，南方水稻黑条矮缩病发生流行的主要原因有 3 个。一是传毒媒介白背飞虱在当地再生稻和杂草、冬玉米、黑麦草、蔬菜田边杂草上越冬，并繁殖传毒，虫源和毒源不断积累增加，危害越来越重。二是带毒白背飞虱从缅甸等稻区沿潞江流域、澜沧江流域、柯枯河流域、龙江、陇川江等流域迁入危害。三是齿叶矮缩病毒由当地带毒虫源和迁入的褐飞虱在保山稻区传毒危害。

二、防治对策

保山市为了有效控制南方水稻黑条矮缩病的流行和危害，加强监测预警，严把并前移防控关，发病区域采取"杀灭传毒害虫，切断毒源，治秧田保大田，治前期保后期，通过治虫达到防病目的"的防治策略。推行"抗、避、断、治"等综合防控措施，以降低飞虱发生数量和传毒风险，减轻发病和危害。"抗"为选种抗（耐）病品种，"避"为抓好栽培管理，"断"为阻断毒源，"治"为治虫防病。

（一）监测预警

在不同区域设立稻飞虱系统监测点，监测灯下虫情，同时系统调查和普查稻（秧）田及田外稻飞虱，及时掌握稻飞虱种群消长动态，发现疑似病株及时取样进行检测、诊断，摸清病情。发病区域加强对迁入稻田的稻飞虱带毒率的监测，及时掌握稻飞虱带毒率情况。根据种群动态、带毒率监测结果，结合水稻生育期和抗（耐）病性等因素，准确预报发生期、防治适期、重点防控田等，科学指导防控。

（二）选用抗病品种

与云南省内外病毒病常发区加强技术交流，逐步选用抗（耐）病品种，淘汰感病品种。2012—2013 年在发病最严重区域施甸旧城乡收集 70 个品种进行抗性鉴定试验，筛选出中浙优 1 号（病丛率 10%）、两优 2186（病丛率 20%）、两优 2161（病丛率 21%）等抗（耐）南方水稻黑条矮缩病和齿叶矮缩病的品种，其他品种病丛率都在 50% 以上。

（三）抓好栽培管理

1. 调整播期　在生长适期内适当调整水稻播种、栽插期，尽量将水稻感病敏感时期与传毒媒介昆虫发生高峰期错开。晚稻秧田尽可能远离发病早稻田。

2. 水肥管理　对发病田及时排水晒田，施用速效肥，增施磷肥、钾肥和农家肥，以增强水稻抗病虫能力。

3. 加强田间调查，及时拔除病株　加强大田分蘖前期田间调查，一旦发现感病稻株，及时拔除，拔除前先喷施防治稻飞虱的药剂，将病株（丛）就地踩入泥中，并从健丛中掰出一半分蘖苗，或将储备秧苗移栽在空穴中，喷施水稻矮缩复活王（主要成分有 18 种氨基酸，锌、铁、钙、硼、镁、钼、钛、硒、锰、铜等中微量元素和稀土，芸苔素内酯，复硝酚钠，细胞分裂素，抗病毒免疫剂，渗透黏着剂）和尿素，以促进稻苗恢复群体生长。

4. 切断毒源　组织越冬白背飞虱普查，清除稻田周边杂草，减少虫源毒源。发病区域早稻收割期间实行随割随挑，尽量不将稻草堆放在田里。减少稻草还田，防止带毒介体昆虫进入中晚稻田。抓好冬季防治，重病区晚稻收割后进行冬犁晒田，清除再生稻和田边、沟边看麦娘等杂草。

5. 治虫防病　发病区域综合采用种子处理、异地育秧或防虫网覆盖育秧、适时药剂处理等治虫防病措施。

（1）种子处理。每千克稻种可用 10% 吡虫啉可湿性粉剂 300～500 倍液或高含量吡虫啉等量稀释液，浸种 12h。拌种处理要求在种子催芽露白后用高渗吡虫啉有效成分 1g 或噻嗪酮有效成分 3g，先与少量细土或谷糠拌匀，再均匀拌 1kg 种子（以干种子计重）即可播种。

（2）防虫网处理。秧田宜远离病田（异地育苗），推广防虫网全程覆盖、集中连片育秧。防虫网育秧，于播种后用 20 目以上防虫网或 15～20g/m² 无纺布全程覆盖秧田育秧。

（3）适时药剂防治。在秧苗 2～7 叶期和大田初期，根据田间稻飞虱虫情监测情况，实施稻飞虱防治，经过上述药剂浸种或拌种处理的田块，秧苗期要施药 1 次；没有药剂浸种或拌种的要施药 2 次，即三叶一心期喷药 1 次，移栽前 5～7d 与防治其他病虫的药剂混用，喷施送嫁药。移栽到大田后约 10d 施 1 次药防治飞虱，防治药剂轮换选择 25% 吡蚜酮可湿性粉剂、80% 烯啶·吡蚜酮水分散粒剂、10% 吡虫啉可湿性粉剂、25% 噻嗪酮可湿性粉剂与 30% 毒氟磷可湿性粉剂、7.5% 吗啉胍·菌毒水剂等农药。实施统防统治，按照统一时间、统一药剂、统一防治的要求，确保对稻飞虱的有效控制。

6. 重病田块实行改种　重病田块应及时翻耕改种。保山市重病区域施甸县旧城乡，根据早稻发病较轻、中晚稻发病重的情况，将中晚稻改为种植蔬菜等经济作物，避免发生病害或减轻病害造成的损失，并减少病毒在低热河谷区域的周年循环侵染。

三、防控技术开发及示范推广

（一）综合防控技术开发

2011—2013 年，在施甸县旧城乡设立了南方水稻黑条矮缩病防控技术示范区，开展不同技术措施对南方水稻黑条矮缩病的防治效果试验示范，示范共设 7 个处理，试验示范防治效果见表 2-78。

处理 1：异地育苗（仅异地育苗，不加其他措施）。

处理 2：异地育苗，送嫁药每亩 25％吡蚜酮悬浮剂 24mL、30％毒氟磷可湿性粉剂 30g，大田期每亩施用 7.5％吗啉胍·菌毒水剂 100mL 或 5.9％辛菌·吗啉胍水剂 100mL 和 25％吡蚜酮悬浮剂 24mL。

处理 3：本地育苗，使用防虫网，大田期每亩施用 25％吡蚜酮悬浮剂 24mL 和 30％毒氟磷可湿性粉剂 30g。

处理 4：本地育苗，秧田期每亩施用 25％吡蚜酮悬浮剂 24mL 和 30％毒氟磷可湿性粉剂 30g，大田期每亩施用 25％吡蚜酮悬浮剂 24mL 和 0.5％氨基寡糖素水剂 100mL。

处理 5：本地育苗，秧田期每亩施用 25％吡蚜酮悬浮剂 24mL 和 30％毒氟磷可湿性粉剂 30g，大田期每亩施用 25％吡蚜酮悬浮剂 24mL 和 5.9％辛菌·吗啉胍水剂 100mL。

处理 6：农民自防田，移栽后 10d 每亩喷施 1 次 25％吡蚜酮悬浮剂 24mL 和 7.5％吗啉胍·菌毒水剂 100mL。

处理 7：空白对照，不采取任何防治措施，喷清水。

2011 年示范区面积 4 000 亩，核心示范区设在四争地村，面积 100 亩。调查结果显示，处理 1 平均病丛率 8.50％，病株率 6.91％，病情指数 6.18，平均防治效果 61.27％。处理 2 平均病丛率 6.50％，病株率 5.18％，病情指数 3.57，平均防治效果 77.63％。处理 3 平均病丛率 8.10％，病株率 6.58％，病情指数 4.81，平均防治效果 69.86％。处理 4 平均病丛率 10.15％，病株率 7.22％，病情指数 5.96，平均防治效果 62.66％。处理 5 平均病丛率 10.82％，病株率 8.25％，病情指数 6.56，平均防治效果 58.89％。处理 6 平均病丛率 42.50％，病株率 37.60％，病情指数 12.80，平均防治效果 23.68％。空白对照处理平均病丛率 48.50％，病株率 56.35％，病情指数 15.96。

2012 年进一步扩大试验示范范围，在保山全市县区均设立了南方水稻黑条矮缩病防控新技术示范区，示范面积 5 000 亩，核心示范区 600 亩，示范内容和处理与 2011 年相同。由于试验区分设在多个县区，总体发病程度明显轻于重病区，各处理间差异没有 2011 年显著。2012 年示范调查结果显示，处理 1 平均病丛率 6.10％，病株率 3.52％，病情指数 5.56，平均防治效果 62.78％。处理 2 平均病丛率 4.90％，病株率 4.78％，病情指数 3.44，平均防治效果 76.98％。处理 3 平均病丛率 6.80％，病株率 5.15％，病情指数 3.90，平均防治效果 73.89％。处理 4 平均病丛率 7.33％，病株率 6.21％，病情指数 5.53，平均防治效果 62.98％。处理 5 平均病丛率 10.12％，病株率 7.78％，病情指数 5.96，平均防治效果 60.11％。处理 6 平均病丛率 43.50％，病株率 32.50％，病情指数 11.50，平均防治效果 23.03％。空白对照田平均病丛率 45.50％，病株率 36.35％，病情指数 14.94。

2013 年继续扩大试验示范范围，在保山全市县区设立南方水稻黑条矮缩病防控新技术示范区 5 个，示范面积 5 000 亩，带动 10 万亩大面积防治，其中，核心示范区 1 000 亩，并继续开展防治效果试验。2013 年示范区调查结果显示，处理 1 平均病丛率 7.50%、病株率 6.56%，病情指数 4.31，平均防治效果 68.44%。处理 2 平均病丛率 3.25%，病株率 2.45%，病情指数 1.89，平均防治效果 86.16%。处理 3 平均病丛率 4.60%，病株率 4.10%，病情指数 2.63，平均防治效果 80.74%。处理 4 平均病丛率 5.90%，病株率 4.75%，病情指数 3.70，防治效果 72.91%。处理 5 平均病丛率 6.30%，病株率 5.08%，病情指数 4.25，防治效果 68.88%。处理 6 平均病丛率 34.40%，病株率 23.30%，病情指数 8.60，防治效果 37.04%。空白对照田平均病丛率 40.80%，病株率 35.78%，病情指数 13.66。

表 2-78 2011—2013 年云南保山市南方水稻黑条矮缩病、齿叶矮缩病防治效果

处理	病丛率（%）			病株率（%）			病情指数			病情指数平均防治效果（%）		
	2011 年	2012 年	2013 年	2011 年	2012 年	2013 年	2011 年	2012 年	2013 年	2011 年	2012 年	2013 年
1	8.50	6.10	7.50	6.91	3.52	6.65	6.18	5.56	4.31	61.27	62.78	68.44
2	6.50	4.90	3.25	5.18	4.78	2.45	3.57	3.44	1.89	77.63	76.98	86.16
3	8.10	6.80	4.60	6.58	5.15	4.10	4.81	3.90	2.63	69.86	73.89	80.74
4	10.15	7.33	5.90	7.22	6.21	4.75	5.96	5.53	3.70	62.66	62.98	72.91
5	10.82	10.12	6.30	8.25	7.78	5.08	6.56	5.96	4.25	58.89	60.11	68.88
6	42.50	43.50	34.40	37.60	32.50	23.30	12.80	11.50	8.60	23.68	23.03	37.04
7	48.50	45.50	40.80	56.35	36.35	35.78	15.96	14.94	13.66	—	—	—

2014 年，保山市选用优质、抗病品种，大力示范推广综合防控技术。示范区试验示范 3 种防治南方水稻黑条矮缩病及齿叶矮缩病的技术模式。

处理 1：异地育苗，60% 吡虫啉悬浮种衣剂拌种，送嫁药 25% 吡蚜酮可湿性粉剂＋30% 毒氟磷可湿性粉剂，大田期施用 7.5% 吗啉呱·菌毒水剂或 5.9% 辛菌·吗啉呱水剂＋25% 吡蚜酮可湿性粉剂。分蘖末期调查，平均病丛率为 6%～12.89%。

处理 2：本地育苗，防虫网覆盖，大田期共同施用 25% 吡蚜酮可湿性粉剂＋30% 毒氟磷可湿性粉剂、0.5% 氨基寡糖素水剂或 5.9% 辛菌·吗啉呱水剂。

处理 3：本地育苗，秧田期使用 25% 吡蚜酮可湿性粉剂＋30% 毒氟磷可湿性粉剂，大田期使用 25% 吡蚜酮可湿性粉剂＋0.5% 氨基寡糖素水剂或 25% 吡蚜酮可湿性粉剂＋7.5% 吗啉呱·菌毒水剂或 25% 吡蚜酮可湿性粉剂＋5.9% 辛菌·吗啉呱。

保山市总应用推广 11.75 万亩次。多点调查结果显示，各处理平均病丛率 6.33%，病株率 2.21%，病情指数 3.14，平均防治效果 73.22%。空白对照区平均病丛率 40%，病株率 36.75%，病情指数 11.73。核心示范区与示范工作开展前两年中晚稻同期的发病情况相比，异地培育无病秧苗，切断毒源，结合药剂处理的防治效果非常明显。药剂以吡虫啉悬浮种衣剂拌种，送嫁药和大田初期喷施吡蚜酮＋毒氟磷的防虫治病处理防治效果最好；本地育苗，采用药剂拌种、苗期和大田初期防治病虫处理，防治效果也较不处理田块有显著性差异。

（二）大面积防控

2009—2014 年保山市试验示范与大面积防控同时推进，对南方水稻黑条矮缩病和齿叶矮缩病进行防控（表 2-79），保山全市 6 年累计发生面积 10.041 3 万亩，防控面积 59.92 万亩次，平均每亩挽回产量损失 65.5kg，6 年累计挽回损失 3 924.76 万 kg，新增产值 11 774.28 万元。扣除防治用工、药剂等成本每亩平均 125 元，实现亩纯效益 71.5 元，6 年累计纯收益 4 284.28 万元。示范区采用专业化统防统治和绿色防控综合技术，大面积的平均防治效果为 74%，比农民自防区平均防治效果 38.39% 提高了 92.76%；每季比农民自防区减少用药 1～2 次，一方面每亩节约施药工时和药剂成本 30 元左右，另一方面减少了农药对环境的污染，保障农产品质量安全、生态安全，社会和生态效益显著。

表 2-79　2009—2014 年云南省保山市南方水稻黑条矮缩病发生和防治面积

年份	发生面积（万亩）	防治面积（万亩次）	发生程度
2009	0.33	0.65	2 级
2010	0.423 5	1.52	3 级
2011	2.057 8	8.6	4 级
2012	2.97	18.9	4 级
2013	2.53	18.5	4 级
2014	1.73	11.75	1 级
合计	10.041 3	59.92	—

注：1 级为发生面积 5 000 亩以下，损失 5%～10%；2 级为发生面积 10 000 亩以下，损失 10%～15%；3 级为发生面积 20 000 亩以下，损失 15%～20%；4 级为发生面积 30 000 亩以下，损失 20%～5%；5 级为发生面积 30 000 亩以上，损失 25% 以上。

（三）防控行动的组织与实施

1. 广泛宣传培训，普及防控技术　保山市各县区采取多种形式宣传普及防控技术，结合粮食高产创建活动，加强稻飞虱综防技术示范展示，并在防治关键时期组织技术人员分片包干，深入田间地头开展防控技术指导，切实提高防治技术的到位率。2009—2014 年，云南省先后举办会议、现场、田间地头技术培训 200 多场次，累计培训 10 913 人次。

2. 开展专业化防治，提高防控效率　保山市积极组织专业化防治，加强人员培训、技术指导与咨询服务，努力提高专业化统一防治范围和效益。在南方水稻黑条矮缩病发生区域，充分发挥专业化防治在稻飞虱和病毒病防控中的带动作用，专业化统防统治和绿色防控实现全覆盖。

3. 加强部门协作，开展试验示范研究，提高防控综合能力　保山站与贵州大学绿色农药与农业生物工程国家重点实验室合作，并得到全国农业技术推广服务中心、云南省植保站等的大力支持，使保山市南方水稻黑条矮缩病防控试验示范研究工作上了一个新台阶，取得了显著成效，提高防控综合能力。

4. 各级政府和部门的支持 2009 年保山市发生南方水稻黑条矮缩病以来，得到了各级政府和全国农业技术推广服务中心、云南省植保站、贵州大学、华南农业大学等单位在人才、技术、资金等方面的支持。6 年来，保山全市累计投入资金 205 万元，其中，中央和省级 120 万元，市级 35 万元，县级 50 万元。在各级政府和相关单位的大力支持下，保山市不仅有效控制了病毒病的危害，开发和完善了综合防控技术，并大面积示范推广应用，取得了显著的经济效益、社会效益和生态效益。

（作者：肖文祥　杨祚斌　沈云峰）

云南省德宏州南方水稻黑条矮缩病
监测与防控技术总结

南方水稻黑条矮缩病是云南省德宏州水稻上新发现的一种恶性病害。德宏州自 2009 年在芒市、盈江发现后，2011 年正式确认为南方水稻黑条矮缩病。通过几年的病源积累，已进入持续发病期，成为德宏全州水稻病害中发生面积最大、危害最重、产量损失最大的病毒病害，水稻一般减产 10%～15%，严重时减产 30% 以上甚至绝收。南方水稻黑条矮缩病一旦在德宏州大面积流行，将对水稻生产构成极大威胁。由于农民缺乏防病意识和农药应用技术，产生了防治不及时、用药品种选择不合适、使用适期不当等问题。

近几年，针对南方水稻黑条矮缩病的发生危害特点，德宏州植物保护部门将南方水稻黑条矮缩病的监测和预警控制作为全州重大病虫害防控工作的重中之重，通过建立快速检测实验室，开展越冬调查，建立千亩防治示范区，强化了监测技术的应用，集中展示了南方水稻黑条矮缩病防治集成技术，提高了防治效果。通过监测和防控技术的培训，促进了成熟技术的普及应用，有效控制了南方水稻黑条矮缩病危害。2011—2014 年，德宏全州实施南方水稻黑条矮缩病防控 130.92 万亩，挽回（新增）产量损失 14 774.49t。在取得显著经济效益的同时，开发了符合德宏州实际的监测技术，成功集成优化出一套规范化防控技术，还为德宏州"高原特色农业"建设和实现抗灾增产、农民增收、农村稳定提供了强有力的技术支撑，减少了农药使用，保护生态环境。

一、发生危害情况

2011 年南方水稻黑条矮缩病在德宏州发生面积 11.63 万亩，占水稻种植面积的 12.92%，发生程度 2 级，绝收 255 亩，占发生面积的 0.22%，损失稻谷 462.88t。2012 年德宏州发生面积 23.92 万亩，占水稻种植面积的 26.29%，比 2011 年增加 12.29 万亩，发生程度 3 级，绝收面积 1 363 亩，占发病面积的 0.57%，损失稻谷 4 029.5t。2013 年发生面积 26.98 万亩，占水稻种植面积的 29.88%，比 2011 年、2012 年分别增加 15.35 万亩、3.06 万亩，发生程度 2 级，造成稻谷损失 934.67t。2014 年发生面积 12.97 万亩，占水稻种植面积的 14.41%，比 2011 年增加 1.34 万亩，比 2012 年、2013 年分别减少 10.95 万亩、14.01 万亩，发生程度 2 级，造成稻谷损失 296.78t（表 2-80）。

表 2-80　2009—2015 年德宏州南方水稻黑条矮缩病发生和危害情况

年份	发生面积 （万亩）	占水稻种植面积 比例（%）	发生程度	发生乡镇 （个）	损失稻谷 （t）	绝收面积 （亩）
2009	0.05	0.06	2 级	3	1.50	0
2010	0.27	0.29	1 级	12	0.50	46.8

（续）

年份	发生面积（万亩）	占水稻种植面积比例（%）	发生程度	发生乡镇（个）	损失稻谷（t）	绝收面积（亩）
2011	11.63	12.92	2级	37	462.88	255
2012	23.92	26.29	3级	42	4 029.5	1 363
2013	26.98	29.88	2级	48	934.67	0
2014	12.97	14.41	2级	46	296.78	0
2015	2.34	2.45	1级	24	88.21	0

注：发生程度分级参考《南方水稻黑条矮缩病测报技术规范》（NY/T 2631—2014）。

二、综合防治技术开发

（一）建立病毒快速检测实验室

在贵州大学的支持下，2012年筹资4.23万元，建立了德宏州南方水稻黑条矮缩病毒快速检测实验室，是云南省内4个病毒快速检测实验室之一，也是德宏州唯一的病毒检测实验室，实现了各县市发现疑似病株可在州内检测的工作目标，提高了检出的时效性，为及时监测和有效防控赢得了时间。

1. 植株病样检测　2011年德宏州送贵州大学疑似病株95株，检测带毒73株，带毒率76.8%。2012年检测疑似病株448株，带毒223株，带毒率49.8%，其中，德宏州植保站检测265株，占总样品数的59.15%，云南省农业科学院生物研究所和贵州大学分别检测120株、63株。2013年德宏州快速检测实验室检测水稻样品261株，带毒159株，带毒率60.9%。2014年德宏州快速检测实验室检测水稻样品111株，带毒39株，带毒率35.14%。

2. 白背飞虱带毒检测　2011年送检白背飞虱168头，带毒79头，带毒率47.02%。2012年送检白背飞虱845头，带毒105头，带毒率12.43%，样品采集地芒市290头、梁河40头、盈江80头、陇川195头、瑞丽240头。其中采自田间虫源355头，带毒55头，带毒率15.49%；灯下虫源490头，带毒50头，带毒率10.1%。2013年送检白背飞虱135批次，检测64批次，带毒4批次。其中，3月31日瑞丽市灯下白背飞虱，带毒率为5.56%；4月21日芒市灯下白背飞虱，带毒率为4.17%；6月4日盈江县田间白背飞虱，带毒率为8.33%；7月25日梁河县田间白背飞虱，带毒率为8.33%。2014年送检白背飞虱44批次2 041头，检测968头，检出带毒稻飞虱8批次23头，平均检出带毒率2.38%。其中，芒市送检14批次，带毒2批次，分别为4月10日灯下白背飞虱，带毒率为16.7%，4月29日灯下白背飞虱，带毒率为5.55%。瑞丽送检11批次，带毒4批次。其中，3月27日田间白背飞虱，带毒率为16.7%；3月31日灯下白背飞虱，带毒率为25%；4月1日灯下白背飞虱，带毒率为16.7%；4月30日田间白背飞虱，带毒率为12.5%。陇川县送检和检测15批次，带毒2批次。其中，5月6日田间白背飞虱，带毒率为6.25%；5月20日田间白背飞虱，带毒率为10%。盈江县检测3批次，带毒0批次。梁河县送检1批次，带毒0批次（表2-81、表2-82）。

表 2-81　2011—2014 年德宏州水稻疑似感病株检测结果

采集地	年份	疑似病株（株）	阳性病株（株）	带毒率（%）	检测单位
芒市	2011	19	13	68.4	贵州大学
	2012	33	30	90.9	
	2013	58	31	53.5	德宏州快速检测室
	2014	18	10	55.55	
	合计	128	84	65.6	
梁河县	2011	21	13	61.9	贵州大学
	2012	57	36	63.2	
	2013	61	39	63.9	德宏州快速检测室
	2014	23	4	17.39	
	合计	162	92	56.79	
盈江县	2011	18	16	88.9	贵州大学
	2012	38	35	92.1	
	2013	45	27	60	德宏州快速检测室
	2014	20	6	30	
	合计	121	84	69.42	
陇川县	2011	14	9	64.3	贵州大学
	2012	63	12	19.1	
	2012	120	20	16.7	云南省农业科学院生物研究所
	2012	85	51	60	
	2013	36	20	55.6	德宏州快速检测室
	2014	25	8	32	
	合计	343	120	34.98	
瑞丽市	2011	23	22	95.6	贵州大学
	2012	52	39	75	
	2013	61	42	68.9	德宏州快速检测室
	2014	25	11	44	
	合计	161	114	70.8	
德宏州合计	2011	95	73	76.8	
	2012	448	223	49.8	
	2013	261	159	60.9	
	2014	111	39	35.14	
	合计	915	455	49.26	

表 2-82　2011—2014 年德宏州白背飞虱带毒检测结果

年份	送检虫量（头）	检测虫量（头）	带毒虫量（头）	带毒率（%）
2011	168	168	79	47.02
2012	845	845	105	12.43
2013	约 4 000（135 批次）	约 1 800（64 批次）	118	6.56
2014	2 041	968	23	2.38

（二）稻飞虱的危害特点

稻飞虱是一种迁飞性害虫，危害水稻的稻飞虱有灰飞虱、白背飞虱和褐飞虱，德宏州水稻受到来自缅甸的迁入虫源和境内越冬虫源双重影响，对水稻造成了严重危害，同时也为 SRBSDV 等危险性病源病毒提供了大量的传播介体。

1. 品种特性及气候因素　杂交水稻生长比常规优质稻繁茂，为稻飞虱的生长和繁殖提供了有利条件。水稻生长期间的 6—8 月，气温高、湿度大，非常有利于稻飞虱的繁殖，但持续降雨天气对稻飞虱的防治极为不利。冬春季降雨少、气温高，则非常适宜稻飞虱的越冬。

2. 耕作制度　德宏州以种植一季中稻为主，早稻、晚稻和再生稻均有少量种植，且栽插时间参差不齐，稻飞虱在全年均有丰富而稳定的食料，致使当地长期保有一定量的虫源基数。

3. 危害特点　前些年德宏州主要以褐飞虱危害为主，2003 年以来，白背飞虱的危害程度超过了褐飞虱，并且出现了前期白背飞虱与云南全省同步发生，后期褐飞虱普遍发生、集中危害，易造成水稻"落塘"的特点。

4. 消长规律　据芒市植保植检站灯下虫量消长观测结果，白背飞虱的始见期为 3 月中下旬，全年虫量出现 4 个高峰期，4 月中下旬为第一个高峰期，5 月上中旬为第二个高峰期，6 月中旬至 7 月上旬为第三个高峰期，7 月中下旬日为第四个高峰期。褐飞虱全年共出现 2 个高峰期，分别在 8 月上中旬和 9 月中下旬。4 月中下旬的白背飞虱是造成水稻秧田受害的主要虫源，5 月的虫源高峰危害分蘖期的水稻，6—7 月的虫源高峰是危害水稻拔节期的主要虫源，也是主要防治时期。褐飞虱主要在晚稻和一季中稻栽插节令较晚的山区造成危害。

（三）南方水稻黑条矮缩病发病规律

南方水稻黑条矮缩病田间发生率与白背飞虱发生量、发生期及带毒率密切相关，水稻生长早期受到较多的带毒白背飞虱危害，可导致整田绝收。水稻各生育期均可受到该病毒侵染。苗期表现植株矮缩，叶色深绿，叶片僵直；分蘖期表现植株矮缩，分蘖增多，叶片直立，叶色浓绿；拔节期后表现植株严重矮化，高节位分蘖，叶色浓绿，叶片皱缩，茎秆上有倒生根和白色蜡条，严重时蜡条为黑色，不抽穗或抽半包穗，谷粒空秕。

1. 流行规律　田间自生和再生水稻苗、杂草等场所越冬的带毒白背飞虱，或外地迁入的带毒白背飞虱危害水稻秧苗后，病毒在植株体内迅速繁殖，移栽到大田后 20~30d

（拔节期）开始表现症状，水稻不能正常抽穗。秧田期未受到带毒白背飞虱危害的植株，在大田期受害后，也可表现同样的症状。德宏州水稻以一季中稻为主，但坝区和山区种植节令相差较大，为白背飞虱危害和传毒提供了有利条件。水稻收获后带毒白背飞虱可扩散到秋玉米、水草上越冬危害。年度间因病毒分布范围不断扩大，以及越冬毒源的不断累积，病害会逐年加重。田块间发病程度取决于水稻苗期及大田初期带毒白背飞虱的迁入量。

2. 发生原因分析

（1）气候条件适宜。德宏州属于南亚热带，气温高、湿度大，适宜的气候条件、丰富的作物种类为各种农业有害生物的发生和危害提供了广阔的空间，尤其是近年来鲜食秋玉米种植面积扩大，为白背飞虱危害和传毒创造了有利条件。

（2）地理位置特殊。缅甸的耕作栽培制度、种植品种、水稻栽插节令与德宏州相似，都是以种植一季中稻为主，气候主要受印度洋暖湿气流控制，风向以西南风为主，缅甸的稻飞虱外迁虫源对德宏州飞虱的发生影响作用较大。

（3）耕作制度复杂。随着耕作制度的多样化，稻飞虱能在水沟边、河边杂草上越冬，因此，稻飞虱的防控受到来自境外迁飞性虫源和当地越冬虫源的双重压力。

（4）稻飞虱的危害持续增加重。自 2003 年以来，德宏州稻飞虱的发生危害进入高发期，白背飞虱携带的毒源也逐年增加。

（四）防控技术开发与示范

1. 防控技术开发 依托贵州大学的技术平台和技术优势，借鉴其他省的成功经验，结合德宏州的气候条件、发病规律，南方水稻黑条矮缩病的防治以全程免疫控虫防病技术为核心，以提高防控效果、简化防控措施为目标。主要技术措施：一是早期诊断与快速检测；二是防虫网覆盖育秧和药剂拌种，使用 30 目异型防虫网全程覆盖育秧，移栽前用噻嗪酮＋毒氟磷喷施送嫁药；三是大田期用噻嗪酮＋毒氟磷进行 2～3 次的统防施药。

2. 技术示范 为了促进综合防控技术的集成应用，有效控制南方水稻黑条矮缩病危害，2012 年，在贵州大学、全国农业技术推广服务中心、云南省植保植检站的大力支持下，在陇川县景罕镇实施了综合防控新技术示范，综合应用防虫网覆盖育秧、毒氟磷免疫防控及大田期统防施药等技术，取得了满意的示范效果。防虫网覆盖育秧比当地常规育秧、农户自防、空白对照处理病丛率分别降低 8.4%、14.0%、23.7%。

2013 年，继续扩大示范面积，建立防控示范点 6 个，其中农业部防控示范点 2 个（芒市风平镇、遮放镇），农业部防控示范点备选点 1 个（陇川县），州级示范点 3 个（瑞丽市、盈江县、梁河县）。每个防控示范点核心示范区 100 亩，综合防控 1 000 亩，指导大面积防控 5 000 亩。

2014 年共建立防控示范点 6 个，其中农业部防控示范点 2 个（芒市风平镇、遮放镇），州级示范点 4 个（瑞丽市、盈江县、陇川县、梁河县）。每个示范点核心示范区 100 亩，综合防控示范展示区 1 000 亩，带动 5 000 亩的大面积防控。

2013 年经贵州大学与德宏州植保站组织的病情调查结果显示，全州 6 个核心示范区，药剂拌种处理区平均病情指数为 2.0，比农户自防区降低 3.13，平均防治效果 87.93%

（81.37％～91.69％），比农户自防区提高 18.82 个百分点。防虫网育秧区平均病情指数
1.08（0.09～1.54），比农户自防区降低 4.05，平均防治效果 93.49％（90.81％～
98.82％），比农户自防区提高 24.38 个百分点。经各县市统计局、农村经济调查队等第三
方测产结果显示，药剂拌种处理平均亩产 467.6kg，比农户自防区亩增产 34.1kg，亩增
产 7.88％；防虫网育秧区平均亩产 499.8kg，比农户自防区增产 66.3kg，增产 15.3％
（表 2-83）。

表 2-83　2013 年德宏州南方水稻黑条矮缩病综合防治技术示范结果

示范地点	处理类型	平均病情指数	平均防治效果（％）	平均亩产（kg）	每亩增产（kg）	每亩增产率（％）
芒市风平、遮放	药剂拌种	3.27	87.21	455.2	49.2	12.1
	防虫网育秧	1.45	94.06	475.8	69.8	17.2
	农户自防	8.37	64.18	406.0		
梁河县	药剂拌种	1.65	91.69	484.6	46.0	10.4
	防虫网育秧	1.54	92.25	520.6	80.2	18.2
	农户自防	4.78	75.93	440.4		
盈江县	药剂拌种	1.6	86.99	411.6	6.1	1.5
	防虫网育秧	1.03	91.63	440.8	35.3	8.7
	农户自防	4.12	66.50	405.5		
陇川县	药剂拌种	2.21	81.37	400.6	28.6	7.7
	防虫网育秧	1.09	90.81	428.2	56.4	15.2
	农户自防	3.36	71.67	371.8		
瑞丽市	药剂拌种	0.77	89.91	598.6	27.6	4.8
	防虫网育秧	0.09	98.82	657.4	86.4	15.1
	农户自防	1.75	77.06	571.0		
全州平均	药剂拌种	2.00	87.93	467.6	34.1	7.9
	防虫网育秧	1.08	93.49	499.8	66.3	15.3
	农户自防	5.13	69.11	433.5		

注：发病严重度分级方法采用《南方水稻黑条矮缩病测报技术规范》的指标。

（五）防控技术培训与宣传

根据南方水稻黑条矮缩病的发病特点，针对农民缺乏防控经验、农业技术推广部门缺
少技术储备的实际，德宏州及各县市开展了州县乡 3 级培训，州级对县级植物保护技术人
员进行南方水稻黑条矮缩病发生规律、监测技术、调查标准及防治新技术、新农药的专题
培训，县市级对乡级农业技术人员进行关键防治技术措施及新农药使用技术的现场技术培
训，各乡镇农业技术推广站的科技人员，本着"简单、实用、有效"的原则，对农户进行
综防技术要领、新农药使用方法的指导，并根据预测预报，组织大面积防治。2011—2014
年，德宏州共召开各类技术培训会 536 场次，培训技术人员 755 人次，培训农民 4.45 万

人次。其中，州级培训会 7 次，培训技术人员 336 人次；县市级培训会 48 次，培训技术人员和农民 4 128 人次；自然村培训会 481 次，培训农民 40 036 人次。

德宏州植保站还利用德宏电视台、德宏人民广播电台、《团结报》等新闻媒体，宣传南方水稻黑条矮缩病防治的重要性，普及综防技术，并编写了防治实用技术明白纸 4 万多份，分发给农业技术推广人员和农民。

（六）大面积防控成效

通过加强监测预报、发病规律分析、关键防控技术等试验摸索，掌握了德宏州南方水稻黑条矮缩病发病规律、危害特点及防治关键时期，对防控使用技术进行集成，促进了新技术、新农药的普及应用，有效控制了南方水稻黑条矮缩病的危害蔓延，取得了满意的防治效果。2011—2014 年，全州共组织防控 130.92 万亩，累计挽回稻谷损失 14 774.49t。

三、主要措施

（一）组织措施

1. 加强组织领导　德宏州各级农业部门十分重视南方水稻黑条矮缩病防治工作，从人力、物力上给予支持，保证各项防治工作的开展。2012 年 7 月州政府、州农业局分别下发了《关于做好当前大春生产主要农作物病虫害防控工作的意见》，对南方水稻黑条矮缩病的防控工作提出了明确要求。在 2012 年、2013 年、2014 年的《德宏州植保植检工作指导性意见》中，对南方水稻黑条矮缩病的防控工作进行了安排布置。每年 7—8 月及时组织现场会，普及南方水稻黑条矮缩病防控技术。

2. 制订实施方案　根据防控工作的实际需要，州植保站每年制订南方水稻黑条矮缩病防控实施方案，下发至各县市植保植检站。2013 年全国农业技术推广服务中心、贵州大学、云南省植保植检站下发了《2013 年南方水稻黑条矮缩病示范区实施方案》，由州和各县市植保植检站高中级技术人员组成项目专家组，负责实施、技术指导和检查督促，促进了综合防治技术的推广应用。

3. 加强横向协作　在南方水稻黑条矮缩病的监测和防控关键时期，得到国家级、省级专家的指导和帮助。全国农业技术推广服务中心、南京农业大学、贵州大学、云南省植保植检站等全国相关单位和专家都多次到德宏州，指导南方水稻黑条矮缩病的监测和防控工作。2011—2014 年云南省植保植检站测报科、贵州大学专家多次为全州农技人员和农民进行监测技术和防控技术培训。

（二）主要技术措施

1. 科学监测，准确预警　由于南方水稻黑条矮缩病毒是通过白背飞虱带毒传播，对传毒介体带毒率的监测和田间疑似病株的检测就成为两个重要手段。在病毒检测中，RT-PCR 方法检测效果最好，但实验条件要求较高，不能满足大批量的检测。提取制备 SRBSDV 多克隆抗体，利用该抗体与 SRBSDV 所具有良好的特异性显色反应进行病样的检测，可信度完全可以满足快速检测要求，成本投入又相对较少。

2011—2014 年所有白背飞虱带毒监测均依托贵州大学、云南省农业科学院生物技术研究所完成。2012 年在德宏州植保植检站建立了 1 个快速检测实验室，各县市田间疑似病株的检测可在 3～5d 内完成，大大提高了检测效率，为采取有效防控赢得宝贵的时间。通过对 SRBSDV 监测与快速检测，对有效控制病毒病发生流行、减少水稻产量损失、保障粮食生产安全提供有力的技术支撑。

由于水稻南方黑条矮缩病不经白背飞虱卵传毒，白背飞虱需在毒源植株上取食一定时间后才能传毒，在染病植株上孵化取食后的白背飞虱带毒率很高，达到 60%～70%，而健康植株上取食的白背飞虱不带毒。灯下白背飞虱的检测能够反映自然种群的带毒状况，对病害的早期监测和预警都具有重要意义。水稻生长早期，白背飞虱种群总体带毒率相对较低，必须对大量（每日 100 头以上）灯下虫体进行检测，监测点的合理布局及快速检测技术的开发和应用显得尤为重要。

根据南方水稻黑条矮缩病的发生危害规律，在测报工作中，做到"抓好三个关键、利用两种手段、突出四个重点"。

"三个关键"：一是冬季对河边、水沟边及冬玉米进行越冬虫源及越冬场所调查，及时掌握越冬虫量及带毒情况；二是水稻生长期间利用各县已经建立的虫情测报灯，监测稻飞虱始见期和各代发生高峰期，及时掌握稻飞虱的迁飞量及危害高峰期；三是根据稻飞虱灯下虫量及带毒情况，结合田间虫态监测，及时预测发生发展动态。

"两种手段"：利用 RT-PCR 检测和快速检测两种手段，适时监测白背飞虱带毒和植株感毒情况。

"四个重点"：重点掌握越冬虫源数量、始见期、发生高峰期及稻飞虱带毒情况。

根据稻飞虱的发生情况，在德宏州建立稻飞虱、南方水稻黑条矮缩病系统监测点 6 个，定期和不定期地开展田间调查。结合气候条件分析，通过趋势分析会商会，确定预测预报的级别。根据疑似感病稻株和白背飞虱带毒检测结果，及时发布预测预报。2011—2014 年，德宏州植物保护站组织南方水稻黑条矮缩病和稻飞虱发生趋势会商会 7 次，发布预测预报 12 期。

2. 抓好关键技术的推广应用　病毒病害的防控关键是切断病毒的传播链，一旦病毒传入植物体内，很难进行有效防控。为此，按照"治秧田保大田，治前期保后期"及"治虫防病"的防治策略，根据病毒病害发生规律，防病的关键是阻止带毒白背飞虱迁入秧田取食传毒，降低秧苗染病率。在加强白背飞虱虫情和南方水稻黑条矮缩病监测力度的基础上，采用药剂拌种、防虫网育秧等技术，避免带毒飞虱的迁入，尤其要防治发病秧苗上孵化的若虫，以免从秧田带入本田扩散传毒。

（1）注重秧田避害及治虫防病。每千克干种子使用 25% 吡蚜酮可湿性粉剂 8g＋30% 毒氟磷可湿性粉剂 4g 拌种，移栽前 3～5d 和移栽后 10d 施用毒氟磷＋吡蚜酮各 1 次。育秧前使用 30 目异型防虫网全程覆盖，揭网炼苗时每亩喷施 25% 吡蚜酮可湿性粉剂 25g＋30% 毒氟磷可湿性粉剂 60g 带药移栽，降低缓苗期感病率。移栽后 10d 采用毒氟磷＋吡蚜酮再防治 1 次，可有效阻止飞虱危害和传毒，对南方水稻黑条矮缩病的平均防治效果优于单一药剂拌种处理，还可减少苗期用药 2～3 次，更省工、省时，健苗壮苗效果显著。

（2）加强大田期病株清除及传毒介体防治。大田期是白背飞虱的主要危害期，也是南方水稻黑条矮缩病显症表现期。一方面从秧田期传入的带毒病株会表现出来，在秧苗上的虫卵及白背飞虱也会进一步繁殖，扩大危害；另一方面此期间正值德宏州白背飞虱发生高峰期，大田初期病株（尤其是带卵或带虫病株）是分蘖期的病毒侵染中心，应尽可能及时拔除，并踩入泥土中，防止毒源再次扩散。根据白背飞虱发生动态，喷施兼具速效和持效性的杀虫剂，降低田间虫口密度，防止病株上的成虫和若虫在植株间转移传毒。

（3）加强重病田防控，减少产量损失。分蘖期病株率达 3%～5% 的田块，可及早拔除病株，加强肥水管理，充分发挥水稻生长中后期的补偿作用。发生严重的田块可每亩用30% 毒氟磷可湿性粉剂 60g 进行防治。对于重病田需翻耕改种，以减少损失。发病田块收获后，应及时进行翻耕或烧毁带病植株。同时，注意清理水沟边、田埂边的杂草，减少越冬场所。

（4）实行专业化统防统治与绿色防控融合。在化学防治过程中，对流行性病害和迁飞性害虫组织专业队统防统治能取得理想的防治效果。绿色防控和专业化防治是植物保护工作的重点，也是新形势对植物保护工作提出的新要求。德宏州共建立专业防治组织 26 个，专业化统防统治面积 86.43 万亩，占水稻病虫害统防统治面积的 36.8%。根据白背飞虱虫情监测，一旦达到防治指标，利用专业化服务队对重点地区、重点区域及重点田块实施统防统治。在绿色防控技术上，一是加速新农药的推广使用，防治稻飞虱的农药都是近几年国内推广的新品种，如醚菊酯、吡蚜酮、毒氟磷是农业部重点推广的新品种；二是在施用方法上，采用药剂拌种技术，在有效防治稻飞虱的同时，可减少农药用量；三是在施药器械上推广高效、节能的新机型。

3. 防控示范区建设 建立示范区是边疆农业技术推广工作的经验总结，也是抓好南方水稻黑条矮缩病防控、促进实用技术应用的客观需要。2012 年与贵州大学联合在陇川县建立了 1 个南方水稻黑条矮缩病防控千亩示范区，示范效果明显。2013 年在德宏州各县市建立了 6 个南方水稻黑条矮缩病防控千亩示范区，经第三方测产证明，防控效果十分突出。2014 年德宏州各县市建立了 6 个南方水稻黑条矮缩病防控千亩示范区，示范效果明显。

四、经济效益分析

据德宏各县市调查统计，通过综合防治措施的落实，有效减少了产量损失。2011 年、2012 年、2013 年、2014 年德宏州组织防控面积分别为 14.26 万亩、45.97 万亩、48.22 万亩、22.47 万亩，分别挽回（新增）稻谷产量损失 570.8t、6 325.35t、5 592.72t、2 285.62t。2011—2014 年累计防治 130.92 万亩，共挽回（新增）稻谷产量损失 14 774.49t，按稻谷 3 元/kg 计算，共计新增总产值 4 432.35 万元。防治投入主要包括项目经费投入和化学防治的农药投入，在项目实施中得到了云南省农业厅、德宏州县政府的大力支持，共投入项目经费 228.63 万元。在化学防治中平均每亩农药成本 6.2 元，防治130.92 万亩，共投入农药成本 811.70 万元，防治总投入 1 040.33 万元。2011—2014 年实现新增纯收益 3 392.02 万元，投入产出比 1∶3.26。

新增纯收益（万元）＝新增总产值（万元）－新增总投入（万元）＝4 432.35 万元－

1 040.33 万元＝3 392.02 万元

投入产出比＝新增总投入（万元）÷新增纯收益（万元）＝1 040.33 万元÷3 392.02 万元＝1∶3.26

通过南方水稻黑条矮缩病监测与综合防治技术的应用，摸清了南方水稻黑条矮缩病的发生规律及监测方法，总结出一套包括防治时期、防治药物、使用方法及统防统治的成功经验，结合防治工作的需要进行示范推广，有效遏制了南方水稻黑条矮缩病的暴发成灾，取得了显著的防治效果。同时，在南方水稻黑条矮缩病的防控工作中，始终贯彻"绿色植保"理念，通过新农药的推广应用，提高了防治效果，达到降低农药使用量、农药残留和防治成本的目的，为边疆少数民族地区的粮食安全、农民增收、农业增效作出了重要贡献。

（作者：赵剑锋　顾中量　张培花　王根权　李　翱）

云南省陇川县南方水稻黑条矮缩病
发生及防控总结

云南省陇川县位于德宏州东南部，北纬 24°08′～24°39′，东经 97°39′～98°17′，与盈江、梁河、芒市、瑞丽相连，西南面与缅甸山水相连。陇川县为德宏州粮蔗主产区，现有耕地 42 万亩，常年水稻种植面积 12 万～16 万亩，甘蔗面积 30 万～32 万亩。

过去，陇川县水稻虫害主要以螟虫为主，随着耕作制度的改变和作物多样化，2003年以来稻飞虱发生危害逐年加重，尤其是白背飞虱种群数量不断增加，成为主要防治对象。稻飞虱防治受到来自缅甸迁入性虫源和当地越冬虫源的双重压力，2009 年发生面积12 万亩，防治面积 16 万亩次，挽回损失 960t，实际损失 240t。

由白背飞虱携带的南方水稻黑条矮缩病发生面积逐年增加，2011 年 7 月普查到疑似感病水稻面积 3.21 万亩，发生程度为 2 级中等偏轻发生。

一、南方水稻黑条矮缩病发生防治情况

2011 年 7 月，陇川县植物保护站对全县水稻进行了南方水稻黑条矮缩病疑似发病普查，发现疑似感病水稻 3.21 万亩。由于当时水稻已进入抽穗扬花期，错过了最佳防治期，仅采取了后期补救防治面积 0.18 万亩次，当年稻谷实际损失 160.5t，防治后挽回稻谷损失 27t。2012 年南方水稻黑条矮缩病 3 级中等程度发生，部分田块和水稻品种严重发生，发生面积 5.15 万亩，防治面积 17.89 万亩次，实际损失 257.5t，挽回损失 1 431.2t。2013 年为 2 级中等偏轻发生，发生面积 6.56 万亩，防治面积 8.03 万亩次，实际损失82t，挽回损失 642.4t。2014 年为 2 级中等偏轻发生，发生面积 5.8 万亩，防治面积 6.9万亩次，实际损失 72.5t，挽回损失 414t（表 2-84）。

表 2-84　2011—2014 年云南陇川县南方水稻黑条矮缩病发生和防治情况

年份	发生面积(万亩)	防治面积(万亩次)	实际损失(t)	挽回损失(t)	发生程度
2011	3.21	0.18	160.5	27	2 级
2012	5.15	17.89	257.5	1 431.2	3 级
2013	6.56	8.03	82	642.4	2 级
2014	5.8	6.9	72.5	414	2 级

注：发生程度分级参考《南方水稻黑条矮缩病测报技术规范》（NY/T 2631—2014）。

二、防治技术开发与试验示范

2012 年，陇川县秧田期稻飞虱大发生，城子镇、近引村小组等地部分秧田受白背飞

虱危害，导致南方水稻黑条矮缩病暴发。针对白背飞虱及其传播的南方水稻黑条矮缩病，在贵州大学绿色农药与农业生物工程国家重点实验室培育基地、绿色农药与农业生物工程教育部重点实验室的技术支持和帮助下，陇川县于2012—2014年开展了全程免疫控虫防病综合防控技术试验示范。

（一）示范区基本情况

示范水稻品种2012年、2013年、2014年分别为德优8号、滇屯502、滇陇201，地点设置在稻飞虱和南方水稻黑条矮缩病重发生片区的村寨。2012年共设置3个示范片区，核心示范面积315亩。其中，近引片区48亩，试验面积2亩（处理1亩，对照1亩）；巷姐片区165亩，试验面积11亩（处理10亩，对照1亩）；赛号片区102亩，试验面积2亩（处理1亩，对照1亩）。大面积防控示范2 000亩，辐射带动城子、景罕、陇把、章凤防控面积7 000亩。2013年在景罕赛号村设立1个示范区，核心区107亩，大面积防控示范1 000亩，辐射带动周边10 000亩实施防治。2014年继续在景罕赛号村设立示范区，核心区136亩，大面积防控示范1 000亩，辐射带动陇川县开展稻飞虱和南方水稻黑条矮缩病的防控（表2-85）。

表2-85　2012—2014年陇川县南方水稻黑条矮缩病示范区情况

年份	地点	示范片区（个）	示范区核心区面积（亩）	大面积防控面积（亩）	辐射影响面积（亩）	带动区域
2012	近引片区	1	48	400	1 000	城子、景罕、陇把、章凤
	巷姐片区	1	165	800	3 000	
	赛号片区	1	102	800	3 000	
	小计	3	315	2 000	7 000	
2013	赛号村	1	107	1 000	10 000	陇川全县
2014	赛号村	1	136	1 000	10 000	陇川全县

（二）示范技术

1. 主要技术措施 针对稻飞虱、南方水稻黑条矮缩病，开展了病毒病早期诊断和快速检测，示范了全程免疫控虫防病综合技术。使用药剂包括30%毒氟磷可湿性粉剂，广西田园生化股份有限责任公司生产；25%吡蚜酮悬浮剂，江苏克胜集团股份有限公司生产。防虫网为30目异型防虫网，台州遮阳网厂生产。

（1）病毒病早期诊断与快速检测技术。针对南方水稻黑条矮缩病前期潜隐期长，后期暴发性强的特点，应用贵州大学绿色农药与农业生物工程国家重点实验室培育基地开发的早期诊断与快速检测技术，定期监测田间飞虱虫量和带毒率，跟踪病害的发生发展情况，及时预警，把握防控时期，前移防控关口，避免盲目施药，保证防控效果。

（2）全程免疫控虫防病综合防控技术。应用贵州大学绿色农药与农业生物工程国家重点实验室培育基地自主开发的全程免疫控虫防病综合防控技术，采取药剂拌种、防虫网育秧，以毒氟磷免疫激活抗病和吡蚜酮防治飞虱为核心，于秧田期、移栽期和大田初期3个关键时期进行防控，达到治秧田保大田、治前期保后期、全程免疫的目的（表2-86、表2-87）。

表2-86　2012年陇川县南方水稻黑条矮缩病技术综合防治技术示范区技术措施

编号	示范区类型	秧田期	移栽前3～5d	移栽后10d
A	防虫网覆盖育秧综合防控区	30目异型防虫网全程覆盖育秧，阻断稻飞虱传毒途径，使苗期不感毒	揭网炼苗，每亩25%吡蚜酮可湿性粉剂25g＋30%毒氟磷可湿性粉剂60g喷雾，以降低缓苗期感病率	每亩25%吡蚜酮可湿性粉剂25g＋30%毒氟磷可湿性粉剂60g喷雾
B	大面积统防统治区	常规旱育秧，早期监测诊断稻飞虱虫量和带毒率。二叶一心期每亩喷施25%吡蚜酮悬浮剂25g＋30%毒氟磷可湿性粉剂60g	每亩25%吡蚜酮可湿性粉剂25g＋30%毒氟磷可湿性粉剂60g喷雾，以降低缓苗期感病率	每亩25%吡蚜酮可湿性粉剂25g＋30%毒氟磷可湿性粉剂60g喷雾
C	农户自防区	农户常规用药品种甲氰菊酯式喷雾器，施药次数3～5次	、吡虫啉，分蘖盛期或末期稻飞虱虫量大时见虫施药，采用手压	
D	空白对照区	不采取拌种和防虫网覆盖育秧	移栽前不施送嫁药	大田初期不施药，中后期采用对稻飞虱无兼治作用的药剂，如性诱剂、氯虫苯甲酰胺等防治螟虫、稻纵卷叶螟等害虫

表2-87　2013年、2014年陇川县南方水稻黑条矮缩病技术综合防治技术示范区技术措施

处理编号	示范区类型	秧田期	移栽前3～5d	移栽后10d
A	拌种处理区	每千克稻种使用25%吡蚜酮可湿性粉剂8g＋30%毒氟磷可湿性粉剂4g，或60%吡虫啉悬浮种衣剂20mL＋30%毒氟磷可湿性粉剂4g拌种	每亩喷施25%吡蚜酮可湿性粉剂25g＋30%毒氟磷可湿性粉剂60g	每亩25%吡蚜酮可湿性粉剂25g＋30%毒氟磷可湿性粉剂60g喷雾
B	防虫网育秧区	30目异型防虫网全程覆盖育秧，阻断稻飞虱传毒途径	揭网炼苗，每亩25%吡蚜酮可湿性粉剂25g＋30%毒氟磷可湿性粉剂60g喷雾，降低缓苗期感病率	每亩25%吡蚜酮可湿性粉剂25g＋30%毒氟磷可湿性粉剂60g喷雾
C	农户自防区	农户常规用药品种甲氰菊酯式喷雾器，施药次数3～5次	、吡虫啉，分蘖盛期或末期稻飞虱虫量大时见虫施药，采用手压	
D	空白对照区	不采取拌种和防虫网覆盖育秧	移栽前不施送嫁药	大田初期不施药，中后期采用对稻飞虱无兼治作用的药剂，如性诱剂、氯虫苯甲酰胺等防治螟虫、稻纵卷叶螟等害虫

2. 示范效果　2012年、2013年、2014年分别使用30目异型防虫网全程覆盖育秧，可有效阻隔稻飞虱危害和传毒，移栽前3～5d和移栽后10d每亩施用30%毒氟磷可湿性粉剂60g＋25%吡蚜酮可湿性粉剂25g各1次，对南方水稻黑条矮缩病的平均防治效果分别达到71.0%、97.2%、96.6%，平均亩增产224.7kg、90kg、57.1kg，分别比对照增产53.5%、26.66%、25.7%，防控效果显著。

2013 年和 2014 年，秧田期每千克干稻种使用 25％吡蚜酮可湿性粉剂 8g＋30％毒氟磷可湿性粉剂 4g 拌种后育秧，可有效控制飞虱危害和传毒，移栽前 3～5d 和移栽后 10d 施用 30％毒氟磷可湿性粉剂 60g＋25％吡蚜酮可湿性粉剂 25g 各 1 次，对南方水稻黑条矮缩病的平均防治效果分别达到 88.51％和 89.8％，平均亩增产 62.40kg 和 53.4kg，分别比对照增产 18.45％、14.7％。

2012 年采取常规旱育秧，不覆盖防虫网和药剂种子处理，以早期监测诊断技术为指导，密切监测秧田期稻飞虱虫量和带毒率；分别于二叶一心期、移栽前 3～5d、移栽后 10～15d 每亩喷施 25％吡蚜酮悬浮剂 25g＋30％毒氟磷可湿性粉剂 60g，如秧田期稻飞虱虫量大、带毒率高时补防 1 次，对南方水稻黑条矮缩病的平均防治效果达到 61.9％，比对照每亩平均增产 78.0kg，增产 18.6％。

示范区采用防虫网育秧、药剂种子处理、统防统治等技术措施可有效控制南方水稻黑条矮缩病的发生危害，与农户自防田相比，可减少苗期用药 2～3 次，并可健苗壮苗，经济效益和社会效益显著。

对稻飞虱的防治效果见表 2-88 至表 2-90。

表 2-88　2012 年陇川县综合防治技术示范区稻飞虱的防治效果

示范区类型	秧田期		大田期	
	虫量（头/m²）	防治效果（%）	虫量（头/百丛）	防治效果（%）
防虫网育秧综合防控区	0	100	526	58.3
大面积统防统治区	13	94	712	43.6
农户自防区	21	90.2	1 030	18.4
空白对照区	215	—	1 262	—

表 2-89　2013 年陇川县综合防治技术示范区稻飞虱的防治效果

示范区类型	秧田期		大田期	
	虫量（头/m²）	防治效果（%）	虫量（头/百丛）	防治效果（%）
防虫网育秧综合防控区	0	100	492	49.9
种子药剂处理防治区	6.2	76.4	516	47.5
农户自防区	12.2	53.6	967	1.5
空白对照区	26.3	—	982	—

表 2-90　2014 年陇川县综合防治技术示范区稻飞虱的防治效果

示范区类型	秧田期		大田期	
	虫量（头/m²）	防治效果（%）	虫量（头/百丛）	防治效果（%）
防虫网育秧综合防控区	0	100	446	53.9
种子药剂处理防治区	6.8	75.8	513	47
农户自防区	13.4	52.3	894	7.6
空白对照区	28.1	—	968	—

对南方水稻黑条矮缩病的防治效果见表2-91至表2-93。于水稻蜡熟期对各处理区南方水稻黑条矮缩病发病情况进行系统调查，南方水稻黑条矮缩病病情严重度分级标准采取5级分级调查。0级，健株无病症；1级，矮缩不明显，但穗小结实率低，茎秆有瘤突；2级，植株矮缩丛生，高度不及正常株的3/4；3级，植株分蘖增多丛生，矮缩明显，高度不及正常株的1/2；4级，植株严重矮缩，高度不及正常株的1/3，后期不能抽穗，常提早枯死。

表2-91　2012年陇川县综合防治技术示范区南方水稻黑条矮缩病的防治效果

示范区类型	面积（亩）	调查总丛数（丛）	病丛数（丛）	病丛率（%）	病情指数	防治效果（%）
防虫网育秧综合防控区	30	400	35	8.8	3.5	71.0
大面积统防统治区	60	400	51	12.8	4.6	61.9
农户自防区	8	400	61	15.3	9.3	22.8
空白对照区	—	400	77	19.3	12.1	—

表2-92　2013年陇川县综合防治技术示范区南方水稻黑条矮缩病的防治效果

示范区类型	面积（亩）	调查总丛数（丛）	病丛数（丛）	病丛率（%）	病情指数	防治效果（%）
拌种处理综合防控技术区	70	400	2	0.5	0.37	88.51
防虫网育秧综合防控区	30	400	1	0.25	0.09	97.20
农户自防区	5	400	19	4.8	2.21	31.37
空白对照区	2	400	21	5.25	3.22	—

表2-93　2014年陇川县综合防治技术示范对南方水稻黑条矮缩病的防治效果

示范区类型	面积（亩）	调查总丛数（丛）	病丛数（丛）	病丛率（%）	病情指数	防治效果（%）
拌种处理综合防控技术区	100	500	2	0.4	0.33	89.8
防虫网育秧综合防控区	30	500	1	0.2	0.11	96.6
农户自防区	5	500	23	4.6	2.11	35.1
空白对照区	2	500	27	5.4	3.25	—

对水稻产量的影响见表2-94和表2-95。示范区各处理于水稻收获期进行实收实测。每处理实收面积$10m^2$，单打单收，去杂晒干后称重，折算亩产。

表2-94　2012年陇川县综合防治示范区测产结果

示范区类型	平均亩产（kg）	比对照增产（kg）	增产幅度（%）
防虫网育秧综合防控区	644.4	224.7	53.5
大面积统防统治区	497.7	78.0	18.6
农户自防区	452.9	33.2	7.9
空白对照区	419.7	—	—

表 2-95　2013 年、2014 年陇川县综合防治示范测产结果

处理区类型	2013 年			2014 年		
	平均亩产（kg）	比对照增产（kg）	增产幅度（%）	平均亩产（kg）	比对照增产（kg）	增产幅度（%）
拌种处理综合防控技术	400.60	62.40	18.45	416	53.4	14.7
防虫网育秧综合防控	428.20	90.00	26.66	419.7	57.1	25.7
农户自防区	371.80	33.60	9.93	399	36.4	10
空白对照区	338.20	—	—	362.6	—	—

三、田间系统调查与监测

（一）稻飞虱调查

1. 越冬稻飞虱调查　于每年 12 月至翌年 1 月对稻桩、落粒稻、沟边水草进行稻飞虱越冬虫量调查。经过 2012—2014 年的调查明确，陇川县冬季水稻稻飞虱虫量极少，未检测稻飞虱带毒率。

2. 虫情测报灯监测　每年 3 月开始开灯，对稻飞虱始见期进行监测。2011 年、2012 年、2013 年、2014 年始见期分别为 4 月 1 日、4 月 12 日、3 月 7 日、4 月 17 日，始见虫量分别为 7 头、21 头、1 头、1 头。

3. 大田普查与采样送检　2012—2014 年，分别于水稻秧苗期和分蘖期每周调查 1 次，并对稻飞虱和疑似感病水稻进行取样，检测带毒率。2012 年送检 3 批次 60 个稻飞虱样品和 120 株疑似感病株，经检测，稻飞虱带毒虫 7 头，带毒率 11.7%，疑似感病株中阳性 20 株，阳性率 16.7%，陇川县章凤、景罕、城子、陇把、清平的稻飞虱和疑似感病水稻样品均带毒。2013 年送检稻飞虱 8 批次 46 个样品，经检测，带毒虫 20 头，带毒率 43.5%；疑似感病水稻 36 株，阳性 20 株，阳性率 55.6%。2014 年送检稻飞虱 10 批次 152 头，经检测，4 头带毒，带毒率 2.6%；疑似感病水稻 25 株，带毒 8 株，带毒率 32.0%。

（二）南方水稻黑条矮缩病田间系统调查

2012 年南方水稻黑条矮缩病严重发生后，对主栽的水稻品种发病情况进行了系统调查，结果显示（表 2-96），不同水稻品种间南方水稻黑条矮缩病发病差异很大，发病严重品种主要有滇瑞 456、滇屯 502 等优质稻品种，病丛率达到 100%。在生产中应注意选择非感病品种，加强病毒病的早期预防。

表 2-96　2012 年云南陇川不同水稻品种在水稻黄熟期南方水稻黑条矮缩病田间发病情况

地点	水稻品种	调查丛数（丛）	病丛数（丛）	病丛率（%）	各级严重度丛数（丛）				病情指数
					1 级	2 级	3 级	4 级	
拥军村	滇瑞 456	100	100	100	4	11	56	28	76.75
选撒二队	盈江 1 号	100	82	82	31	34	13	3	37.5
选撒二队	德优 8 号	100	7	7	3	2	1	1	3.5

（续）

地点	水稻品种	调查丛数（丛）	病丛数（丛）	病丛率（％）	各级严重度丛数（丛）				病情指数
					1级	2级	3级	4级	
上章凤	滇屯502	100	100	100	0	15	70	15	75
拉勐一队	德优8号	100	26	26	9	10	3	4	13.5
红光村	滇屯502	100	50	50	9	24	13	4	28
景罕六队	滇屯502	100	100	100	35	37	24	5	50.25
景罕六队	德优8号	100	9	9	6	0	1	2	4.25
杉木笼	德优8号	100	21	21	5	9	2	6	13.25
迭撒二队	内5优39	100	51	51	14	9	9	19	33.75
迭撒二队	德优8号	100	36	36	5	13	12	6	22.75

四、防治措施

（一）加强技术宣传和培训

由于南方水稻黑条矮缩病是近年来新发生的病毒病，基层技术人员和种植户还需要认识和学习，加强技术培训和宣传尤为重要。陇川县植物保护站从2012年开始，针对南方水稻黑条矮缩病采取了田间现场培训和室内培训相结合，培训病害症状识别、综合防治技术。2012—2014年，共召开各类培训会32期，培训人员3 000多人次，发放技术资料近4 000份。

（二）加强监测，科学指导防治

南方水稻黑条矮缩病是由稻飞虱传毒引起的，加强前期水稻稻飞虱的防治是有效防止南方水稻黑条矮缩病暴发成灾的关键因素。陇川县植物保护站加强对越冬稻飞虱的调查，结合田间调查、虫情测报灯灯下飞虱虫量和带毒情况监测，进行早期预测预报，准确发布防治信息，科学指导大面积防治。

（三）实行综合防治技术措施

1. 水稻保健育苗控害栽培技术

（1）防虫网覆盖育苗技术。采用防虫网秧田全程覆盖育秧，可有效避开稻飞虱入侵，切断传毒途径，培育无病虫的健壮秧苗，提高抗病能力，达到防虫治病的目的。

（2）治秧田保大田。秧田期进行药剂拌种，移栽前施送嫁药带药移栽，实现治秧田保大田的目的。具体方法：播种时，每千克干稻种使用25％吡蚜酮可湿性粉剂8g＋30％毒氟磷可湿性粉剂4g拌种后播种。同时密切关注灯下稻飞虱虫量，定期调查秧田白背飞虱和褐飞虱的虫情，一旦达到防治指标，立即使用吡蚜酮或醚菊酯控制秧田虫量，并采用毒氟磷提高水稻抗病免疫力，保证秧苗不感病或少感病。秧苗移栽前3～5d喷施1次杀虫剂，联合使用抗植物病毒和预防稻瘟病的药剂，实现带药移栽，降低秧苗感病概率。

2. 治前期保后期　水稻移栽后 12d 和 40d 左右,开展两次大田统防统治。防治稻飞虱选用 25％吡蚜酮可湿性粉剂和 10％醚菊酯悬浮剂交替轮换使用,防治螟虫选用 20％氯虫苯甲酰胺悬浮剂,防治稻瘟病选用 40％稻瘟灵乳油。

(作者:尹兴祥　高　锐　董雪梅　瞿祖双)

云南省红河州南方水稻黑条矮缩病
发生情况及防治技术进展

云南省红河州位于云南省南部，东经 $101°47'\sim104°16'$，北纬 $22°26'\sim24°45'$，南部与越南接壤，国境线长 848km，是稻飞虱从越南迁入我国的前沿地。红河州水稻常年种植面积 9 万～10 万 hm^2，以单季中稻为主，杂交稻占种植面积的 60% 以上。稻飞虱是红河州水稻上的主要害虫，常年发生面积 2.3 万～3.3 万 hm^2次。2007 年为有记录以来发生最严重的年份，发生面积 9.46 万 hm^2次。从多年灯下和田间调查资料来看，虫种以白背飞虱为主。

云南省于 2010 年在文山州首次发现南方水稻黑条矮缩病（SRBSDV）。特殊的地理位置加之白背飞虱为红河州水稻主要害虫，红河州成为 SRBSDV 扩散危害的危险区域。2011 年 9 月，红河州植检植保站组织所辖 13 个市、县植保站对已成熟的水稻田进行普查，并采集 SRBSDV 疑似病株和白背飞虱成虫送贵州大学检测鉴定。采集到 SRBSDV 疑似病株的有个旧、开远、蒙自、石屏、建水、弥勒、金平、屏边、元阳 9 个县（市），占红河州县（市）数的 69.23%。在 9 个县（市）中，由于元阳县稻株标样发霉，屏边、金平的稻株标样太干燥无法检测，其余 6 个县（市）稻株标样均检测出阳性。其中，阳性率 50%，弱阳性率 27.27%，阴性率 22.72%。白背飞虱成虫带毒率检测有 9 个县（市）送检样品，其中，金平、元阳 2 县由于样品密封不严，造成白背飞虱虫体破损，未能检测；个旧、开远、蒙自、石屏、建水、弥勒、屏边 7 县（市）的样品进行检测，带毒率为 33.33%～100%。2011 年红河州发病面积 $5hm^2$；2012 年田间调查，13 县（市）均发现有 SRBSDV 病株，发生面积 $268hm^2$，发生程度 2 级；2013 年发病面积 $11hm^2$；2014 年田间调查，仅零星可见病株。

一、发生情况

2011—2014 年南方水稻黑条矮缩病在红河州发病情况分析，其发生面积、发生程度不仅受传毒介体白背飞虱发生量、带毒率的影响，还与水稻品种抗性、水稻品种敏感生育期、气候条件、播种时间、栽培技术、地形地貌等因素密切相关。

（一）白背飞虱的迁入量和带毒率

南方水稻黑条矮缩病传毒媒介主要为外地迁入的带毒白背飞虱。若虫取食病株汁液后获毒，在虫体内的循回期为 3～5d，最短传毒时间 5～10min。若虫传毒效率高，可终生传毒，但不传毒给下一代，只通过病株传毒。白背飞虱迁入量大、带毒率高，发病面积大，程度重。根据红河州多年稻飞虱田间、灯诱数据，稻飞虱虫源以境外迁入为主。

灯诱情况：南部县（市）正常年份 4 月上旬灯下始见虫，早的年份 3 月下旬始见虫，

5月为境外稻飞虱迁入高峰期，全年最高迁入虫量大多出现在5月，个别年份出现在4月下旬或6月上旬。从虫种上看，白背飞虱虫量占所诱飞虱总虫量的95%以上。

田间稻飞虱发生特点：4月中旬起州南部少部分早稻田和秧田内可见虫；5月上旬至中旬，随境外越南虫源迁入量增加，主要在南部县（市）秧田内集中危害，5月下旬在南部和中部县（市）移栽大田内发生危害，之后逐渐北移；6月后红河州全州均有发生。

分析2011—2014年相关测报点灯诱白背飞虱数据，全年稻飞虱诱虫量2012年＞2013年＞2011年＞2014年，尤其是2014年，灯下未出现1 000头以上迁入虫峰，南方水稻黑条矮缩病发病面积与白背飞虱的迁入量吻合（表2-97）。发生程度主要受带毒率影响，迁入虫量大、带毒率高则发病程度重，反之则发病程度轻。

表2-97 2011—2014年云南红河州稻飞虱迁入情况及南方水稻黑条矮缩病发生面积

年份	测报点	诱集虫量（头）							白背飞虱占总虫量比例（%）	1 000头以上虫迁入峰数（次）	红河州全州发病面积（hm²）
		3月	4月	5月	6月	7月	8月	9月			
2011	金平	0	86	878	276	52	10	0	97.65	0	
	屏边	0	29	4 932	1 055	403	61	7	100	1	5
	个旧	0	0	2 794	465	31	352	595	100	1	
2012	金平	3	6 224	7 916	880	4	1	0	99.29	5	
	屏边	0	20	7 071	755	291	59	8	99.37	1	268
	个旧	45	6 130	110 336	302	4	56	209	99.79	3	
2013	金平	117	199	1 159	310	6	0	0	98.1	0	
	屏边	0	95	2 839	184	217	85	0	98.77	2	11
	个旧	0	75	7 820	222	4	600	172	99.2	1	
2014	金平	10	532	2 037	977	35	0	0	99.25	0	
	屏边	0	14	131	1 201	216	34	0	99.69	0	1
	个旧	0	77	813	108	26	194	808	99.56	0	

（二）气候条件

气候条件影响白背飞虱的迁入量。红河州雨季正常年份从5月上旬开始，而5月正是稻飞虱迁入红河州的主要时期。降水量大，强对流日数多，利于白背飞虱的迁入，也有利于带毒白背飞虱的迁飞扩散。阴雨天气利于南方水稻黑条矮缩病发生，如2012年5月白背飞虱大量迁入，此时单季中稻正处于返青分蘖期，受多日阴雨天气影响无法喷药防治，导致白背飞虱带毒传播，2012年南方水稻黑条矮缩病发病面积为2011—2014年中最大年份。

（三）水稻敏感生育期

水稻前期感病越早，危害越重，苗期至分蘖期为易感病期，秧苗期感染病毒后症状不明显，移栽后逐渐显症，孕穗后期死亡；分蘖前期感病后，植株生长缓慢，不能正常抽穗；拔节期感病植株矮化，导致结实率低。在水稻敏感生育期，如遇白背飞虱迁入高峰且带毒率高时，则有可能造成病害大发生。红河州以单季中稻为主，南部县（市）3月播种，4月下旬至5月上旬开始移栽，该病轻发生或不发生；中部县（市）5月中旬开始移栽，病害总体轻发生，但在局部地区中等发生，主要受当年5月白背飞虱迁入量及带毒率影响；北部县（市）5月中下旬开始移栽，在杂交稻区轻发生，粳稻区只零星见病。2012年5月，水稻移栽至分蘖期遇白背飞虱大量迁入，发病面积较2011年、2013年、2014年显著增加。

（四）品种抗性及栽培技术

2011—2014年南方水稻黑条矮缩病田间调查情况分析，不同品种发病程度存在明显差异，优质稻感病重于杂交稻，杂交稻较常规稻发病重，籼稻较粳稻易感病。分析原因，可能与品种抗病性和感虫性有一定关系。杂交稻生长中，偏施氮肥造成稻株徒长、叶色浓绿的田块易受白背飞虱危害，从而加大了感病概率。

（五）地形地貌

红河州为典型的立体气候，海拔高度76.4～3 074.3m，地形起伏变化大，形成高山深谷、山川间布为主的地形。稻飞虱迁入时，在产生下降气流的区域易集中降落，使得这些区域病害发生的可能性增大。2012年发生南方水稻黑条矮缩病的区域大多为杂交稻集中连片且白背飞虱集中降落区域，如个旧大屯、开远大庄、建水西庄、石屏异龙、蒙自雨过铺、弥勒竹园等地。

（六）种植结构

近年来，由于种植业结构调整较大，加之城镇化建设速度较快，水稻种植面积有所下降，尤其是杂交稻区，百亩连片面积大大减少。2012年南方水稻黑条矮缩病发生的个旧、开远、建水、石屏、蒙自、弥勒等县（市）较为突出，稻田大多改种蔬菜、果树或城镇建设开发，加之白背飞虱迁入量小于2012年，导致2013年、2014年上述区域发病程度轻，发病面积小，田间调查仅见零星病株。

二、防控措施

（一）培育无病秧苗

秧田应远离病田，集中连片，有条件的地方应使用20～30目防虫网覆盖秧田，可以降低秧苗的被感染率。

（二）及时清除病株

秧田及时清除弱小病秧苗，大田发现病株要及时拔除，并集中统一销毁。

（三）治虫防病

1. 秧田　稻飞虱防治，红河州多年来坚持秧田末期施药防治措施，主要采用噻嗪酮类兼杀卵的药剂，对压低移栽大田虫源起到一定的作用，可减少毒源传播，抑制病害的扩展蔓延。2012—2014 年，红河州在水稻移栽前开展统防统治，遇白背飞虱迁入峰时，及时防治，压低白背飞虱虫口密度，降低了秧苗感染率。

2. 大田　加强田间白背飞虱虫口密度监测，尤其遇有迁入峰时，扩大调查范围，对虫口密度达防治指标的田块及时开展防治，降低虫口密度，减少传毒概率。

三、思考

（一）防治策略和技术

由于南方水稻黑条矮缩病具有突发性和暴发性，年度间波动大，成灾风险高，病毒只能在活体的水稻植株和传毒介体体内存活，白背飞虱为主要传毒介体，而白背飞虱不能经卵将病毒传至下一代，后代必须通过在病株上取食才能获毒，若虫获毒后可终生传毒，且若虫传毒效率高于成虫，因此，药剂防控是一项重要措施。在药剂选择上，尽可能选用长效内吸兼杀卵作用的药剂。在防治策略上，已发生病害的地区还要注意"防早、防小"，即"治秧田保大田、治前期保后期"，尽量压低带毒若虫虫口密度，防止其在病株和健康植株间进行传毒，减轻病害的发生。此外，还需加强田间监测，及时发布虫情预报，达到防治指标的田块及时开展防治，降低了发病率。

（二）白背飞虱带毒率检测及病害的早期监测

白背飞虱带毒率的高低对病害发生程度影响较大，在染病植株上孵化取食的白背飞虱带毒率高。对灯下白背飞虱开展定期（7d 检测 1 次）检测，能够反映白背飞虱自然种群的带毒状况，对病害的早期监测和预警都具有重要意义。

（作者：谭涵月　夏　青）

福建省南方水稻黑条矮缩病
防治技术协作研究总结

2001 年，一种新的水稻病毒病出现，其症状与水稻黑条矮缩病相似，通过研究该病原病毒粒体形态、所致水稻细胞病理学特征、自然寄主范围、传毒昆虫种类及其传毒特性、病毒基因组特性及电泳图谱以及病毒基因组 S9、S10 序列后认为，该病毒为呼肠孤病毒科斐济病毒属第二组的新种，定名为南方水稻黑条矮缩病毒。南方水稻黑条矮缩病具有发病范围广、突发性和暴发性强、扩散蔓延快、危害隐蔽等特点，在水稻整个生长期内都可发病，发病越早，危害越大。为了有效遏制南方水稻黑条矮缩病的发生与流行，2010年以来，福建省植保植检站承担了由全国农业技术推广服务中心牵头组织相关省植保植检站、农业科研和院校实施的南方水稻黑条矮缩病防治技术协作研究项目部分子课题，开展了南方水稻黑条矮缩病发生与防控情况调查、试验示范和应用。

一、南方水稻黑条矮缩病发生情况

（一）水稻种植概况

福建省水稻常年种植面积 1 100 万～1 200 万亩，稻作类型有早稻、再生稻、中稻、一季晚稻、双季晚稻。早稻于 3 月上中旬播种，7 月中下旬收割；再生稻于 3 月中下旬播种，8 月上中旬收割；中稻于 4 月上旬至 5 月下旬播种，9 月收割；双季晚稻于 6 月上中旬播种，11 月收割；一季晚稻于 5 月下旬至 6 月上旬播种，11 月收割。

（二）稻飞虱发生与危害

福建省危害水稻的稻飞虱主要有白背飞虱和褐飞虱。稻飞虱每年发生 6～8 代，常年发生面积 500 万～600 万亩次。早季以白背飞虱为主，晚季多为褐飞虱猖獗危害。白背飞虱灯下常年始见于 4 月中下旬，主迁入峰（第一次迁入峰期）为 5 月中旬至 6 月中旬，第二次迁入峰期在 7 月中旬至 8 月中旬。白背飞虱在田间出现 3 次虫口数量高峰，6 月中旬至 7 月上旬为第一次高峰，一般虫量最大，危害早稻后期、中稻前期和一季晚稻秧田；8 月上旬至 9 月上旬为第二次高峰，虫量居次，危害一季晚稻和双季晚稻前期；10 月为第三次高峰，通常虫量较少，危害晚稻后期。褐飞虱常年灯下始见于 5 月上旬。田间褐飞虱出现两次高峰，从 7 月中下旬虫量开始上升，8 月中旬至 9 月上旬出现第一次高峰，主要危害中稻和一季晚稻中后期；第二次高峰出现在 9 月至 10 月，危害双季晚稻中后期。

（三）南方水稻黑条矮缩病发病范围

2007 年，南方水稻黑条矮缩病在福建省龙岩市永定、长汀、新罗，三明市永安、梅列、三元等地区发生危害。2008—2009 年南方水稻黑条矮缩病发生范围逐渐扩大至南平、宁德、福州等稻区。2010 年福建省水稻种植区均不同程度发生危害，尤其是龙岩、三明、南平中稻区突发流行。

（四）南方水稻黑条矮缩病发生特点

南方水稻黑条矮缩病发生程度在不同年份差异较大，白背飞虱迁入峰次多，迁入量大，带毒率高的年份，发生危害重。如 2010 年 5 月 18—26 日、6 月 3—6 日、6 月 9—11 日、6 月 14—16 日，福建全省大范围灯下白背飞虱持续不断出现明显突增峰，单灯平均诱虫量 3 364 头，较 2009 年同期增加 55%，较 2008 年同期增加 8.2 倍，较 2007 年同期减少 76%。2010 年，尤溪县 6 月 14 日单灯诱虫 189 696 头，6 月 15 日单灯诱虫 29 376 头；德化县 6 月 15 日 3 盏测报灯下分别诱虫 101 972 头、59 913 头、16 490 头；武夷山市 6 月 16 日单灯诱虫 36 352 头；新罗区 6 月 9 日、6 月 13 日、6 月 14 日、6 月 15 日单灯诱虫分别为 15 104 头、43 520 头；24 064 头、22 244 头；霞浦县 6 月 15 日单灯诱虫 48 528 头；建阳 6 月 6—10 日、6 月 11—16 日单灯累计诱虫分别为 33 082 头、57 510 头，迁入虫源（成虫）带毒率达 16.7%～20%。此时，中稻区正处于秧苗期至大田分蘖期，烟后稻和双季晚稻处于秧苗期，带毒白背飞虱迁入期与中稻、烟后稻和双季晚稻的感病敏感期高度吻合，福建全省中稻、烟后稻和双季晚稻田不同程度发病，发生面积 161 万亩，约占中稻和晚稻种植面积的 13%。2011—2013 年由于白背飞虱异地虫源迁入的峰次较 2010 年减少，迁入量、迁入范围及迁入虫源带毒率远远不及 2010 年，加上各级农业相关部门高度重视，该病的识别与防治知识的普及，农民在农业技术推广人员指导下防治主动性增强，南方水稻黑条矮缩病发生面积逐年锐减，流行暴发态势得到控制，但局部稻区仍呈中等程度发生（表 2-98、表 2-99）。

表 2-98 2010—2015 年福建省南方水稻黑条矮缩病发生面积（万亩）

年份	病丛率				合计
	小于 3%	3%～20%	20%～50%	大于 50%	
2010	20.2	92.3	45.7	2.8	161
2011	7.9	6.8	1.2	0.1	16
2012	7.7	3.8	1.1	0	12.6
2013	8.8	7.3	0.08	0.005	16.185
2014	6.4	2.2	0	0	8.6
2015	11.6	1.65	0.05	0	13.3

表 2-99 2010 年不同稻作类型南方水稻黑条矮缩病发病情况

调查时期	稻作类型	播种期	病丛率（%）	发生程度
6 月	早稻	3 月上中旬	0～1	1 级
7 月	再生稻	3 月中下旬	0～2	1 级

（续）

调查时期	稻作类型	播种期	病丛率（%）	发生程度
		4月上中旬	5～10	2级
8月	中稻	4月下旬至5月初	10～35	3级
		5月中下旬	20～100	4～5级
9月	双晚	6月中旬	10～22	3级
9月	一季晚稻	6月上旬	10～30	3级

注：发生程度分级，1级为轻发生，2级为偏轻发生，3级为中等发生，4级为偏重发生，5级为大发生。

（五）灯下白背飞虱带毒率与发病程度的关系

2010—2013年调查表明，南方水稻黑条矮缩病的发病程度与外地迁入的带毒白背飞虱关系密切（表2-100）。灯下白背飞虱带毒率越高，田间发病程度也越重。

表2-100　2010—2013年福建省灯下白背飞虱带毒率与发生程度

年份	检测批次	白背飞虱带毒率（%）			发生程度
		5月	6月	7月	
2010	6	20.0	16.7	—	4～5级
2011	6	1.3	3.0	—	2级（局部3级）
2012	21	0.67	0.64	0.85	1级（局部2级）
2013	8	1.25	2.4	0	2级（局部3级）

注：发生程度分级，1级为轻发生，2级为偏轻发生，3级为中等发生，4级为偏重发生，5级为大发生。

（六）水稻不同品种抗感病差异

2010年福建全省调查的70个杂交稻品种均有不同程度发病，但品种间发病程度有明显的差异。发病较重的有花优63、丰两优4号、丰两优1号、扬两优6号、两优培九、岳优9113、Ⅱ优318、Ⅱ优航2号、宜优673、丰优559、深两优5814、天优3301、涌优6号、特优716、宜香2292、天优10、宜优672、川优12等18个品种，病丛率高达40%～80%，其余的52个水稻品种，病丛率为1%～20%。

二、南方水稻黑条矮缩病危害情况

（一）水稻各生育期感病症状表现

2010—2013年调查表明，南方水稻黑条矮缩病的病毒初侵染为外地迁入的带毒白背飞虱。该病毒在福建省主要危害水稻和玉米。水稻各生育期均可受到侵染，秧苗期及大田初期受侵染植株症状表现明显，染病稻株叶片僵直、短宽，心叶生长慢，叶色深绿，上部叶面可见凹凸不平的皱褶，稻株明显矮缩，分蘖少，不抽穗，常提早枯死。病株下部数节茎节有倒生根和高节位分蘖，病茎表面有乳白色的蜡点状突起，早期乳白色，后期褐黑色。病株根系不发达，须根少而短，严重时根系呈黄褐色。分蘖期发病时，新生的分蘖先发病，主茎和早期分蘖能抽出短小的病穗，但包于叶鞘内。拔节期发病时，剑叶短阔，穗颈缩短，结实率低。玉米感病症状与水稻相似。

（二）不同稻作危害程度差异

南方水稻黑条矮缩病在不同稻作上发生的危害程度差异较大，主要危害中稻和晚稻，发生及危害损失程度依次为中稻、一季晚稻（烟后稻）、双季晚稻、再生稻和双季早稻。中稻和晚稻重发生的主要原因是传毒介体白背飞虱的迁入期与中稻、晚稻感病敏感期吻合。中稻和一季晚稻发生面积广、危害重，其次是双季晚稻，双季早稻、再生稻零星发病。

（三）水稻不同播种期发病程度差异

福建省早稻播种期为3月上中旬，晚稻（一季晚稻、双季晚稻）播种时期为6月上中旬，再生稻播种期为3月中下旬，中稻的播种时期4月中旬至5月下旬。发病程度以中稻最为严重，尤其是5月中下旬播种的中稻，病丛率20％以上，甚至绝收；然后是晚稻，双季晚稻和一季晚稻病丛率10％～30％；再生稻发病很轻，病丛率≤2％，早稻基本查不到病株或零星发生，病丛率≤1％。分析原因，福建省白背飞虱的迁入始见期为4月中下旬，常年主迁入峰时段集中在5月中旬至6月上中旬，且峰次多、迁入量大、迁入范围广，恰为中稻秧田期，与中稻的感病敏感期高度吻合，导致中稻发病严重。

三、防控对策

（一）防控策略

强化对传毒介体稻飞虱种群数量的监测和带毒率检测，及时准确发布预报，采取"切断毒链、治虫防病、治秧田保大田、治前期保后期"的综合防治策略，抓住秧苗期和大田初期关键环节，实施科学防控（图2-20）。

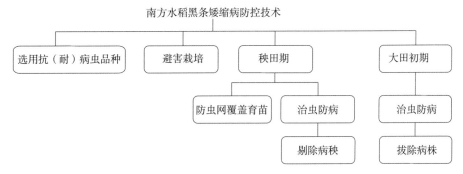

图 2-20　福建省南方水稻黑条矮缩病防控技术路线

（二）防控技术措施

1. 选用抗（耐）病品种　水稻不同品种对病毒病的抗病性有所差异，南方水稻黑条矮缩病发生严重的地区要优先考虑种植抗（耐）病品种。调查表明，福建全省种植的全部中稻和晚稻品种均有不同程度的发病，但粤优 678、粤优 777、宜优 115、6 两优 776、Ⅱ优 528、恒优 669 等品种在闽北稻区相对较耐病。

2. 适时提早播种，避害栽培 南方水稻黑条矮缩病重病区，建议中稻播种期由 4 月中下旬至 5 月下旬调整至 3 月中旬至 3 月底，使水稻感病生育期避开白背飞虱迁入高峰期（图 2-21）。

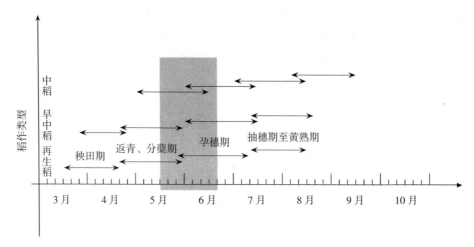

图 2-21　福建省南方水稻黑条矮缩病避害栽培示意

注：图中双箭头表示各生育期时间范围；随着月份的延长，各稻作类型下的双箭头依次为秧田期，返青、分蘖期，孕穗期，抽穗期至黄熟期；图中深色方框区域表示稻飞虱常年的迁入主峰期。

3. 培育无病秧苗 秧田宜远离病田，提倡集中连片育秧，统一防治稻飞虱，减少秧苗获毒概率。

4. 防虫网覆盖育秧 播种后采用 20～30 目防虫网全程覆盖秧田，阻断稻飞虱迁到秧苗上传毒。

5. 及时拔除病株 对已发病的秧田，要剔除病秧，移栽时适当增加单穴苗数，保证基本苗数。分蘖期加强田间巡查，及时拔除病株，就地踩入泥中深埋，并从健康稻丛中掰蘖补苗。加强肥水管理，促早发，保证有效分蘖数。重病田及时翻耕改种。

6. 种子药剂处理 每千克稻种采用 10% 吡虫啉可湿性粉剂 15～20g 拌种，或用 35% 噻虫嗪种子处理可分散粉剂 6mL，兑水 20～30mL 拌匀后播种。

7. 治虱防病

（1）秧田。已采取药剂拌种的秧田，秧苗移栽前施 1 次送嫁药；未经拌种处理的秧田，视白背飞虱迁入情况酌情喷药，移栽前再喷药 1 次，秧田周围杂草也同时喷药。药剂可选每亩 25% 吡蚜酮可湿性粉剂 16～20g，或 25% 噻嗪酮可湿性粉剂 50g。

（2）大田。水稻移栽后 3～7d 和移栽后 15～20d 各用药 1 次防治稻飞虱。药剂可选每亩 20% 醚菊酯乳油 45mL，或 25% 噻嗪·异丙威可湿性粉剂 150g，或 80% 烯啶·吡蚜酮水分散粒剂 10g，与 2% 宁南霉素水剂 200mL，或 30% 毒氟磷可湿性粉剂 60g 混用，兑水 45kg 均匀喷雾。

（三）防控工作措施

1. 强化认识，提高防范意识　南方水稻黑条矮缩病是由白背飞虱传毒的极具毁灭性、暴发性、隐蔽性的水稻新病害。南方水稻黑条矮缩病是一种新型病害，由于对其缺乏认识，疏于预防，一旦发生，防治难度大，对产量影响严重。2010年之后，各地农业相关部门充分认识到南方水稻黑条矮缩病危害的严重性、防治的艰巨性和复杂性，增强防控工作的紧迫感和责任感。各级农业行政部门高度重视，把防控工作纳入议事日程，切实加强组织领导，组织制订防控工作方案，建立联防联控机制，分区域治理，全面落实属地防控责任。

2. 早抓部署，措施落实到位　每年印发《福建省农业厅办公室关于印发水稻南方黑条矮缩病防控工作方案的通知》《福建省农业厅办公室关于成立南方黑条矮缩病等水稻病毒病联防联控工作专家指导组的通知》《福建省植保植检站关于做好南方黑条矮缩病等水稻病毒病防治工作的通知》。召开监测与防控工作会，2011年4月3日召开福建全省南方水稻黑条矮缩病监测与防控工作会，2011年5月4日召开福建全省南方水稻黑条矮缩病防控工作视频会，2012年5月26日、2013年5月28日召开以南方水稻黑条矮缩病为重点的水稻重大病虫趋势会商与防控工作部署会。

3. 广泛宣传培训，普及防控知识　各级农业植保部门通过多种渠道和手段，培训基层农业技术推广人员，采取市培训县，县培训乡镇的逐级培训方式，对基层农业技术推广人员进行水稻病毒病识别与防控技术培训，做到每个农技员均能"辨症施治，对症下药"，切实提高防控水平。2009年11月22—25日，福建农林大学承办全国水稻病毒病防治技术培训班；2010年5月24日，三明市举办福建全省南方水稻黑条矮缩病培训会；2010年8月11日，福州召开福建省水稻病毒病防控专家座谈会；2010年9月2—4日，霞浦县承办全国水稻南方黑条矮缩病流行规律及传毒媒介防治现场考察活动；2011年4月2—3日福建农林大学举办福建全省南方水稻黑条矮缩病快速检测技术培训会；2011年10月15日，福建省农业干部学校举办南方水稻黑条矮缩病防控技术培训班；2012年在福建省植保植检站举办南方水稻黑条矮缩病监测网点检测人员岗前培训会。

各级植保技术部门通过发放技术资料、举办现场会等多种形式，宣传普及水稻病毒病识别和防控技术。2009—2012年，福建省植保植检站印发了《水稻主要病毒病害的识别与控制》《水稻病毒病识别与防治技术手册》《水稻南方黑条矮缩病防治技术挂图》等宣传资料和手册8万多份。通过农业信息网、板报、报纸及现场培训会等形式，向广大农户宣传普及白背飞虱传毒知识和南方水稻黑条矮缩病预防技术，提高农民预防的主动性，防患于未然，全面推进防控工作，确保水稻生产安全。

4. 多部门合作，形成防控合力　福建省参与由全国农业技术推广服务中心牵头，会同农业科研院所、农业相关大学及相关省级植保植检站组成的南方水稻黑条矮缩病的防治技术研究协作组，开展南方水稻黑条矮缩病发生规律、介体传毒机理、监测预警及分区治理关键技术等跨部门技术合作研究。福建省植保植检站与福建农林大学、福建省农业科学院以及福建省外植保科研教学同行通力协作，共同开展田间调查研究和试验示范，商讨防控技术方案，开展虫情和带毒率检测技术开发和生产应用，为有效控制南方水稻黑条矮缩病流行和危害发挥了重要作用。

农业系统内各部门也加强了合作。2010—2013 年，福建省农业厅整合项目资源，因地制宜推广再生稻避害栽培，使水稻感病期避开白背飞虱主迁入峰期，有效遏制南方水稻黑条矮缩病的发生危害；在省级水稻高产创建万亩示范片推广"统一供应种子、统一供应肥料、统一技术培训、统一播种育秧、统一药剂拌种、统一病虫防治"综合管控水稻重大病虫害。

5. 样板示范，带动推广 2012 年、2013 年分别在永安市、顺昌县建立以"治虫防病、治秧田保大田"为策略的南方水稻黑条矮缩病综合防控技术示范区，2012—2015 年分别在建阳、邵武建立防虫网秧田阻隔防治稻飞虱和南方水稻黑条矮缩病示范区，吡虫啉悬浮拌种剂防治稻飞虱预防病毒病示范区，2013 年在建阳潭城街道回瑶村建立再生稻避害栽培示范区，示范面积达 1 550 亩。2013—2014 年，建阳在回瑶、溪源、徐市、北岸 4 个村 1 201 农户 12 650 多亩水稻田建立水稻高产创建示范片，示范片通过采取选用良种、病虫专业化防治技术、测土配方施肥技术、集中育秧技术（工厂化育秧或防虫网育秧）、超级稻高产栽培技术等集成技术，广泛开展宣传培训和技术指导，取得了良好的防病增产示范效果。

四、防控成效

（一）明确了福建省南方水稻黑条矮缩病发生规律

2010—2013 年的调查表明，福建省南方水稻黑条矮缩病的病毒初侵染为外地迁入的带毒白背飞虱，该病毒在福建省不仅危害水稻，还可侵染玉米。水稻各生育期均受该病毒侵染，秧苗期及大田初期受侵植株症状表现明显。病害的发生程度与白背飞虱的迁入时期、迁入量及迁入虫源的带毒率有密切关系。水稻感病敏感期（秧苗期至分蘖末期）遇到异地白背飞虱虫源大量持续、大范围的迁入，且迁入虫源带毒率高的年份，则南方水稻黑条矮缩病发生流行程度重。福建省的初侵染源为迁入带毒白背飞虱，迁入后可在本地进一步扩繁，通过取食在感病稻株上获毒，形成本地虫源和毒源，在一季晚稻和双季晚稻田传毒扩散。不同稻作南方水稻黑条矮缩病发生程度差异较大，由于中稻秧田期和大田初期与白背飞虱迁入传毒期高度吻合，所以中稻发病最为严重，然后为一季晚稻和双季晚稻，再生稻发病很轻，双季早稻基本不发病。病害危害损失与田间的发病率呈正相关，秧苗期和分蘖期染病，发病率高，产量损失重，甚至绝收，水稻后期（孕穗期）染病，田间发病轻，产量损失也轻。

（二）普及南方水稻矮缩病识别及防控技术

植物保护部门通过印发技术资料，举办现场会和培训会，开展现场指导，利用广播、电视等多种形式宣传培训，县乡农业技术推广人员和农民基本掌握了南方水稻矮缩病症状识别知识及防治关键措施，提高了对病毒病的防患意识。

（三）集成南方水稻矮缩病检测与防控技术

1. 集成南方水稻矮缩病综合防控技术 根据福建省常年白背飞虱主迁入期，结合不同稻作播种和插秧期，制订了福建省南方水稻黑条矮缩病防控技术方案（表 2-101）。

表 2-101　福建省南方水稻黑条矮缩病防控技术措施

稻作类型	播种期	插秧期	防控技术措施
再生稻	3月中下旬	4月中下旬	避害栽培
中稻	4月上中旬	5月上中旬	大田分蘖前期喷药治虫防病
	4月下旬至5月初	5月上中旬	喷施送嫁药，重点抓大田分蘖前期喷药治虫防病
	5月	6月上下旬	秧田覆盖防虫网，大田分蘖前期喷药治虫防病
双季晚稻	6月上旬至6月中旬	7月中下旬	秧田覆盖防虫网，大田分蘖前期喷药治虫防病
一季晚稻	5月下旬至6月上旬	7月上旬	

2. 研发南方水稻黑条矮缩病快速检测技术　针对介体昆虫带毒检测、秧苗期植株带毒检测技术不便捷，无明显发病症状，肉眼很难判别等问题，福建农林大学病毒研究所通过白背飞虱病汁液发生强烈的血清学反应，研究开发了 DIBA 法快速检测白背飞虱携带南方水稻黑条矮缩病毒试剂盒和斑点杂交法快速检测白背飞虱携带南方水稻黑条矮缩病毒。

（1）DIBA 法快速检测白背飞虱携带南方水稻黑条矮缩病毒试剂盒。

①准备工作。根据检测样品数量剪取大小合适的硝基纤维素薄膜（1 样品 1 方格，方格规格为 0.5cm×0.5cm；剪取的膜不宜过大，不超过 5cm×5cm 面积，故样品较多时可多剪取几张膜），随后在膜上进行标记，标记后置于 95%～100% 的乙醇中浸泡 1min，然后用纯净水冲洗 2～3 次，自然晾干。

②操作步骤。A. 将待检的白背飞虱单头单管放入离心管中，每管加 20μL 包被液，用研磨棒进行研磨，5 000r/min 离心 3min（无离心机可静置放置几分钟）；B. 每个样品取 5μL 上清液点于膜上，同时取阳性对照、阴性对照（健康水稻）和空白对照（包被液）各 5μL 点于膜上，室温晾干；C. 把膜置于含 5% 的脱脂奶粉的 1 倍含 0.05% 吐温-20 的 0.01mol/L 磷酸盐缓冲溶液（1×PBST）（封闭液）中，37℃下摇 30min；D. 用 1× PBST 洗膜，每次 3min，共洗 3 次；E. 把膜浸入一抗稀释液中，37℃下摇 45min；F. 用 1×PBST 洗膜，每次 3min，共洗 3 次；G. 把膜浸入二抗稀释液中，37℃下摇 60min；H. 用 1×PBST 洗膜，每次 3min，共洗 3 次；I. 把膜浸入底物显色液中，避光条件下于 37℃摇 20min；J. 纯净水冲洗膜，分析结果。

③结果判读。阴性时点样点不变色或色泽较浅，阳性时点样点呈黑色（若样品病毒含量太低，可适当延长显色时间）。

（2）斑点杂交法快速检测白背飞虱携带南方水稻黑条矮缩病毒。

①准备工作。根据检测样品数量剪取大小合适的硝基纤维素薄膜（1 样品 1 方格，方格规格为 0.5cm×0.5cm；剪取的膜不宜过大，不超过 5cm×5cm 面积，故样品较多时可多剪取几张膜），随后在膜上进行标记，标记后置于 95%～100% 的乙醇中浸泡 1min，然后用纯净水冲洗 2～3 次，自然晾干。

②操作步骤。A. 地高辛（DIG）标记的 DNA 探针制备。按照探针合成试剂盒合成病毒特异性地高辛标记的 DNA 探针。B. RNA 点杂交。核酸提取：总核酸的提取每个样品取水稻病叶 20mg 或昆虫 1 头，研磨后加 600μL 或 180μL 裂解溶液 [1%十二烷基硫酸钠（SDS）的 1×Tris 碱缓冲液]，65℃水浴 1h，12 000r/min 离心 5min；取上清，加 200μL

或 60μL 沉淀蛋白溶液（6mol/L 醋酸铵），振荡 20s，12 000r/min 离心 5min；取上清，加 600μL 或 180μL 异丙醇，反复颠倒 50 次，12 000r/min 离心 5min；弃上清，沉淀用 70%乙醇洗 1 次，真空干燥，加水 40μL，−20℃保存备用。C. 点样。预先用铅笔在硝酸纤维素薄膜上做好标记，以便区分。每个样品取 3μL 点到膜上。D. 固定。80℃烘烤或紫外照射固定样品。E. 预杂交。将固定好的膜放入杂交瓶中，加入 20mL 高浓度 SDS 杂交液于杂交炉中，68℃杂交 20min 以上。F. 探针处理。DIG 标记的探针于沸水浴中变性 10min，迅速移至冰上 5min。G. 杂交。杂交瓶中加入 20mL 含有 5~30ng/mL DNA 探针的 High SDS 杂交液，68℃ 1.5h。H. 洗膜。用 2 倍洗涤液（2×wash solution）室温洗膜 2 次，每次 5min；再用 0.1×wash solution 于 68℃下洗膜 2 次，每次 5min。I. 封闭。缓冲液 1（buffer 1）洗膜 1min，弃去，加适量缓冲液 2（buffer 2）于 buffer 1 中轻摇封闭 20min。J. 结合抗体。弃 buffer 2，加入用 buffer 2 新鲜配制的抗 DIG 碱性磷酸酶标记 Fab 溶液（150mU/mL），轻摇 30min。K. 显色。将结合完抗体的膜移入新盘，用 buffer 1 洗涤 2 次，每次 10min，再用缓冲液 3（buffer 3）浸泡 2min 倒出；加入 20mL 含 65μL 氮蓝四唑（NBT）和 35μL 5-溴-4-氯吲哚磷酸（BCIP）的 buffer 3 后，将容器放入 1 个封闭的盒内，黑暗中静置显色 1h。L. 终止反应。待显色适当时，倒出显色液，加入适量的 buffer 1 浸泡 5min 终止反应。将显色后的膜通过扫描仪进行扫描。

③结果判读。阴性时点样点不变色或色泽较浅，阳性时点样点呈黑色（若样品病毒含量太低，可适当延长显色时间）。

④试剂失效。阳性对照的点样点不呈黑色，说明实验过程中的部分试剂失效。

（四）有效遏制了南方水稻黑条矮缩病的蔓延危害

2007 年发现以白背飞虱带毒传播的南方水稻黑条矮缩病在中稻、一季晚稻上发生危害，2010 年该病在福建省普遍、严重发生危害，发生面积达 161 万亩，防治面积 233.6 万亩次。2011 年启动南方稻区南方水稻黑条矮缩病的联防联治以来，有效遏制南方水稻黑条矮缩病的蔓延，发生面积控制到 16.2 万亩以下，占水稻种植面积 1.3%左右（表 2-102）。

表 2-102　2010—2015 年福建省南方水稻黑条矮缩病发生与防治情况

年份	发生面积（万亩）	防治面积（万亩次）	挽回损失（t）	实际损失（t）
2010	161	233.6	61 474.04	32 575.64
2011	16	52.3	8 003.89	1 364.46
2012	12.6	45.7	7 067.88	1 883.35
2013	16.2	55.4	6 924.14	2 278.89
2014	8.6	23.8	3 104.44	814.87
2015	13.3	48.1	3 675.78	1 870.94

2012—2013 年分别在顺昌县和永安市中稻区开展南方水稻黑条矮缩病综合防控示范，示范面积各 50 亩，示范技术为秧苗期防虫网覆盖＋移栽前喷送嫁药＋大田前期喷药治虫、

药剂拌种＋移栽前喷送嫁药＋大田前期喷药治虫、避害栽培。示范结果表明，2012年福建顺昌应用上述3套技术对南方水稻黑条矮缩病的防治效果达61.9%～90.5%，2013年福建顺昌示范区比农民自防田亩增产33.5kg，比空白对照亩增产64.2kg（表2-103、表2-104）。

表2-103　2012年福建顺昌不同技术措施对南方水稻黑条矮缩病的防治效果

处理	药后4d（6月30日）		药后19d（7月15日分蘖期）		药后33d（7月29日幼穗分化期）					
	白背飞虱		白背飞虱		白背飞虱		南方水稻黑条矮缩病			
	百丛虫量（头）	防治效果（%）	百丛虫量（头）	防治效果（%）	百丛虫量（头）	防治效果（%）	总丛数（丛）	病丛数（丛）	病丛率（%）	防治效果（%）
1	17	88.8	25	80.9	29	63.3	200	7	3.5	66.7
2	13	91.5	18	86.3	24	69.6	200	2	1	90.5
3	22	85.5	32	75.6	42	46.8	200	8	4	61.9
4	152	—	131	—	79	—	200	21	10.5	—

注：处理1为毒氟磷＋吡虫啉拌种，移栽前3d喷毒氟磷＋吡蚜酮送嫁药，大田移栽后10d毒氟磷＋吡蚜酮；处理2为覆盖30目防虫网，移栽前3d揭网喷施毒氟磷＋吡蚜酮，大田移栽后10d喷毒氟磷＋吡蚜酮；处理3为丁硫克百威拌种（农民自防田），移栽前3d喷吡虫啉，大田移栽后10d喷噻嗪酮；处理4为空白对照。

表2-104　2013年福建顺昌不同技术措施防治南方水稻黑条矮缩病实际测产结果

处理	水稻品种	面积（亩）	实割面积（亩）	实割湿谷重量（kg）	每亩实割湿谷重量(kg)	折干率（%）	每亩折合干谷重量（kg）	增产率（%）
1	丰优22	3	0.3	193.1	643.7	80.6	518.8	14.13
2	丰优22	3	0.3	212.5	708.3	80.7	571.6	25.75
3	丰优22	3	0.3	181.1	603.7	80.4	485.3	6.77
4	丰优22	1	1	561.9	561.9	80.9	454.6	—

注：处理1为毒氟磷＋吡虫啉拌种，移栽前3d喷毒氟磷＋吡蚜酮送嫁药，大田移栽后10d毒氟磷＋吡蚜酮；处理2为覆盖30目防虫网，移栽前3d揭网喷施毒氟磷＋吡蚜酮，大田移栽后10d喷毒氟磷＋吡蚜酮；处理3为丁硫克百威拌种（农民自防田），移栽前3d喷吡虫啉，大田移栽后10d喷噻嗪酮；处理4为空白对照。

2013年建阳潭城街道回瑶村推广再生稻避害栽培示范，示范面积550亩。调查测产结果表明，示范区南方水稻黑条矮缩病的病丛率0%，头季稻平均亩产436.3kg，再生季平均亩产319.2kg，最高亩产达413.7kg。

（作者：庄家祥）

贵州省南方水稻黑条矮缩病
防治技术协作研究总结

贵州省常年水稻种植面积1 100万亩左右，为一季中稻。2010年，贵州黔南州、黔东南州的多个县（市）发生不同程度的南方水稻黑条矮缩病，其中荔波县的危害最为严重，水稻发生面积约1万亩。由于该病危害程度大，传播介体白背飞虱危害面积广，田间毒源复杂，以及病害传播期与水稻敏感生育期相吻合等特点，2011年贵州省存在继续扩大的趋势和风险。为有效控制该病的流行蔓延，最大限度减少粮食产量损失，根据《关于加强南方水稻黑条矮缩病联防联控工作的通知》（农办农〔2011〕7号）和《关于印发2011年南方水稻黑条矮缩病联防联控方案的通知》（农办农〔2011〕38号）的要求，2011—2015年，贵州省农业委员会和贵州大学协作，组织贵州省和各地州县植保植检站、贵州大学宋宝安院士团队、农药企业和植物保护专业合作社开展合作，在贵州省荔波县、都匀市、三都县、天柱县、榕江县、从江县等地开展了南方水稻黑条矮缩病防控技术研究，针对贵州省水稻种植情况及南方水稻黑条矮缩病发生情况，总结出一套成本经济、防控有效和操作可行的技术措施，为贵州省成功防控南方水稻黑条矮缩病提供技术支撑。

一、发生情况

南方水稻黑条矮缩病主要是由迁飞性害虫白背飞虱传播的植物病毒病，2010—2015年，该病在贵州省稻区累计发生面积139.19万亩，发生范围主要集中在贵州省南部、东南部稻区，涉及黔南州、黔东南州、铜仁市的荔波、平塘、罗甸、从江、天柱等17个县（市），其中，2011年发生面积最大，为50.47万亩。2011年白背飞虱偏重发生，发生面积743万亩次，为南方水稻黑条矮缩病发病提供了虫源条件，致使发生面积比2010年扩大了4.31倍（表2-105）。6月中旬至7月下旬是贵州省白背飞虱的主要危害时期，田间调查显示，田间虫源的带毒率荔波为23.9%、从江26.6%、锦屏43.3%、天柱17.7%。白背飞虱虫量大的田块发病率高于虫量小的田块，如南部的三都、荔波、平塘等县，个别田块百丛虫量达到5 000头以上，发病率都在50%以上，个别田块达到100%，并造成绝收。中部惠水、都匀、龙里等县白背飞虱虫量普遍在百丛2 000～3 000头，田间发病率大多在30%以下，只有少数田块达到50%，基本未出现绝收情况。早栽稻田发病重于晚栽稻田。不同品种间的平行比较发现，以宜香系列、川香系列、中浙系列等品种发病较重。

表2-105 2010—2015年贵州省南方水稻黑条矮缩病危害情况

危害情况	2010年	2011年	2012年	2013年	2014年	2015年	合计
发生面积（万亩）	11.72	50.47	23.6	21.7	16.3	15.4	139.19
危害损失（t）	446.91	2 841.71	1 756.2	1 134.62	828.12	614.18	7 621.74

二、防控技术开发

南方水稻黑条矮缩病在贵州暴发后，贵州省农业部门与贵州大学宋宝安院士团队开展技术合作，探讨南方水稻黑条矮缩病的发生流行规律、快速诊断手段和田间防控试验，因地制宜开展了南方水稻黑条矮缩病监测预警与综合防治技术试验示范研究，探讨贵州一季稻病害流行区的综合防控技术。

（一）单项技术研究与应用示范

1. 种子处理控制技术　药剂用量按每千克干稻种使用 25％吡蚜酮可湿性粉剂 8g、30％毒氟磷可湿性粉剂 4g 拌种，防治效果达 90％以上。通过种子处理，可提高水稻的"基础免疫力"，减少病毒病的发生，促进了水稻幼苗期安全生长。

2. 苗床覆盖阻隔避害技术　采用无纺布或防虫网全程覆盖秧田苗床，秧田期无飞虱迁入危害，防治效果 100％；大田分蘖期白背飞虱防治效果 76％～82％，南方水稻黑条矮缩病防治效果 80％以上。通过物理阻隔，减少媒介白背飞虱危害和传毒，减少化学药剂施用量，降低水稻苗期感病率。

3. 秧田治虫防毒技术　秧田期白背飞虱迁入时，应快速检测飞虱带毒率，若白背飞虱带毒，立即采用每亩 10％烯啶虫胺水剂 50mL 或 80％烯啶·吡蚜酮水分散粒剂 15g，兑水 45kg 喷雾，防治效果达 90％以上。通过速杀性杀虫剂压低秧田期白背飞虱虫口密度，降低水稻秧田期感病率。

4. 抗病毒剂化学减害保护技术　对秧田期已初步显症的田块，移栽前 1～2d 喷施抗病毒剂。每亩采用 30％毒氟磷可湿性粉剂 60g 单独施用，或与 10％烯啶虫胺水剂 50mL、80％烯啶·吡蚜酮水分散粒剂 15g 混用，兑水 45kg 喷雾。毒氟磷具有抗病免疫诱导功能，对预防南方水稻黑条矮缩病具有一定的效果，喷施毒氟磷后 50％左右的感病稻株可正常拔节、抽穗。

5. 吡蚜酮缓释颗粒剂防治稻飞虱技术　水稻移栽前配合底肥，或水稻移栽后结合追肥，每亩施用 1％吡蚜酮缓释颗粒剂 2 000g，以减少和控制白背飞虱的危害，切断南方水稻黑条矮缩病毒源，降低人力施药成本。秧田期和大田分蘖期白背飞虱防治效果分别为 92％、88％，南方水稻黑条矮缩病防治效果 90％以上。

6. 超低容量液剂防治南方水稻黑条矮缩病技术　根据田间监测情况，在田间病毒病显症初期，采用 10％毒氟磷超低容量液剂 200mL 和 5％烯啶虫胺超低容量液剂 100mL，超低容量喷雾（浓度 200mL/L）或静电喷雾（浓度 66.7mL/L），秧田期和大田分蘖期白背飞虱防治效果分别为 90％、88％，南方水稻黑条矮缩病防治效果 90％以上。

（二）综合防控技术研究与应用示范

在单项技术开发和试验基础上，贵州省建立了以抗病毒剂毒氟磷免疫激活为核心的"虫病共防"全程免疫防控技术体系。具体措施是：在播种前，通过吡蚜酮＋毒氟磷拌种处理，初步激活水稻自身免疫力，达到健身栽培；在秧田期和大田初期，通过喷施吡蚜酮＋毒氟磷，再次激活水稻自身免疫力和高功效持续控害，切断南方水稻黑条矮缩病毒源，降低水稻感病率；大田分蘖期以后，喷施吡蚜酮＋毒氟磷，减少中期病毒侵染，水稻全程免疫，有效防控南方水稻黑条矮缩病危害。

1. 拌种技术要点 水稻种子催芽露白后，每千克干稻种用 25％吡蚜酮可湿性粉剂 8g和 30％毒氟磷可湿性粉剂 4g 混匀，晾干 4～10h 即可播种。

2. 秧田期和大田初期施药要点 每亩喷施 25％吡蚜酮可湿性粉剂 25g 和 30％毒氟磷可湿性粉剂 60g，于水稻移栽前 2～3d 或移栽后 5～7d 喷施。

3. 大田分蘖期以后施药要点 每亩喷施 25％吡蚜酮可湿性粉剂 25g 和 30％毒氟磷可湿性粉剂 60g。

从 2012 年起，在贵州省荔波、都匀、天柱、榕江、惠水、三都、黄平、湄潭、余庆、思南等 10 个县（市）建立了南方水稻黑条矮缩病综合防控技术试验和大面积示范区，示范面积 20 万亩。其中，10 个综合防治技术示范区南方水稻黑条矮缩病平均防治效果达 65％以上，秧田期和大田分蘖期白背飞虱平均防治效果达 85％以上，示范区平均亩产比农户自防区平均增收稻谷 50kg 以上。

三、南方水稻黑条矮缩病毒检测技术

（一）基于核酸的 SRBSDV 检测方法的研究

针对 SRBSDV 13 个 ORF 序列信息（S1～S10），采用 Beacon Designer 7.7 软件设计定量 PCR 引物（表 2-106），选用水稻 18S RNA（Accession no. AK059783）作为参照基因。采用 pGM-T 试剂将 SRBSDV 13 个 ORF 连接至 pGM-T 载体，并测序验证。采用荧光定量 PCR 的方法对 SRBSDV 的 13 个基因片段进行扩增，对生成的标准曲线的线性相关系数（R^2）分析发现，其 R^2 均大于 0.900，其中 S2、S5-1、S6 和 S9-2 基因的 R^2 分别为 0.998、0.992、0.994 和 0.996，线性关系较好，扩增曲线也较平滑，其他基因的 R^2 在 0.98 左右。

表 2-106 SRBSDV13 ORF 引物序列

基因	Acce. No.	引物序列
S1	NC_014714	AGAGGTTATCAAGAATGGAGTGAA
		CAGAGTGTGACGCTTAGTAGTAT
S2	NC_014715	GAGAGCACCAGTGAGATT
		TCCATTAGCATCAGAAGCATA
S3	NC_014716	TATGTTGAAGCGGATGGT
		ATGTTACTGGAATGGTGAGA
S4	NC_014717	GCGAACACAAGCCAGAAGGAA
		GCACACTCATAATCACGACAACCA

（续）

基因	Acce. No.	引物序列
S5-1	NC_014708	CACGAACAAGCAGACAACAC
		AGGCATCGCTAACTTCTTCAA
S5-2	JN_381199	TTAGAGCAAAACTTCAACCA
		AAGCGTAGAAGATAAGTCAGA
S6	NC_014709	CGAAGAAGAACCTGACAATAC
		AAGCATACGCAATAGTGAAG
S7-1	NC_014710	TCAGTTCCGTTAGTTGTAGT
		GCATAATGGTATCGTCCTTC
S7-2	JN_388912	TACAACGATGCCAATGACTC
		CACTTAAAGAATTTACCTCCAAA
S8	NC_014711	GAACGCTATACATCCAACAT
		ACCTAGTCTGCCATCAAG
S9-1	NC_014712	CGACAACCGAACATCAGCATTA
		GCGATTTAACAGAGGAAGCAAAGA
S9-2	HQ_394211	CAACTGTCCCTTTGAATTAGCA
		ATGACCAACTTTACCGTATTTTC
S10	NC_014713	ACGAACTAACTGGACTGT
		TCTTACGCAACGATGAAC

（二）基于血清学的 SRBSDV 检测方法的研究

针对 SRBSDV P9-1 和 P10，采用生物信息学方法预测 SRBSDV 的序列特异性多肽，采用 9-氟甲氧羰基固相合成法制备多肽，采用高效液相色谱（HPLC）和液相色谱-质谱（LC-MS）测定目的多肽的浓度和分子质量。结果表明，目的多肽纯度均达 90.0%，实际分子质量与预测分子质量一致。采用蛋白质印迹法（Western blotting）对感染 SRBSDV 的水稻蛋白进行特异性分析，发现 P9-1 抗体特异性较好。同时，采用间接 ELISA 方法，对制备的抗体进行效价检测，发现 2 个抗体效价较高，其稀释比在 1∶500 000 条件下，光密度（OD）值可达 1.0。在此基础上，采用 DIBA 方法对水稻样品进行 SRBSDV 的快速检测。

2011—2015 年对贵州省各地州县疑似 SRBSDV 的水稻样品和白背飞虱进行检测发现，采用 Real time PCR 和普通 PCR 方法的灵敏度高于 DIBA，特别是针对白背飞虱的检测。但相对 PCR 技术，DIBA 具有操作简便、快速、经济等优点，适合县级实验室对疑似样品的快速检测（图 2-22）。同时，2011 年，在贵州省荔波县植保植检站建立 SRBSDV

的检测实验室，指导当地南方水稻黑条矮缩病的防控工作。

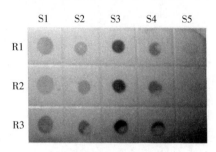

图 2-22　DIBA 检测水稻样品结果

注：S1、S5 分别代表阳性和阴性对照。S2～S4 代表田间疑似南方水稻黑条矮缩病的水稻样品。R1～R3 代表 3 次重复。

四、南方水稻黑条矮缩病防控成效

初步摸清了贵州省南方水稻黑条矮缩病的发生分布范围。根据检测结果，南方水稻黑条矮缩病主要集中在贵州省南部、东南部稻区，黔南州、黔东南州、铜仁、荔波、罗甸、独山、从江、天柱等 17 个县（市）确认发生南方水稻黑条矮缩病。

通过开展试验研究，集成了综合防控技术，开展示范应用，效果显著。2010—2015 年，累计示范面积 7.6 万亩，辐射贵州全省带动联防联控面积 320 万亩次。示范区防控效果达 85％以上，达到了"防虫治病、虫病共治"的目的，有效提升了南方水稻黑条矮缩病防控技术水平（表 2-107）。

表 2-107　2010—2015 年贵州省南方水稻黑条矮缩病防治面积

防治效果	2010 年	2011 年	2012 年	2013 年	2014 年	2015 年
防治面积（万亩次）	33.13	65.08	26.87	30.62	19.15	17.62
挽回损失（t）	1 449.29	6 523.85	3 027.84	3 944.65	2 471.09	1 877.41

五、主要防控措施

（一）加强领导，做好组织发动，准备充分

为有效控制南方水稻黑条矮缩病在贵州省流行蔓延，最大限度减少水稻产量损失，在贵州大学的支持与配合下，贵州省植保植检站制订了南方水稻黑条矮缩病防控技术方案，并印发各地，明确了防控目标和任务，在重点县组织开展南方水稻黑条矮缩病防控示范，带动面上开展防控。贵州省农业农村委员会每年年初印发文件，明确水稻病虫防控工作思路和目标，细化主要工作措施，落实防控任务。各地结合实际制订防控预案，成立防控指挥机构，认真开展病虫监测调查，积极协调准备防控物资，为及时开展防控行动打好基础。结合粮增工程、高产创建项目，实行由农业农村委员会分管领导牵头、种植业相关处（站）负责同志参加的病虫防控分片包干责任制，采取巡回交叉督导检查，推进病虫防控

工作的开展。贵州省农业农村委员会先后 40 多次派出防控督导组开展防治督导。

（二）加大投入，保障有力

省级财政每年投入病虫防控资金 1 500 万元，各地积极筹措资金，为防控工作提供支持。各市、县政府也积极协调投入经费，据统计，贵州全省每年投入防控资金 4 000 多万元。

（三）加强监测预警，预报准确

各地按照《南方水稻黑条矮缩病防控技术方案》要求，在白背飞虱常年发生区的水稻移栽前、分蘖盛期、拔节孕穗期、灌浆期和黄熟期等防控关键期，开展南方水稻黑条矮缩病普查。应用快速诊断技术，调查各个阶段白背飞虱的带毒情况，对疑似病株进行确诊，并开展危害情况调查。同时，对南方水稻黑条矮缩病及其传毒害虫白背飞虱做出准确预测，采用南方水稻黑条矮缩病早期诊断与监测预警技术，根据白背飞虱迁入情况、发生动态、带毒率情况和南方水稻黑条矮缩病发病情况，结合气象、品种、生育期及种植情况进行综合分析，准确预测南方水稻黑条矮缩病发生趋势，及时指导防治。贵州省共发布南方水稻黑条矮缩病情报、预报 76 期，为科学指导全省开展南方水稻黑条矮缩病防控工作奠定了基础。

（四）开展专业化统防统治，有效压低虫源，反应迅速

针对白背飞虱迁入量大、田间虫量高的情况，各地第一时间做好汇报，及时组织开展专业化统防统治和群防群治，为防控工作争取了宝贵时间，确保了防治效果。针对水稻主产区和白背飞虱重发区，在资金、物资、技术和信息等方面给予支持，贵州省累计推行专业化统防统治 320 万亩次，有效遏制了病虫暴发危害。当检测到灯下白背飞虱带毒或田间白背飞虱达到防治指标时，立即组织专业化防治队伍开展统防统治，秧田采用 10% 醚菊酯悬浮剂、10% 烯啶虫胺水剂、80% 烯啶·吡蚜酮水分散粒剂、70% 吡虫啉水分散粒剂、40% 氯虫·噻虫嗪水分散粒剂等药剂叶面喷雾，大田期选用吡蚜酮、噻嗪酮、醚菊酯、吡虫啉等对若虫选择性强的药剂进行叶面喷雾，总体防治效果达到 85% 以上，有效压低了白背飞虱虫口基数，减轻了南方水稻黑条矮缩病发病程度。

（五）设立示范区，推广综合防控技术，措施扎实

在荔波、都匀、平塘、天柱等县（市）设立 4 个南方水稻黑条矮缩病防控技术省级示范区，每年分别实施核心示范面积 8 000 亩，示范展示关键防控技术。示范区进行挂牌示范，公示示范内容及技术措施，设置综防区、农民常规防治区和不防治对照区 3 个处理。贵州省植保植检站与贵州大学在荔波县、都匀市建立了全省南方水稻黑条矮缩病防控示范区，示范面积分别为 5 000 亩、1 000 亩，辐射带动联防联控面积 4 万亩、2 万亩。秧田期重点推行种子处理、秧田覆网防虫和送嫁药保护等防控技术，大田期重点抓好前期防治、减少毒源，同时配套合理育秧、弃用带毒秧苗、清除病株及时补苗、重病田及时改种减灾、频振灯诱控防虫、稻田养鸭等综合防控措施，取得了显著的示范效果。示范区防控效

果达 90%以上，达到了"防虫治病、虫病共治"的目的，有效提升了南方水稻黑条矮缩病防控技术水平。

（六）加强宣传培训，普及防控技术，技术到位

贵州省农业农村委员会、黔南州、黔东南州等先后针对南方水稻黑条矮缩病，召开防控现场会，大力开展宣传培训，提高技术到位率。荔波、都匀、平塘、天柱等近 40 个县（市）举办了南方水稻黑条矮缩病防治培训班，向农业技术推广人员和部分农户发放防治图册和小手册，通过电视、报刊、病虫情报等媒介，大力宣传南方水稻黑条矮缩病的危害性及防控技术。

（七）加强部门协作，开展试验研究，合力增强

贵州省植保植检站与贵州大学绿色农药与农业生物工程国家重点实验室等相关单位开展合作，召开了南方水稻黑条矮缩病防控技术项目研讨会，对南方水稻黑条矮缩病试验研究做了部署，落实了南方水稻黑条矮缩病试验研究项目 10 多项，在荔波、都匀等地实施，为开展防控工作提供了科学依据。

（作者：谈孝凤　雷　强　陈　卓　贺　鸣）

浙江省南方水稻黑条矮缩病
防控技术协作研究总结

2009 年，南方水稻黑条矮缩病（SRBSDV）在浙江省金华市武义县首次确诊，发病面积迅速扩大。2009—2013 年，浙江省部分市县农业部门与科研院所对 SRBSDV 的发生流行规律及防控技术进行了调查、研究。

一、发生特点及规律

2010 年为浙江省 SRBSDV 发生面积最大、危害程度最重年份，2011 年后迅速下降，2012 年有所上升，其后几年发生面积下降（图 2-23）。

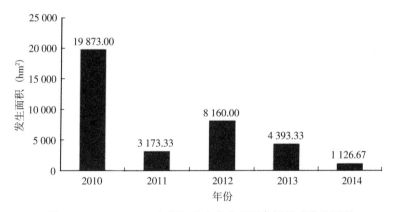

图 2-23　2010—2014 年浙江省南方水稻黑条矮缩病发生面积

（一）扩散迅速，危害严重

2009 年，浙江省 SRBSDV 首次在武义县被发现并确诊，当年发病面积 133.33hm²。2010 年，浙江省除嘉兴、舟山市外，其余 9 市 47 个县（市、区）218 个镇（乡）均有 SRBSDV 发生，其中衢州（江山、常山）、温州（文成、苍南、乐清）、台州（天台、黄岩、临海）、丽水（莲都、龙泉、缙云）、金华（武义、金东）、杭州（淳安）等县（市、区）单季籼型杂交稻 SRBSDV 发生面积较大，部分田块危害程度较重，个别田块甚至绝收。据统计，浙江全省发病面积 1.98 多万 hm²（图 2-24），其中产量损失率 3％、6％的 SRBSDV 发生面积分别达 1.1 万 hm²、0.26 万 hm²，产量损失率 20％以上的发病面积 200hm²，共计造成水稻损失 1 698.23t。

（二）发病品种多，品种间抗（耐）病程度差异大

2010 年对南方水稻黑条矮缩病发病情况进行调查，据不完全统计，浙江全省各地 60

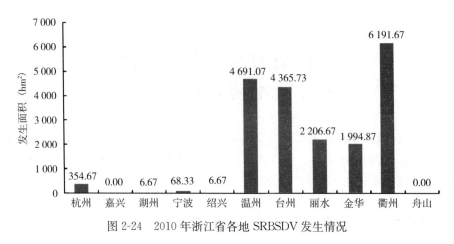

图 2-24　2010 年浙江省各地 SRBSDV 发生情况

多个水稻品种发病。2010 年 8 月底，衢州地区除龙游外，其余各县（市、区）的 34 个乡镇单季稻不同程度发病，发病面积 6 193.33hm²，病丛率一般为 1%～5%，最高达 50%；以扬两优 6 号、丰两优香 1 号发病较重。台州市杂交晚籼扬两优 6 号、国稻 9 号、丰两优 4 号、深两优 5814 和杂交晚粳甬优 15 等对南方水稻黑条矮缩病敏感，病丛率分别为 37.28%、27.11%、18.03%、13.24%、11.59%；常规晚粳秀水 09、秀水 123，杂交晚粳甬优 12、甬优 6 号以及杂交晚籼两优培九发病较轻，病丛率分别为 0.27%、1.41%、0.68%、1.54%、1.63%。各品种的发病程度见表 2-108。水稻品种的抗（耐）病性表现为常规晚粳＞杂交晚粳＞常规晚糯＞杂交晚籼。

表 2-108　2010 年台州市单季稻不同品种 SRBSDV 发病情况

品种	品种类别	调查田块(块)	调查丛数(丛)	病丛数(丛)	平均病丛率(%)	病丛率范围(%)
秀水 09	□	16	15 800	43	0.27	0.1～4.0
甬优 12	◎	20	12 689	86	0.68	0～3.5
秀水 123	□	4	3 268	46	1.41	0.32～2.23
秀水 134	□	2	400	6	1.5	1.0～2.0
甬优 6 号	◎	19	13 300	205	1.54	0.3～5.0
两优培九	△	10	5 038	82	1.63	1.5～7.0
甬优 9 号	◎	28	12 754	379	2.97	0～8.70
绍糯 9714	■	10	1 000	30	3.0	1.5～5.0
秀水 63	□	3	300	9	3.0	2.0～4.0
浙优 12	◎	5	500	15	3.0	1.0～4.0
嘉优 99	△	2	962	31	3.2	2.5～3.9
中浙优 8 号	△	11	6 200	217	3.5	0～6.0
祥湖 301	■	4	1 248	46	3.69	2.0～9.8
中浙优 1 号	△	9	6 488	241	3.71	0.79～60
国稻 6 号	△	4	1 532	75	4.9	2.8～11.0

（续）

品种	品种类别	调查田块(块)	调查丛数(丛)	病丛数(丛)	平均病丛率(%)	病丛率范围(%)
丰两优 2 号	△	5	736	51	6.93	2.0~13.2
丰两优香 1 号	△	2	200	16	8.0	1.0~15.0
盐两优 888	△	4	963	94	9.76	8.5~12.0
丰优 22	△	3	436	43	9.86	2.0~12.2
甬优 15	◎	7	3 668	425	11.59	4.5~51.6
深两优 5814	△	7	3 150	417	13.24	2.0~70.0
丰两优 4 号	△	6	2 868	517	18.03	6.0~83.8
钱优 0508	△	2	200	38	19.0	12.0~26.0
国稻 9 号	△	5	1 376	373	27.11	2.0~67.0
内 2 优 111	△	3	600	190	31.67	13.1~43.2
扬两优 6 号	△	17	3 600	1 342	37.28	7.0~80.0
合计	调查 178 户	208	99 276	5 017	5.05	—

注：□为常规晚粳，◎为杂交晚粳，■为常规晚糯，△为杂交晚籼。

（三）移栽期越早发病越重

据对台州市 135 个农户的 145 块杂交晚籼单季稻田调查发现（表 2-109），不同移栽期水稻 SRBSDV 发病总体表现为早栽田发病重，迟栽田发病轻。

表 2-109　2010 年浙江省台州市不同移栽期 SRBSDV 发生比较

移栽日期	地点	品种（杂交晚籼）	调查田数(块)	调查丛数(丛)	发病丛数(丛)	病丛率(%)
6 月 8—10 日	天台、仙居	两优培九、丰优 22、中浙优 1 号	15	1 780	442	24.83
6 月 16—20 日	临海、天台	中浙优 1 号、国稻 9 号	17	5 176	616	11.90
6 月 21—25 日	仙居、临海、黄岩、天台	扬两优 6 号、深两优 5814	25	5 805	1 585	27.30
6 月 26—30 日	椒江、黄岩、路桥、临海、温岭	中浙优 1、中浙优 8 号、两优培九	42	7 778	478	6.15
7 月 2—6 日	椒江、路桥、临海、温岭	中浙优 8 号	45	10 826	279	2.58

（四）年度间发生程度差异较大

浙江省 2010 年 SRBSDV 流行和危害最为严重，其后数年发生流行急剧减少。2011年，由于各级政府和农业部门高度重视南方水稻黑条矮缩病的防控工作，加强了对传毒介体白背飞虱的防治，病害发生面积比 2010 年大幅度下降，危害程度显著减轻，浙江省仅在籼型杂交稻区出现零星发病，未出现因病害危害而绝收的田块。2012 年，浙江省仅在杭州（桐庐、建德、淳安）、金华（武义、浦江、东阳）、温州（苍南）、丽水（庆元、龙泉）、宁波（象山、宁海）等地部分县（市、区）零星发病。2012 年以后，南方水稻黑条矮缩病在浙江省部分地区零星发生，危害较轻。据统计，2010—2014 年浙江省南方水稻黑条矮缩病发生面积分别为 1.99 万 hm²、0.32 万 hm²、0.82 万 hm²、0.44 万 hm²、0.11 万 hm²，防治面积分别为 33.27 万 hm²次、2.38 万 hm²次、10.66 万 hm²次、6.71 万 hm²次、0.68 万 hm²次（表 2-110）。

表 2-110　2010—2014 年浙江省南方水稻黑条矮缩病发生和危害情况

年份	发生面积（万 hm²）	防治面积（万 hm²次）	挽回损失（t）	实际损失（t）	严重程度
2010	1.99	33.27	9 127.75	1 698.23	3
2011	0.32	2.38	1 720.78	192.86	2.3
2012	0.82	10.66	3 862.95	591.57	1.7
2013	0.44	6.71	1 660.47	201.50	1
2014	0.11	0.68	943.29	116.29	2.3

注：严重程度分级参考《南方水稻黑条矮缩病测报技术规范》（NY/T 2631—2014）。

二、南方水稻黑条矮缩病感病症状特征及危害损失特点

（一）水稻不同品种感病情况

据各地调查结果，浙江省水稻主栽品种均有 SRBSDV 发病。主要发病品种有甬优 9 号、甬优 17、中浙优 1 号、丰两优 1 号、扬两优 6 号、深两优 5814、丰两优香 1 号、钱优 J813、钱优 0506、钱优 0612、钱优 1 号、国稻 7 号、两优 7954、新两优 6 号、金优 987、绿丰 20 等。发病重、抗性较差的品种有中浙优 1 号、甬优 9 号、甬优 12、新两优 6 号、扬两优 6 号、丰两优香 1 号等 20 多种。

2012 年，天台县对单季稻品种 SRBSDV 发病情况调查发现，各品种均有不同程度发病。病丛率≥1%的品种为 31 个，占 70.5%；病丛率≥2%的品种为 17 个，占 38.6%；病丛率≥3%的品种为 4 个，占 9.1%；病丛率≥5%的品种为 1 个，占 2.3%。武义县植物保护部门调查不同水稻品种 SRBSDV 田间发病率，各品种没有明显差异（图 2-25）。

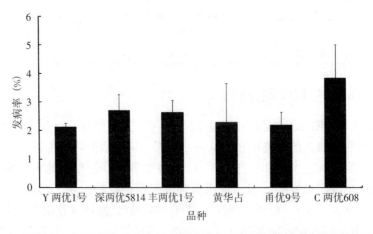

图 2-25　2012 年武义县水稻不同品种南方水稻黑条矮缩病发病率

（二）水稻不同播种期发病情况

2012 年武义县对不同播种期水稻 SRBSDV 发病情况进行调查，播种期较早的水稻发病明显较重，5 月 6 日、5 月 13 日播种的水稻，发病率明显高于 5 月 20 日及之后播种的田块（图 2-26）。

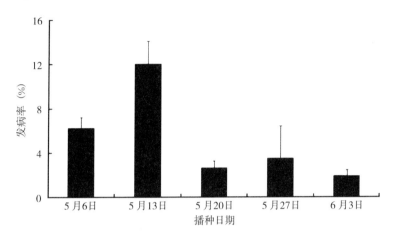

图 2-26　2012 年武义县不同播种期水稻 Y 两优 1 号 SRBSDV 发病情况

（三）水稻不同品种感病对产量的影响

SRBSDV 田间症状主要表现为：被害植株明显矮缩，仅为正常株高的 1/2，多为包颈穗（稻穗无法抽出），有的剑叶基部有皱褶；根系短而呈褐色，极不发达；发病稻株叶色深绿，叶片上可见凹凸不平的皱褶；病株近地面节部有倒生须根及高节位分蘖，茎秆表面有蜡白色瘤状突起，呈蜡点状纵向排列成条形，早期乳白色，后期褐黑色。前期感病，叶片短阔、僵直，叶色深绿，株形紧凑，分蘖增多，重者提前枯死；中期感病，株形发散，分蘖数正常，从叶尖到叶缘发黄，中脉基本保持绿色。轻发生田块病株零星分布，重病田病株集团式分布，有时全田发病，仅剩田边零星几株正常植株。

研究发现，水稻感染 SRBSDV 后，不同品种相同发病程度的分蘖数、穗长、小穗数、结实率、千粒重之间差异不显著。同一水稻品种分蘖数仅甬优 9 号和 C 两优 608 随发病程度加重而呈明显下降趋势，其他各产量指标均随着发病程度加重而降低（表 2-111 至表 2-115）。总体来看，感染 SRBSDV 对水稻结实率影响最为明显，结实率随着发病程度加重而显著下降。

表 2-111　2012 年浙江武义水稻不同品种感染 SRBSDV 的穗数（穗/丛）

品种	空白对照	发病程度			
		1 级	2 级	3 级	4 级
Y 两优 1 号	(6.60±0.93) a	(5.00±0.91) b	(4.83±0.79) a	(8.50±1.26) a	(4.00±0.93) a
深两优 5814	(9.40±2.40) a	(9.00±3.54) ab	(7.40±1.12) a	(7.80±1.88) a	(6.25±0.75) a
丰两优 1 号	(6.80±1.32) a	(11.00±1.22) a	(4.60±0.60) a	(8.00±1.18) a	(4.80±0.80) a

（续）

品种	空白对照	发病程度			
		1级	2级	3级	4级
黄华占	(7.20±0.86) a	(7.40±1.69) b	(7.00±0.84) a	(7.07±1.86) a	—
甬优9号	(12.20±0.86) a	(9.80±0.66) ab	(5.00±0.89) a	(4.20±0.73) a	—
C两优608	(9.60±1.03) a	(9.20±0.73) ab	(6.80±0.37) a	(6.80±1.28) a	(4.00±0.00) a

注：发生程度分级参考《南方水稻黑条矮缩病测报技术规范》（NY/ 2631—2014），下同。

表 2-112　2012 年浙江武义水稻不同品种感染 SRBSDV 的穗长（cm）

品种	空白对照	发病程度			
		1级	2级	3级	4级
Y两优1号	(22.01±0.34) abc	(21.38±0.38) a	(22.07±0.61) a	(19.41±0.61) a	(18.43±0.57) a
深两优5814	(24.93±0.79) a	(22.96±0.15) a	(21.14±0.96) a	(18.49±0.45) ab	(15.66±1.77) a
丰两优1号	(20.45±1.64) bc	(19.53±0.40) a	(19.22±0.76) a	(16.07±0.40) b	(13.83±1.31) a
黄华占	(19.05±0.71) c	(39.80±21.13) a	(15.54±0.66) b	(10.18±0.90) c	—
甬优9号	(25.22±0.69) a	(23.93±0.74) a	(21.51±0.69) a	(17.52±1.04) ab	—
C两优608	(22.85±0.31) ab	(19.67±0.40) a	(20.33±0.21) a	(18.20±0.48) ab	(15.40±1.50) a

表 2-113　2012 年浙江武义水稻不同品种感染 SRBSDV 的小穗数（个/穗）

品种	空白对照	发病程度			
		1级	2级	3级	4级
Y两优1号	(11.85±0.13) ab	(10.38±0.61) bc	(10.98±0.34) a	(8.94±0.30) abc	(8.92±0.48) a
深两优5814	(12.93±0.59) ab	(12.76±0.22) a	(12.23±0.24) a	(10.57±0.28) a	(9.62±1.06) a
丰两优1号	(9.37±1.07) c	(9.42±0.17) c	(8.93±0.15) b	(8.31±0.13) bc	(7.43±0.54) a
黄华占	(9.36±0.51) c	(7.26±0.09) d	(7.56±0.46) b	(5.17±0.67) d	—
甬优9号	(10.52±0.29) bc	(10.09±0.45) bc	(8.73±0.44) b	(7.97±0.45) c	—
C两优608	(12.99±0.15) a	(11.17±0.26) b	(11.08±0.62) a	(10.00±0.46) ab	(9.00±1.50) a

表 2-114　2012 年浙江武义水稻不同品种感染 SRBSDV 的结实率（%）

品种	空白对照	发病程度			
		1级	2级	3级	4级
Y两优1号	(85.11±5.07) a	(72.53±11.39) a	(57.92±11.33) ab	(52.92±6.87) a	(39.45±6.69) a
深两优5814	(87.70±1.88) a	(55.99±8.02) a	(19.33±5.02) b	(4.27±2.68) b	—
丰两优1号	(81.67±4.76) a	(71.70±7.34) a	(45.70±11.44) ab	(8.07±5.68) b	(4.42±3.22) b
黄华占	(87.10±1.37) a	(77.25±2.21) a	(76.13±3.26) a	(11.02±8.00) b	—
甬优9号	(80.02±3.30) a	(77.62±4.25) a	(67.43±7.60) a	(35.75±14.35) ab	—
C两优608	(84.17±4.20) a	(47.11±9.75) a	(33.30±9.30) ab	(9.53±8.91) b	—

表 2-115　2012 年浙江武义水稻不同品种感染 SRBSDV 的千粒重（g）

品种	空白对照	发病程度			
		1 级	2 级	3 级	4 级
Y 两优 1 号	（24.01±0.48）a	（21.97±1.84）b	（20.93±1.26）ab	（19.56±0.74）a	（16.23±1.08）a
深两优 5814	（23.31±0.48）a	（20.72±0.68）b	（14.45±0.78）b	（11.26±3.40）a	—
丰两优 1 号	（21.96±0.87）a	（21.55±1.30）b	（18.52±2.11）ab	（14.52±1.44）a	（14.17±1.84）a
黄华占	（19.56±0.22）a	（19.09±0.41）b	（17.11±1.12）ab	（13.02±2.53）a	
甬优 9 号	（26.62±0.60）a	（26.17±1.12）a	（25.19±0.58）a	（19.44±3.02）a	—
C 两优 608	（24.28±0.34）a	（20.80±0.61）b	（20.09±1.44）ab	（15.06±2.61）a	—

三、SRBSDV 发生程度与白背飞虱灯下和田间发生量、带毒率、水稻生育期的关联性

（一）白背飞虱迁入期和单季稻移栽期吻合度高，SRBSDV 发病流行重

台州市各监测点灯下白背飞虱诱量监测结果显示（图 2-27），2010 年白背飞虱主要迁入期为 6 月 17 日至 7 月 18 日，台州市 6 个监测点灯下均出现 3 个以上迁入峰，迁入峰主要集中在 6 月 17—19 日、6 月 24—26 日、7 月 3—9 日。而单季稻移栽或直播高峰期为 6 月 8 日至 7 月 10 日，其中，北部（天台、仙居、三门）为 6 月 8—26 日，中部的临海为 6 月 16 日至 7 月 6 日，市级 3 区（椒江、黄岩、路桥）均为 6 月 20 日至 7 月 6 日，南部（温岭、玉环）为 6 月 25 日至 7 月 10 日。台州全市移栽高峰早，且时间跨度长，造成移栽期与携毒白背飞虱集中迁入高峰期吻合期达 24d，传毒染病时间充分。这是导致 2010 年单季稻 SRBSDV 流行的直接原因之一。

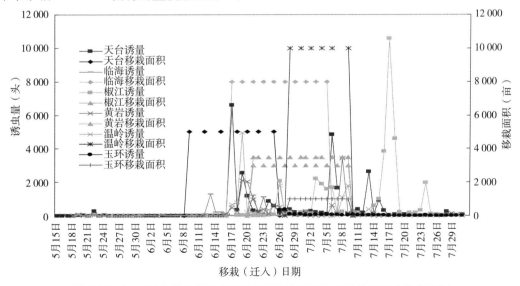

图 2-27　2010 年台州市各地白背飞虱迁入高峰期与当地单季稻移栽高峰期

台州市抽样调查结果显示，2010年所辖各地单季稻SRBSDV重病田（病丛率30％以上）面积由多至少依次为：仙居、临海、温岭、玉环、三门、黄岩、路桥、椒江（图2-28）。北部的天台、仙居、三门（后两地迁入情况参考天台）迁入主峰恰好与移栽高峰期重合，临海和黄岩迁入的3个高峰中，各有2个次高峰与移栽高峰期重合，上述5个地区发病程度明显严重。温岭、椒江、路桥（迁入情况参考椒江）因当地主迁入峰错开了移栽高峰期，加之主栽品种为抗病性好的常规晚粳秀水系列和杂交晚粳甬优系列，发病程度偏轻。说明携毒白背飞虱迁入期与单季稻移栽期吻合度越高，单季稻SRBSDV发病流行程度越重。

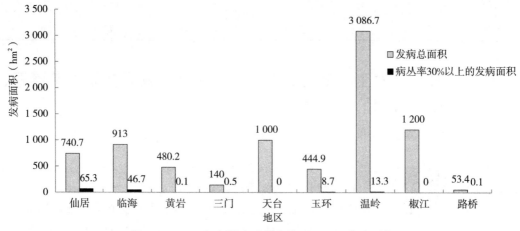

图2-28　2010年台州地区单季稻 SRBSDV 发生面积

（二）白背飞虱迁入量与 SRBSDV 发病率的相关性

据各地调查研究发现，白背飞虱的迁入量与 SRBSDV 的发生面积之间存在明显相关性。金华市占水稻种植面积90％以上的单季晚稻秧田后期、大田初期6月迁入代白背飞虱虫量与南方水稻黑条矮缩病发生面积呈正相关。由图2-29可见，婺城区2010年、2011年、2012年、2013年的6月灯下迁入代虫量分别为3 391头、455头、904头和112头，SRBSDV 发病面积分别为 1 360hm^2、0.67hm^2、1 290hm^2、0.2hm^2。

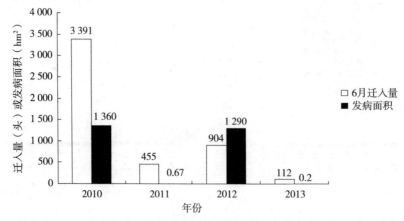

图2-29　2010—2013年金华市婺城区白背飞虱迁入量与 SRBSDV 发病面积

　　分析白背飞虱在杭州地区主栽品种的发生动态，及主栽品种与南方水稻黑条矮缩病的相关性，结果表明，水稻主栽品种上白背飞虱虫量与 SRBSDV 的病情呈显著正相关（图 2-30），齐穗期 SRBSDV 病情指数（Y1）与 8 月初（X_2）、9 月初（X_4）的白背飞虱虫口密度呈显著正相关，预测模型为 $Y1 = -7.9615 + 0.110X_2 + 2.505X_4$（$r = 0.8075$，$P < 0.0006$）。表明秧田期和大田初期白背飞虱迁入造成 SRBSDV 的初侵染，主害代（8 月）白背飞虱传毒造成的再侵染，对后期 SRBSDV 发生程度均有显著影响。

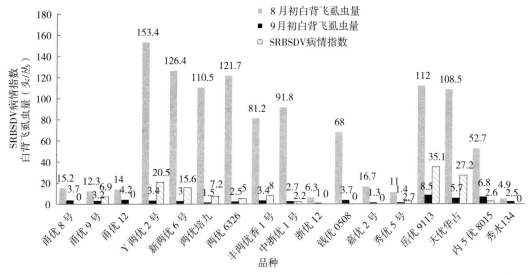

图 2-30　2012 年杭州市水稻主栽品种白背飞虱虫量和齐穗期 SRBSDV 发生程度

　　注：SRBSDV 病情分级标准按照株发病率分为 5 级。0 级为株发病率 $X = 0$；1 级为株发病率 $0 < X \leqslant 5\%$；2 级为株发病率 $5\% < X \leqslant 15\%$；3 级为株发病率 $15\% < X \leqslant 50\%$；4 级为株发病率 $X > 50\%$。病情指数 $= 100 \times \sum$（各级病株数 × 各级代表值）/（调查总株数 × 最高级代表值），采用 SPSS17.0 软件统计白背飞虱虫量和 SRBSDV 病情指数值。

（三）白背飞虱带毒率与 SRBSDV 发病率的相关性

　　SRBSDV 发生程度与迁入白背飞虱带毒率呈正相关。浙江省农业科学院病毒学与生物技术研究所 2010 年检测 11 个市 22 个县（市、区）灯下白背飞虱带毒率，平均带毒率为 2.67%（范围为 0%～6.7%）。其中江山市送检白背飞虱 232 头，阳性 9 头，带毒率为 3.88%；遂昌县送检白背飞虱 296 头，阳性 9 头，带毒率 3.04%；富阳区和诸暨市白背飞虱带毒率分别为 3% 和 2.75%。2011 年检测 1 105 头白背飞虱，阳性 4 头，平均带毒率为 0.36%。2012 年浙江省送检白背飞虱样品平均带毒率 2.3%（范围为 0.9%～4.7%）。2013 年平均带毒率 2.6%（范围为 0%～5.1%）。以金华市白背飞虱带毒率检测结果为例，2011 年和 2013 年带毒率较低（送检样品未检出），2012 年带毒率平均为 4.72%；2012 年 SRBSDV 发病面积为 10.40 万亩，2011 年和 2013 年仅为 0.50 万亩和 0.20 万亩，2012 年发病范围明显比 2011 年、2013 年广，发生程度也明显重于 2011 年、2013 年（图 2-31）。

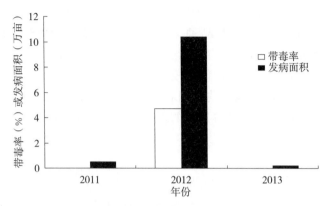

图 2-31　2010—2013 年金华市迁入虫量带毒率与 SRBSDV 发病面积

(四) 白背飞虱虫量与 SRBSDV 发病程度的相关性

SRBSDV 发病程度主要受传毒昆虫初侵染源、再侵染源和栽培品种等生物因子的影响，集中育秧而不设防虫网覆盖，则可能加重 SRBSDV 病情。2009 年武义县植保站调查显示，SRBSDV 仅侵染当地连作晚稻奥两优 28，且集中统一育秧稻田病情远高于农户分散育秧田，集中育秧丛发病率 30%～60%，发病面积 233.33hm²；分散育秧丛发病率 6%～10%，发病面积 100hm²。2012 年杭州市植保土肥站相关研究表明，于移栽后 10d 用防虫网覆盖的网室内，白背飞虱繁殖后无法向周围扩散，随着时间的推移，虫口密度明显高于露地处理，SRBSDV 病情指数也明显高于露地处理。从图 2-32 可以看出，同一品种 SRBSDV 病情指数覆网处理普遍重于露地处理。

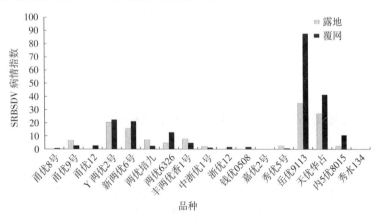

图 2-32　2012 年杭州市不同水稻品种露地和覆网处理 SRBSDV 病情指数

四、综合防治技术研究与开发进展

针对 2010 年南方水稻黑条矮缩病对浙江省水稻生产造成的严重影响，浙江省各级植物保护部门开展了大量的南方水稻黑条矮缩病综合防治技术研究与开发，逐步集成了一套行之有效的南方水稻黑条矮缩病综合防治技术。

（一）强化监测预警体系

近年来，浙江省不断强化植保监测体系建设，预警体系得到长足发展。2014年，浙江省植保检疫局组织实施《浙江省"十二五"农作物病虫害监测预警体系（数字化）建设规划》和"8810"手段信息化专项行动计划，着力提升重大病虫疫情监测预警信息化水平，组织实施开化等26个国家植物保护工程项目、海宁等9个省级数字化监测预警区域站建设，并根据农作物重大病虫害发生区域特点和发生动态，调整病虫区域站重点监测对象，完善专家会商机制，突出抓好迁飞性、流行性以及突发性病虫疫情的系统监测，提高监测预警的时效性、针对性和准确率。据统计，浙江省各级累计发布病虫情报1 200多期，上报国家农作物重大病虫数字监测预警系统病虫信息报表6 000多件，报送数据近10万项。

2011年，南京农业大学翟保平老师实验室通过白背飞虱灯下诱虫情况调查、迁飞轨迹模拟、天气学背景分析以及毒源地分析，明确了浙江武义的可能毒源地分布于两广、闽南、赣南4省，西南低空急流及偏南气流是白背飞虱将我国南方的病毒远距离传送到武义县的动力源。毒源地的确定和白背飞虱种群动态监测预警及带毒率检测，对SRBSDV的早期预警和防控具有重要意义。

（二）筛选抗（耐）病品种

目前，我国尚未发现明显抗病的水稻主栽品种，而杂交籼稻又极易受到白背飞虱的危害，其抗（耐）病性也较差。2010—2014年，浙江省植物保护部门调查不同水稻品种对SRBSDV的抗（耐）程度，对现有品种的抗（耐）病性进行初步评价。同时，各地科研、种子部门也加强抗性资源的筛选，加快抗（耐）病品种培育。在病害发生严重地区，要优先考虑种植抗（耐）病品种，避免种植本地区上年病害重发品种。

（三）防虫网覆盖集中育秧

水稻秧苗期是感染SRBSDV的关键时段。阻隔传毒介体白背飞虱对秧苗的危害传毒，是解决SRBSDV侵染的有效途径。采取防虫网全程覆盖育秧，统一病虫防治，培育无病壮秧，是"防虱治矮"的有效手段。

应用防虫网育秧预防水稻黑条矮缩病的试验研究结果表明，在同期播种、移栽的情况下，塑盘育秧应用防虫网覆盖能大大提高病毒病的防病效果；防虫网不同覆盖时间处理结果表明，随着防虫网覆盖时间延长，预防病毒病能力增强，秧田播后应用防虫网覆盖时间需17d以上，以持续覆盖至秧苗秧龄4～5叶期后移栽到大田对预防病毒病有较好效果。杭州市植保土肥站的相关研究也表明，防虫网覆盖能阻隔传毒介体稻飞虱的扩散、传播病毒，减轻发病程度。

（四）合理调整水稻播种期

对不同播种期水稻SRBSDV发生情况调查发现，播种期较早，SRBSDV发病明显较重。因此，南方水稻黑条矮缩病对早播单季稻影响较大，适当延迟单季稻播种期能减少感染南方水稻黑条矮缩病概率。

（五）筛选化学药剂

1. 种子处理 杭州、金华等地药剂筛选试验结果表明，选用 35％丁硫克百威干拌种剂、60％吡虫啉悬浮种衣剂、10％吡虫啉可湿性粉剂拌种处理对防治白背飞虱及预防 SRBSDV 可起到较好的效果（表 2-116、表 2-117）。

表 2-116　2012 年杭州药剂拌种防治白背飞虱及预防 SRBSDV 的效果

处理	白背飞虱防治效果（％）			SRBSDV 预防效果		
	播后 14d	播后 23d	播后 36d	播后 44d	病情指数	防治效果（％）
每千克稻种使用 35％丁硫克百威干拌种剂 12g	92.5aA	78.4aA	61.5aA	53.4abA	5.00bcB	53.6aAB
每千克稻种使用 40％氯虫·噻虫嗪水分散粒剂 2.5g	85.0abA	68.6abAB	46.2aA	45.8abA	5.38bcB	50.2abAB
每千克稻种使用 10％吡虫啉可湿性粉剂 20g	90.0aA	78.4aA	53.9aA	39.7bA	4.54bcB	57.9aAB
每千克稻种使用 25％吡蚜酮可湿性粉剂 20g	62.5cB	60.8bB	53.9aA	58.0aA	6.42bB	40.5bB
每千克稻种使用 60％吡虫啉悬浮种衣剂 10mL	77.5bAB	78.4aA	61.5aA	55.7abA	4.13cB	61.7aA
空白对照（CK）	—	—	—	—	10.79aA	—

表 2-117　2013 年金华药剂拌种防治秧田白背飞虱的效果

处理	每 30 株虫量（头）			防治效果（％）		
	低龄若虫	高龄和成虫	小计	低龄若虫	高龄和成虫	总防治效果
每千克稻种使用 10％吡虫啉可湿性粉剂 10g	8.33	2.67	11.00	19.40abA	44.00bA	27.30bA
每千克稻种使用 25％噻虫嗪水分散粒剂 2g	9.33	1.67	11.00	4.50bA	61.90abA	27.00bA
每千克稻种使用 25％吡蚜酮可湿性粉剂 4g	6.67	1.00	7.67	35.40abA	82.10aA	49.10abA
每千克稻种使用 35％丁硫克百威干拌种剂 15mL	4.33	1.67	6.00	54.00aA	61.90abA	59.80aA
空白对照（CK）	10.33	5.00	15.33			

2. 秧田期治虱防矮 大田初期为白背飞虱迁入高峰期，选用速效性较好的烯啶虫胺、吡蚜酮、噻虫嗪、哌虫啶等药剂进行防治，注意药剂轮换使用，避免产生抗药性。杭州市 2012 年调查表明，大田初期药剂喷雾对白背飞虱防治效果和 SRBSDV 预防效果较好。防治白背飞虱低龄若虫，第一次药后 5d 和 10d，10％吡虫啉可湿性粉剂、25％吡蚜酮可湿性粉剂、10％烯啶虫胺水剂、40％氯虫·噻虫嗪水分散粒剂防治效果均在 75％以上；第一次药后 14d，10％吡虫啉可湿性粉剂、10％烯啶虫胺水剂表现出较好的持效性，25％吡

蚜酮可湿性粉剂等药剂防治效果均有不同程度的下降。10％烯啶虫胺水剂、40％氯虫·噻虫嗪水分散粒剂、25％吡蚜酮可湿性粉剂第二次施药处理总体防治效果较好，药后 25d 40％氯虫·噻虫嗪水分散粒剂白背飞虱防治效果最好，为 80.4％（表 2-118）。

表 2-118　2012 年杭州大田初期药剂喷雾对白背飞虱防治效果和对 SRBSDV 预防效果

处理	白背飞虱防治效果（％）							SRBSDV 预防效果	
	第一次药后			第二次药后				病情指数	防治效果（％）
	5d	10d	14d	3d	6d	14d	25d		
每亩 40％氯虫·噻虫嗪水分散粒剂 7.5g	75.0aA	76.9aA	44.3bcB	32.6bAB	71.8bAB	86.8bA	80.4aA	2.71cB	73.2aA
每亩 10％烯啶虫胺水剂 40 mL	79.2aA	84.6aA	73.5aA	56.2aA	78.0abA	90.2abA	76.8aAB	4.96bcB	51.0bA
每亩 25％噻嗪酮可湿性粉剂 75g	45.8bA	53.9bB	28.3cB	20.5bB	57.8cB	75.5cB	68.0bB	5.54bB	45.3bA
每亩 10％吡虫啉可湿性粉剂 50g	83.3aA	84.6aA	77.0aA	52.5aAB	81.9aA	92.4aA	75.7aAB	5.21bcB	48.5bA
每亩 25％吡蚜酮可湿性粉剂 30g	79.2aA	80.8aA	46.0bB	35.2bAB	79.3abA	91.7abA	77.2aAB	4.05bcB	60.0abA
空白对照（CK）								10.13aA	

注：表中同列中不同大小写字母表示在 $P＝0.01$ 和 $P＝0.05$ 水平有差异。下同。

金华市 2012 年开展大田初期不同药剂防治白背飞虱效果试验，每亩 10％哌虫啶悬浮剂 30mL 速效性和持效性表现最好，药后 7d、14d 校正防治效果分别为 91.7％、78.5％；其次为每亩 25％吡蚜酮可湿性粉剂 24g，药后 7d、14d 的校正防治效果分别为 82.3％、68.2％（表 2-119）。

武义县试验结果表明，毒氟磷、宁南霉素、盐酸吗啉胍等抗病毒制剂对 SRBSDV 没有明显的防治效果，校正防治效果最高仅为 10％左右。

表 2-119　2012 年金华不同药剂大田初期防治白背飞虱效果

处理	药后 1d		药后 3d		药后 7d		药后 14d	
	校正防治效果（％）	显著性	校正防治效果（％）	显著性	校正防治效果（％）	显著性	校正防治效果（％）	显著性
每亩 10％哌虫啶悬浮剂 30ml	64.6	bAB	80.5	aA	91.7	aA	78.5	aA
每亩 25％吡蚜酮可湿性粉剂 24g	55.4	cBC	62.4	bB	82.3	bB	68.2	bB
每亩 40％毒死蜱乳油 75ml	67.7	abA	80	aA	78.7	bB	51.8	cCD
每亩 25％噻虫嗪水分散粒剂 6g	72.3	aA	80.9	aA	70.2	cC	54.8	cC
每亩 25％扑虱灵可湿性粉剂 60g	38.9	dD	61.6	bB	71.3	cC	45.1	dD

（续）

处理	药后 1d		药后 3d		药后 7d		药后 14d	
	校正防治效果（%）	显著性	校正防治效果（%）	显著性	校正防治效果（%）	显著性	校正防治效果（%）	显著性
每亩 10% 吡虫啉可湿性粉剂 60g	49.4	cC	64.6	bB	59.7	dD	21	eE
空白对照（CK）	0	—	—	—	0	—	—	—

五、结语

在南方水稻黑条矮缩病防控技术协作研究过程中，浙江省各级植物保护系统认真落实防控责任，及时制订防控方案，不断完善监测预警体系建设，强化技术宣传培训和指导，加强与科研部门协作攻关，开展 6 项研究，取得了丰富的研究成果和经验。据统计，浙江省农业农村厅下发南方水稻黑条矮缩病防控文件 6 次，全省各级植物保护部门累计发布病虫情报 1 200 多期，上报国家农作物重大病虫数字监测预警系统病虫信息报表 6 000 多个，报送数据近 10 万项；白背飞虱带毒率检测 110 批次 1 万多头。在省级以上学术期刊发表南方水稻黑条矮缩病相关研究论文 10 多篇，有力地推进了该领域的科技进步和创新，填补了浙江省 SRBSDV 综合防控技术空白。南方水稻黑条矮缩病防控技术协作研究的实施，取得了以下几点成果。

（一）明确了水稻栽培制度和不同品种与南方水稻黑条矮缩病发生的关系

相关生产实际和研究表明，南方水稻黑条矮缩病对浙江省早稻、连作晚稻影响不大，对单季稻影响较大，特别是早播单季稻。目前，浙江省无明显抗 SRBSDV 的水稻品种，主栽水稻品种均不同程度感染 SRBSDV，品种间发病并没有明显差异。

（二）明确了南方水稻黑条矮缩病对水稻产量构成要素的影响

不同水稻品种感染 SRBSDV 后均影响产量。同一品种发病主要影响有效穗数、结实率、千粒重等，从而影响产量。对分蘖数、总粒数等无明显差异。

（三）明确了南方水稻黑条矮缩病发生流行规律及其主要影响因子

浙江省南方水稻黑条矮缩病流行的主要影响因子有白背飞虱迁入量、8 月初白背飞虱田间虫量、白背飞虱带毒率、水稻播种期。SRBSDV 发病率与白背飞虱迁入量、8 月和 9 月初田间虫量呈正相关，与迁入白背飞虱的带毒率成呈相关，与单季稻播种期相关，适当延迟单季稻播种期能减少感染南方水稻黑条矮缩病概率。

（四）筛选出对传毒介体白背飞虱防效较好的药剂品种

明确病毒制剂防治 SRBSDV 几乎无效，预防南方水稻黑条矮缩病应以"治虱防矮"为主。种子处理可选用丁硫克百威、吡虫啉等种子处理剂。大田初期白背飞虱迁入高峰期可选用速效性较好的烯啶虫胺、吡蚜酮、噻虫嗪等药剂，注意药剂轮换使用，避免产生抗药性。

（五）集成一套南方水稻黑条矮缩病综合防控技术

南方水稻黑条矮缩病防控应坚持"治虱防矮"的总体策略，以"种子拌种处理＋秧苗带药下田"为主，辅以"抗虫品种＋适当延迟单季稻播种期＋生态控制防控技术"，既可减少农药用量，又可取得较好的防病效果。

（作者：姚晓明　陈桂华　盛仙俏　吴璀献　钟列权　洪文英　陈将赞　徐南昌
　　　　施　德　石春华　王道泽　张发成　贾华凑　汪恩国　冯永斌）

湖北省南方水稻黑条矮缩病
发生情况及防治策略的思考

南方水稻黑条矮缩病是近年来传入湖北省的新发生病害，由南方水稻黑条矮缩病毒引起。2009年在公安县晚稻田首次见病，之后迅速扩散蔓延，由于该病害可经迁飞性害虫白背飞虱远距离传播，扩展快，隐蔽性强，危害大，对湖北省水稻生产安全构成严重威胁。为科学、有效防控南方水稻黑条矮缩病，湖北省制订了防控技术方案，但由于该病研究时间较短，一些研究还不够深入，故在防治策略和防治实践上还存在不足，值得进一步探讨。

一、发生概况

湖北省水稻种植面积约200万hm^2，其中双季稻（早稻、晚稻）面积约66.67万hm^2，一季稻（中稻）面积约133.3万hm^2。鄂东和江汉平原为双季稻和一季稻混栽区，其他基本为一季稻区。湖北白背飞虱为外来虫源，成虫一般在5月上中旬开始从南方虫源地迁入，6—7月达到峰值。田间飞虱第三至五代以白背飞虱为主，第六代白背飞虱与褐飞虱混合发生，之后白背飞虱比例有所下降，但西部山区则始终以白背飞虱为主。

2009年，湖北省首次在江汉平原的晚稻田发现南方水稻黑条矮缩病，发生面积为2 000hm^2左右，公安、石首、监利、崇阳和通城县等5个县（市）见病。发病特点主要表现为连片成块发生，一般田块损失率在10%～20%，重病田损失率50%左右。2010年，该病害在湖北省呈迅速上升之势，发生面积和范围迅速扩大，发生面积达35 666.7hm^2，是2009年的17.8倍，其中，中稻发生10 933.3hm^2，晚稻发生20 740.7hm^2，发生范围由江汉平原扩大到鄂东稻区，共有15个县（市）见病。大部田块危害损失率在5%以下，个别田块超过20%。2011—2012年，由于湖北省各级植物保护部门积极推行药剂拌种和苗期施药等防治技术，使稻飞虱危害有所减轻，由白背飞虱传播的南方水稻黑条矮缩病发生相应减轻。湖北全省主要在鄂东南的沿江县（市）见病，发生程度1～2级，发生面积分别为25 400hm^2、35 600hm^2。2013—2015年，可能由于南方迁入的稻飞虱带毒率降低，加上大力防治，湖北省仅在毗邻湖南的几个县（市）零星发生，危害程度很轻，发生面积分别为4 600hm^2、800hm^2、133.33hm^2（图2-33）。

二、发生危害特点

湖北省南方水稻黑条矮缩病发生主要表现以下特点。

1. 发病程度与栽插早晚密切相关 栽插越晚，发生越重。具体表现为晚稻重于中稻，中稻、晚稻又重于早稻（表2-120）。

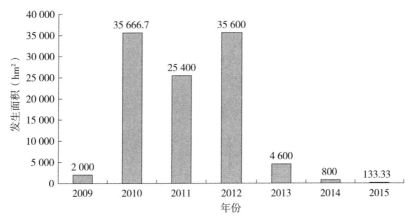

图 2-33　2009—2015 年湖北省南方水稻黑条矮缩病发生面积

2. 发病程度与栽培方式有关　育秧移栽田明显重于直播田。

3. 发病程度与水稻品种有关　杂交稻发病重于常规稻，尚未发现有明显抗性的水稻品种。通过近几年观察，高度感病的品种有宜优 207、鄂糯 7 号、珍糯等，较为感病的有金优 117、晚籼 98、天优 8 号、天优 998、扬两优 6 号、金优 928、丰两优 299、武优 308、华优 332、三香优 714、金优 725、丰两优 4 号等。

4. 发病程度与侵染时期有关　水稻越早侵染，受害越重，对产量影响越大。有研究表明，如果在水稻孕穗期之前受害，产量损失一般在 30% 以上，如苗期受害，甚至可造成绝收。

表 2-120　湖北省历年不同稻作类型南方水稻黑条矮缩病平均病丛率（%）

水稻种类	2009 年	2010 年	2011 年	2012 年	2013 年	2014 年	2015 年
早稻	0	0	0	0	0	0	0
中稻	0.37	0.3	0.25	0.27	0.2	0.2	0.1
晚稻	7.5	5.5	5	2.24	0.25	0.11	0.05

注：分蘖期开始调查，仅统计见病面积的病丛率。

三、主要防控技术措施

根据南方水稻黑条矮缩病感病越早，水稻受害越重的特点，湖北省提出了"秧田和大田初期避害，治虫防病"的防控策略，主要包括以下技术措施。

（一）中晚稻秧田无病育秧

1. 秧田选择　秧田宜选择远离前茬发病田，提倡集中连片育秧，中晚稻秧田应尽可能远离早稻田，减少飞虱从早稻田向秧田迁入概率。

2. 种子拌种　种子催芽露白后，用吡蚜酮有效成分 0.5g 或高含量吡虫啉有效成分 1g，先与少量细土或谷糠拌匀，再均匀拌 1kg 稻种即可播种，可预防前期稻飞虱等刺吸式口器害虫危害。

3. 防虫网覆盖 重病区推行防虫网覆盖育秧，育秧期全程覆盖防虫网，阻止稻飞虱迁入到秧苗上传毒危害。2012年天门市植物保护站试验防虫网全程覆盖水稻秧田预防稻飞虱。结果表明，秧田全程覆盖防虫网对秧田稻飞虱有很好的防治效果，尤其是稻飞虱发生重的年份，可以很好地控制稻飞虱的危害。移栽前揭网后观察，覆盖30目和40目防虫网的处理秧苗株高略高于非覆盖田，并且叶色明显嫩绿（表2-121）。

表2-121 2012年湖北省天门市防虫网覆盖育秧对一季中稻稻飞虱的防治效果（头/百丛）

处理	稻飞虱虫量（5月15日）			稻飞虱虫量（6月2日）		
	白背飞虱	灰飞虱	褐飞虱	白背飞虱	灰飞虱	褐飞虱
30目防虫网覆盖	—	—	—	0	0	0
40目防虫网覆盖	—	—	—	0	0	0
60%吡虫啉悬浮种衣剂拌种	0	0	0	1	0	0
无防虫网、不拌种	1	0	0	8	0	0

注：5月5日播种，5月30日揭网，6月3日带药移栽。

（二）早施药护苗

1. 实行早期保护 采用具有内吸作用的药剂进行浸种或拌种，或在秧苗二叶一心期进行喷药保护。

2. 实行带药移栽 在秧苗移栽或抛秧前1周，喷施1次杀虫剂＋抗病毒剂进行保护。

（三）大田分蘖期防治

水稻移栽后至孕穗初期，根据白背飞虱迁入量和带毒率检测结果，喷施速效和持效杀虫剂以及抗病毒剂进行防治。

（四）减少早稻虫源和病源

重点抓好早稻后期稻飞虱防治，减少中晚稻田虫源。早稻收割后，及时清除稻秆和杂草。发病田立即回水耕沤，同时施用碳酸氢铵，加速腐烂，以免病株再生苗残留病源。

自2009年以来，湖北省高度重视南方水稻黑条矮缩病的防控工作，按照"治早治小、治虫防病"的策略，狠抓中晚稻秧田和大田初期避害防治，每年秧田和大田初期集中防治面积均在150万亩以上，有效控制了白背飞虱种群增长和南方水稻黑条矮缩病危害（表2-122）。

表2-122 湖北省历年秧田集中防治稻飞虱（含种子处理）面积（万 hm²）

水稻种类	2009年	2010年	2011年	2012年	2013年	2014年	2015年
早稻	0.33	0.33	0.80	1.00	1.00	0.67	0.67
中稻	2.00	2.67	5.33	8.00	8.00	8.33	8.00
晚稻	0.67	0.67	1.33	2.33	2.33	2.67	2.67

四、思考

在南方水稻黑条矮缩病的防控上，要做到预防为主、有的放矢，同时又要避免浪费，减少不必要的投入。

（一）关于防控对象田

湖北省白背飞虱大量迁入一般在 5 月下旬至 7 月下旬，前期迁入的白背飞虱量相对较少，对早稻影响较小。近几年观察，湖北省早稻几乎不发生南方水稻黑条矮缩病，即使带毒，也不会表现明显症状，对产量影响不大。中稻栽插期比早稻推迟 1 个月左右，部分稻区甚至推迟 2 个月（一季晚稻），秧田和大田初期遭遇带毒白背飞虱的概率逐渐增加，尤其是双季晚稻，育秧期一般在 7 月，此时正是白背飞虱迁入高峰期和前期已迁入虫源的繁殖高峰期，带毒白背飞虱取食秧苗的概率大大增加，加重了病害的暴发风险。因此，湖北省在南方水稻黑条矮缩病的防控上，要以中晚稻为主要防控对象田，尤其要抓好晚稻田南方水稻黑条矮缩病的防控，重点做好秧田和大田初期避害。

（二）关于防治指标

治虫防病是南方水稻黑条矮缩病的防控策略之一，但稻飞虱虫量究竟达到多少才可以开展防治，各地并未统一。湖北省单纯对稻飞虱为靶标的防治指标为百丛虫量 1 200 头，显然偏高，不适合南方水稻黑条矮缩病防治。如果以稻株发病率作为防治指标同样不合适，因为从侵染到发病显症时间较长，见病时实际上已经错过了最佳防治时期，对防控工作指导意义不大。湖北省可以借鉴湖南、福建等地的做法，弱化防治指标，在加强监测和白背飞虱带毒率检测基础上，见虫治病，预防为主。

（三）关于施药次数

过度使用化学农药会增加成本、破坏环境，带来质量安全问题。减少应急事件的前提是做好预防工作，对南方水稻黑条矮缩病的防治同样要以预防为主。药剂拌种的优点在于投入小、效果好、持效期长，带药移栽也是投入少、效率高的重要措施，还可与二化螟防治配套使用，都应该大力推广。防虫网覆盖育秧投入大，仅限于有条件的重病区推行。早期施药护苗和大田分蘖期防治，仅适用于前期没有拌种和没有带药移栽的田块。因此，南方黑条矮缩病防控要重点抓好药剂拌种和带药移栽 2 个关键措施，稻飞虱虫量特别高的田块可以在大田分蘖期追加防治 1 次，以总防治不超过 3 次为宜。如果前期用了防虫网覆盖育秧，则只需移栽时防治 1 次，稻飞虱虫量特别高的田块可以在大田分蘖期追加防治 1 次，以总防治不超过 2 次为宜。

（四）关于防控工作的组织

首先，要做好宣传，可通过电视、电台、报纸、宣传车、手机短信，或通过举办现场会、农民培训班等多种形式，及时播报病虫害的发生趋势，讲授科学的防治方法。其次，要做好组织发动。要积极争取政府领导重视，按照"政府主导、属地责任"的原则，通过加强组织领导，明确责任，协调配合，确保各项工作措施落到实处。最后，大力发展专业化统防统治。发展专业化统防统治，正好解决湖北省农村劳力不足、防治效率低下和农民防治水平不高的现实难题，尤其适合稻飞虱、南方水稻黑条矮缩病等重大病虫灾害的联防联控。

（作者：徐荣钦　许艳云）

湖北省公安县南方水稻黑条矮缩病
发生情况及防治对策

一、南方水稻黑条矮缩病的鉴定与症状

2009年8月，湖北省公安县章田寺乡晚稻出现矮化、叶片皱缩、无法抽穗等症状，对晚稻产量损失极大。农民以为是僵苗、药害等原因，公安县植物保护站农业技术推广员推测可能是一种新的病害，及时向上级部门反映并取样送到华中农业大学做基因图谱鉴定，最终确定为南方水稻黑条矮缩病。

南方水稻黑条矮缩病主要在公安县晚稻上发生危害，各个发育时期发病症状有一定差异。秧苗期发病呈现病株矮小，颜色深绿，心叶叶片短小而僵直，生长缓慢等症状。分蘖期呈现病株矮小，分蘖增多，丛生或正常，叶片短而僵直，叶尖略有扭曲畸形。穗期发病症状为全株矮缩丛生，有的能抽穗，但相对抽穗迟而小，实粒少，粒重轻，半包在叶鞘里，剑叶短小僵直；中上部叶片基部可见纵向皱褶，茎秆下部节间和节上可见蜡白色或黑褐色隆起的短条脉肿。

二、南方水稻黑条矮缩病的发生与危害情况

公安县是湖北省水稻生产大县，水稻常年复种面积6.67万 hm^2 左右。近年来，由于耕作制度的变化，双季稻面积不断减少，中稻面积增加，2016年双季稻面积占47%，中稻面积占53%。2009年、2012年和2013年白背飞虱大发生，2011年偏重发生，2010年、2014年和2015年为中等程度发生。从2009年公安县首次报道南方水稻黑条矮缩病发生以来，该病害一直呈现流行态势，但各年份之间发生和危害程度有较大差异（表2-123）。

表 2-123　2009—2015 年公安县南方水稻黑条矮缩病发生和损失情况

年份	发生面积（hm^2）	防治面积（hm^2次）	实际损失（t）	发生程度
2009	787	0	3 004	严重
2010	1 134	1 334	850	中等
2011	400	2 334	180	轻
2012	2 134	4 869	1 600	中等
2013	300	5 003	135	轻
2014	0	5 400	0	无
2015	0	5 610	0	无

三、南方水稻黑条矮缩病发生流行规律探索

南方水稻黑条矮缩病发生最严重、损失最大的年份为 2009 年。其次是 2010 年和 2012 年，尽管发病较 2009 年普遍，但平均病丛率只有 5.2％、2.24％，实际损失也不及 2009 年的一半。2011 年、2013 年发病都较轻，平均病丛率只有 0.83％、0.25％，2014 年和 2015 年基本未发生。从发生范围看，2009 年主要集中在晚稻产区甘家厂乡的 12 个村、孟家溪镇的 5 个村、章田寺乡的 6 个村、黄山头镇的 4 个村，2010—2013 年逐步扩展到全县的 13 个有晚稻种植的乡镇，说明病害流行范围逐渐扩大。2014 年、2015 年基本未造成损失，主要得益于南方水稻黑条矮缩病预防技术的普及。该病害主要危害双季稻晚稻，中稻有少量发生，早稻未发现，这说明病害的发生程度与白背飞虱迁入时间和迁入量有关（表 2-124、表 2-125）。

表 2-124　2009—2015 年公安县南方水稻黑条矮缩病发病情况

发病情况	2009 年	2010 年	2011 年	2012 年	2013 年	2014 年	2015 年
病丛率（％）	一般 5％ ～ 10％，30％以上的面积 200hm²	5.20	0.83	2.24	0.25	0	0
发生区域	孟溪、甘厂、章田	晚稻种植的 6 个乡镇	晚稻种植的 7 个乡镇	晚稻种植的 13 个乡镇	晚稻种植的 13 个乡镇	0	0
栽培方式	抛秧	抛秧	抛秧	抛秧	抛秧	抛秧	抛秧
生育期	以苗期和分蘖期侵染为主						

表 2-125　监利县灯下白背飞虱虫量（头）

日期	2009 年	2010 年	2011 年	2012 年	2013 年	2014 年	2015 年
5 月 5 日	0	0	0	0	0	0	0
5 月 10 日	0	2	1	0	0	0	4
5 月 15 日	0	4	1	0	0	0	5
5 月 20 日	1	3	0	2	0	0	5
5 月 25 日	1	0	2	0	0	0	5
5 月 31 日	2	0	4	0	7	1	2
6 月 5 日	10	0	10	6	2	7	2
6 月 10 日	13	1	5	7	5	5	3
6 月 15 日	12	6	7	12	9	11	18
6 月 20 日	15	7	8	11	6	11	10
6 月 25 日	18	5	11	9	4	13	7
6 月 30 日	30	4	9	22	2	16	12
合计	102	32	58	69	35	64	73

注：由于公安县未对白背飞虱迁入进行监测，引用临近的监利县灯下虫量数据作为参考。

2009 年白背飞虱迁入偏迟，迁入量较大，与公安县晚稻秧苗期在时间上高度吻合，导致 2009 年病害大发生。迁入偏早年份如 2010 年、2011 年，主要在早稻穗期危害，造成的损失明显偏小。2010 年、2012 年对比分析，2012 年发生面积是 2010 年的 1.9 倍，与 2012 年白背飞虱迁入偏迟、迁入量较大有关。这说明了病害的发生程度与白背飞虱迁入量呈正相关。2014 年、2015 年白背飞虱迁入量较大，但是病害基本没发生，这可能与采取预防措施、迁入白背飞虱带毒率较低有关。

四、南方水稻黑条矮缩病综合防治技术研究

根据"预防为主、治虫防病"的原则，实施以药剂拌种和苗期稻飞虱防治等预防策略，克服该病发生不规律性带来的防治困难，提高组织化程度，防止重病田出现，最大限度地减少化学农药的使用，保护生态环境。采取的具体技术措施如下。

（1）工厂化集中育秧，秧苗期防虫网覆盖。

（2）药剂拌种。60％吡虫啉悬浮种衣剂 10g 拌 3kg 芽谷，或 70％噻虫嗪种子处理可分散粉剂 2g 拌 1kg 芽谷，或 25％吡蚜酮悬浮剂 10g 拌 3kg 芽谷等。

（3）药剂防治。从秧苗 2 叶开始，用 48％毒死蜱乳油 750 倍液防治 2～3 次，间隔 7～10d。

（4）提高移栽密度，拔除田间病株。通常，晚稻田发病较重，晚稻的移栽密度提高 10％左右，当田间发现病株时，及时拔除。

五、防治行动的组织和措施

（一）加强监测预警，及时掌握发生动态

公安县农业农村局植物保护局认真做好南方水稻黑条矮缩病的监测预报。一是认真做好定点观察和大田普查，及时掌握发生动态，并做好白背飞虱带毒率检测。二是准确掌握白背飞虱发生消长动态，结合带毒率情况分析，及时发布预报和防治警报。三是及时向政府部门及上级业务部门汇报南方水稻黑条矮缩病发生情况，为有效防治提供科学依据。

（二）广泛宣传培训，提高防病意识

一是通过广播、电视、宣传牌、横幅等多种形式，宣传南方水稻黑条矮缩病的症状识别方法和危害，2009 年以来，累计培训农业技术推广人员 32 人次、农民 3.5 万人次，增强了农民的防病意识，提高了对病害的认知程度和防治技术水平。二是为使农户尽快掌握病害防治技术，印发防病技术情报 2.3 万份，培训农民 2 万人次。三是层层落实责任制，县、镇、村三级分工明确，做到有任务、有布置、有督促、有检查。

（三）突出重点，以点带面全面推广

重点在公安县章田寺、孟家溪、甘家厂、章庄铺 4 个乡镇实施南方水稻黑条矮缩病防治示范，充分发挥示范引导作用。甘家厂乡、章田寺乡建立了水稻工厂化集中育秧、小棚

集中育秧基地，有效地带动了周边农户防病治虫，同时组织相关乡镇技术人员及农户代表现场观摩，展示南方水稻黑条矮缩病预防技术，分析存在的问题，通过典型带路、示范引导、宣传培训和政府扶持，集中育秧技术在公安县各乡镇因地制宜全面展开。2013—2014年，公安县农业局植保局在章田寺、甘家厂等乡镇累计示范推广药剂拌种防病面积 8.5 万亩，水稻工厂化集中育秧、小棚集中育秧 2.3 万亩，晚稻秧田施药预防 1.1 万亩，晚稻秧苗期防虫网防虫 500 亩。通过技术示范和推广，农民对这种新病害的防治技术水平有了很大的提高，水稻防病能力明显增强，节本增效成果十分显著。

（作者：欧阳静　李永松　张才德）

安徽省南方水稻黑条矮缩病
发生情况及综合防控对策

2009 年，安徽省南方水稻黑条矮缩病零星发生。2010 年发生范围和程度有所扩大和加重，有 6 个市 26 个县（市、区）发生，发生面积约 3.3 万 hm²。2011—2015 年，安徽全省零星发生，发生范围局限于皖南稻区，发生面积年均 0.03 万 hm²。

一、发病症状

南方水稻黑条矮缩病在水稻各生育期均可感病，发病症状因染病时期不同而异。秧苗期感病的稻株严重矮缩（不及正常株高 1/3），不能拔节，重病株早枯死亡；大田初期感病的稻株明显矮缩（约为正常株高 1/2），不抽穗或仅抽包颈穗；拔节期感病的稻株矮缩不明显，能抽穗，但穗型小、实粒少、粒轻。

稻株发病的共同特征有：发病稻株叶色深绿，上部叶的叶面可见凹凸不平的皱褶（多见于叶片基部）。病株下部数节茎有倒生须根及高节位分蘖。病株茎秆表面有乳白色大小为 1~2mm 的瘤状突起（手摸有明显粗糙感），瘤突呈蜡点状纵向排列成条形，早期乳白色，后期褐黑色；病瘤产生的节位，因感病时期不同而异，早期感病稻株，病瘤产生在下位节，感病时期越晚，病瘤产生的节位越高。感病植株根系不发达，须根少而短，严重时根系呈黄褐色。

二、发生情况

（一）检测结果

2010 年安徽省采集疑似水稻样品约 120 株，送检江苏省农业科学院植物保护研究所和安徽农业大学植物保护学院。经检测，大部分水稻样品检出南方水稻黑条矮缩病毒（SRBSDV）。

（二）病害发生区域分布

2009 年安徽省沿江及其东南部分地区上报有南方水稻黑条矮缩病零星发生，2010 年该病发生范围和程度明显扩大和加重。江淮中部及其以南稻区，包括黄山市、池州市、安庆市、宣城市、马鞍山市、巢湖市 6 个市的 26 个县（市、区）明确发生，发生面积约 3.3 万 hm²。2011—2015 年安徽全省均零星发生，发生范围为皖南稻区的东至县、桐城市和宣州区等地，每年发生面积 0.03 万 hm²。

（三）发病程度和品种

南方水稻黑条矮缩病 2010 年在安徽省单季稻和双季晚稻发生，早稻未见病。主要发病品种单季稻有丰两优 4 号、丰两优 6 号、华安 3 号、华安 501、T 优 207、T 优 272 等，双季晚稻品种有金优 207、皖稻 203、新香优 207、湘丰优 103、新香优 208 等。不同品种之间发病轻重有较大差别。

（四）发生期和危害情况

2010 年安徽省南方水稻黑条矮缩病于 7 月中旬在单季稻开始发病，7 月下旬至 8 月上旬单季稻出现发病盛期。双季晚稻发病略推迟，8 月上旬开始发病，之后进入发病盛期。发病田块南方水稻黑条矮缩病病丛率一般为 0.5%～8.0%，高的达 20%以上，局部严重田块甚至绝收。

（五）田间发生特点

2010 年南方水稻黑条矮缩病在安徽省发生表现为以下特点：一是双季晚稻重于单季稻，迟熟单季稻重于早熟单季稻；二是育秧移栽田、抛秧田重于直播田；三是杂交稻发病重于常规稻，混栽区重于纯单季稻区；四是同一区域相同品种相同栽插期，但田块间发病程度差异显著；五是病害发生较为普遍，但仅部分地区和品种严重发生；六是发病轻的田块病株呈零星分散分布，重病田块病株呈集团状分布。

三、2010 年发生原因分析

（一）安徽省虫源地发病较普遍

安徽省白背飞虱虫源地广西、福建、湖南、江西等省份 2010 年白背飞虱和南方水稻黑条矮缩病发生均较重，为安徽省提供了充足的带毒昆虫介体。

（二）白背飞虱迁入量大

2010 年皖南稻区白背飞虱迁入峰次多，迁入量大，较明显的迁入峰有 4 次，主要出现在 6 月底至 7 月中旬前期。截至 2010 年 7 月 20 日，皖南多数稻区白背飞虱迁入量比近 3 年同期平均值增加 50%以上。

（三）田间虫量高且危害时间长

由于 2010 年前期迁入量较大，田间白背飞虱虫量高。7 月中旬江淮中部及其以南稻区一季稻田间百丛虫量一般为 400～1 000 头，高的达 2 000 头以上；8 月上旬防治后百丛虫量一般为 500～1 000 头，未防治或防治不力的田块达 10 000 头以上。以往安徽省 8 月上旬初期褐飞虱种群迅速增加，8 月上旬后期成为田间飞虱主要种群，但 2010 年 8 月 15 日安徽省大部分稻区田间稻飞虱种群仍以白背飞虱为主，种群转换期较常年推迟 7～10d，加重了田间危害且加大了传毒概率。

（四）栽培条件对病害发生有利

近年安徽省沿江和江淮部分地区单、双季水稻混栽现象普遍，栽插期拉长，为白背飞虱转移传毒和病毒病的流行扩散提供了充足的食料和寄主场所。另外，部分地区迟熟单季稻面积不断扩大，秧苗和幼苗期正值白背飞虱危害传毒期，易感染发病。

四、综合防控措施与对策

（一）南方水稻黑条矮缩病长期治理

1. 深入研究病害流行规律，实行跨区监测，提高预警及防控能力　南方水稻黑条矮缩病的流行规律复杂，各研究部门需加大力度开展研究。另外，介体昆虫白背飞虱又是全国大区域迁飞性害虫，需要各省份协作，实行全国性的跨区监测，实时掌握迁飞动态，及时预警。

2. 培育和推广抗病品种　包括对现有品种的抗病性评价，加强抗性资源的筛选，加快抗、耐病（虫）品种培育，运用生物技术创新抗性种质，等等。

3. 实行源头治理　降低介体昆虫的种群数量，是控制病毒病的根本措施。实行源头治理，能有效缓解迁入区的虫源数量，降低其发病概率。

（二）应急防控

1. 抓好早稻田白背飞虱防治　早稻田白背飞虱是安徽省单季稻和双季晚稻的有效虫源，实行防治可减少虫源转入中晚稻田危害传毒。

2. 抓好秧田防治　秧田施药防治稻飞虱，最大限度地减少秧田感病。重病区可推行防虫网覆盖育秧。

3. 抓好单季稻和双季晚稻大田分蘖期防治，降低传毒概率　单季稻和双季晚稻水稻移栽后，视虫情可选择合适药剂防治一次稻飞虱，压低虫源。

4. 加强田间管理　通过增施磷肥、钾肥等措施，提高植株抗逆性，减轻发病。另外田间一旦发现病株，应及时清除病株，严重时喷抗病毒药剂保护。

（作者：郑兆阳）

第三部分

综合防治技术开发

防虫网秧田覆盖育秧防治稻飞虱和病毒病应用技术试验

为验证水稻育秧田防虫网覆盖对稻飞虱阻隔和对病毒病预防的效果，探索不同区域、不同稻作上防虫网覆盖育秧应用技术，2012 年在浙江省温岭市开展了秧田防虫网全程覆盖预防稻飞虱和由稻飞虱传播的水稻病毒病效果和应用技术的田间试验。

一、材料与方法

（一）品种与材料

试验设在浙江省温岭市泽国镇池里村，水稻品种为甬优 12，单季种植。防虫网采用 30 目、40 目白色异型防虫网，由浙江台州市遮阳网厂提供。

（二）试验设计

试验共设置 4 个处理。

处理 1：秧苗期采用 30 目异型防虫网全程覆盖秧田。

处理 2：秧苗期采用 40 目异型防虫网全程覆盖秧田。

处理 3：农民自主防治，秧苗期不覆盖防虫网，浸种、拌种和秧苗期施药防治稻飞虱和病毒病由农户自行决定。

处理 4：空白对照，秧苗期不覆盖防虫网，也不针对稻飞虱和病毒病采取药剂拌种、浸种、秧田喷雾，按常规方法带药移栽。

（三）试验方法

各处理秧田面积为 67m²，随机排列，不设重复，2012 年 5 月 28 日统一播种。处理 1、处理 2 采用 16％咪鲜·杀螟丹可湿性粉剂 500 倍液浸种 48h 后催芽播种，播种后立即覆盖防虫网，网下每隔 1.5～2.0m 采用 1 根弧形毛竹干支撑，网顶端距秧苗植株顶部 20～30cm，网边缘沿畦面四周埋入土中 5～10cm 并压实，多余部分抛在床面上；秧田期全程覆盖防虫网，6 月 15 日揭网，每亩立即喷施 20％氯虫苯甲酰胺悬浮剂 10mL＋25％吡蚜酮可湿性粉剂 30g，带药移栽。处理 3 采用 1.5％二硫氰基甲烷可湿性粉剂 800 倍液浸种，浸种 48h 后催芽播种，移栽前每亩喷施 10％阿维·氟酰胺悬浮剂 30mL，带药移栽。处理 4 采用 16％咪鲜·杀螟丹可湿性粉剂 500 倍液浸种 48h 后催芽播种，秧苗期不防治病虫害。

4 个处理于 6 月 18 日定点移栽到大田。

（四）调查内容与方法

1. 秧田期　各处理于移栽前（6 月 18 日）调查 1 次稻飞虱虫口密度，处理 3 和处理

4于三叶一心期（6月12日）增加调查1次稻飞虱虫口密度。稻飞虱调查采取盆拍法，每小区平行跳跃式10点取样，每点面积0.2m²，分别调查稻飞虱（灰飞虱、白背飞虱、褐飞虱）数量。移栽前（6月16日）采用目测法调查病毒病（条纹叶枯病、黑条矮缩病、南方水稻黑条矮缩病）感病稻株，记录总株数、病株数。

水稻移栽前调查植株生长情况。各小区随机取样，选取有代表性的20株稻株，记录叶龄、株高、根长、总根数、白根数以及地上和地下部分的鲜重、茎基宽。

2. 大田期 各处理于分蘖末期（8月10日）调查病毒病发病情况。每小区"Z"字形10点取样，每点查10丛，每处理查100丛。目测调查病毒病感病稻株，记录总丛数、总株数、病丛（矮缩）数、病株（矮缩）数。

记录试验期间天气、温度、播插期和农事操作，观察并记录秧苗生长情况。

（五）防治效果计算方法

稻飞虱防治效果计算公式：

$$防治效果=\frac{空白对照区虫量－处理区虫量}{空白对照区虫量}×100\%$$

病毒病防治效果计算公式：

$$发病丛（株）率=\frac{病丛（株）数}{总丛（株）数}×100\%$$

$$防治效果=\frac{对照区发病率－处理区发病率}{对照区发病率}×100\%$$

二、结果与分析

（一）对稻飞虱的防治效果

2012年温岭市一代灰飞虱成虫迁入秧田高峰出现在6月8—10日。三叶一心期（6月12日）调查，农民自主防治区、空白对照区稻飞虱虫量分别为54.7头/m²、42.7头/m²。移栽前（6月18日）调查，30目防虫网覆盖区稻飞虱虫量为2头/m²，40目防虫网覆盖区6头/m²，农民自主防治区16头/m²，空白对照区20.6头/m²。试验结果说明，秧苗期覆盖防虫网能有效阻隔稻飞虱迁入秧田，揭网后短期内虫量不会快速增加。30目防虫网覆盖区稻飞虱迁入量低于40目防虫网（表3-1）。

表3-1 2012年浙江温岭防虫网覆盖育秧田稻飞虱发生量

| 处理 | 稻飞虱虫量（头/m²） | | | | | | 防治效果（%） | | |
| | 三叶一心期（6月12日） | | | 移栽前（6月18日） | | | | | |
	白背飞虱	灰飞虱	小计	白背飞虱	灰飞虱	小计	白背飞虱	灰飞虱	小计
30目防虫网	—	—	—	0	2	2	100	84.96	90.29
40目防虫网	—	—	—	4	2	6	45.21	84.96	70.87
农民自主防治	46.7	8	54.7	8	8	16	−9.59	39.85	22.33
空白对照	40	2.7	42.7	7.3	13.3	20.6	—	—	—

（二）对黑条矮缩病的防治效果

各处理秧苗移栽前均未发现病毒病感病株。分蘖末期调查，30目防虫网覆盖处理黑条矮缩病发病较轻，发病株率为0.15%，40目防虫网覆盖处理发病株率为0.35%，农民自主防治和空白对照的发病株率均为0.85%。秧苗期防虫网覆盖对水稻病毒病有良好的预防效果（表3-2）。

表3-2　2012年浙江温岭防虫网覆盖育秧田对黑条矮缩病的预防效果

处理	移栽前（6月16日）			分蘖末期（8月10日）		
	发病株数（株）	发病株率（%）	防治效果（%）	发病株数（株）	发病株率（%）	防治效果（%）
30目防虫网	0	0	0	4	0.15	82.35
40目防虫网	0	0	0	9	0.35	58.82
农民自主防治	0	0	0	22	0.85	0.0
空白对照	0	0	0	22	0.85	

（三）对秧苗素质的影响

秧苗移栽前调查，30目防虫网、40目防虫网处理秧苗的叶龄、株高、根长、白根数、茎基宽和地上、地下部重量均多于或重于农民自主防治或空白对照。分蘖数以30目防虫网最少，为0.9个；40目防虫网为1.3个，多于农民自主防治区，但少于空白对照。总根数以30目防虫网处理最多，为18.25个（表3-3）。

表3-3　2012年浙江温岭防虫网覆盖育秧对水稻秧苗素质的影响

处理	叶龄（叶）	株高（cm）	根长（cm）	分蘖数（个）	总根数（个）	白根数（个）	地上部重量（g）	地下部重量（g）	茎基宽（cm）
30目防虫网	5.13	33.78	16.65	0.9	18.25	5.85	1.26	0.76	0.59
40目防虫网	5.33	32.98	19.40	1.3	13.75	5.15	1.18	0.82	0.60
农民自主防治	4.96	27.01	12.68	1.17	11.31	4.59	0.92	0.43	0.48
空白对照	4.94	26.80	13.70	1.35	16.19	3.83	0.85	0.47	0.48

三、结论

水稻秧苗期采用防虫网全程覆盖秧田，可有效地阻断白背飞虱、灰飞虱侵入，是预防水稻黑条矮缩病、南方水稻黑条矮缩病、条纹叶枯病的有效途径。30目防虫网和40目防虫网覆盖均能有效降低秧田稻飞虱虫量，明显减轻病毒病的危害，同时，还能促进秧苗生长。30目防虫网与40目防虫网比较，30目防虫网处理田稻飞虱落虫量和发病株率低于40目防虫网处理，防治效果更好，但秧苗分蘖数可能会减少。

　　水稻应用防虫网覆盖育秧，可有效预防水稻病毒病，秧田期不需用药防治，可节省大量农药和防治用工，减少化学农药对环境的污染和对人类健康的危害，有效保护生态环境，具有显著的经济效益和推广前景。

（作者：叶建人　陈海波　黄贤夫　冯永斌　李程巧　蔡美艳　李云明　陈绍才）

水稻秧田防虫网覆盖育秧对稻飞虱
和病毒病的防治效果

一、试验目的

探讨水稻秧田全程覆盖防虫网对预防稻飞虱和由稻飞虱传播的水稻病毒病的效果及应用技术，为进一步示范推广提供科学依据。

二、试验材料

白色异型防虫网，由浙江台州市遮阳网厂提供。

三、试验条件和安排

试验地点为江西省大余县黄龙镇叶墩村，位于东经 $114°24'59.20''$，北纬 $25°25'42.82''$，海拔 161.0m。稻作类型为中稻，品种为天丰优 316。防治对象为秧田期稻飞虱（灰飞虱、白背飞虱、褐飞虱）、南方水稻黑条矮缩病及其他病毒病。

试验稻田属于中潴乌潮沙泥田，肥力中等，排灌方便，周边种植水稻，各小区水肥条件、管理水平、播插期一致，2012 年 5 月 25 日播种，6 月 19 日移栽，人工手插。

四、试验设计

共设 4 个处理。

处理 1：30 目防虫网。30 目异型防虫网全程覆盖秧田，不针对稻飞虱和病毒病进行拌种、浸种处理，移栽前 5d（6 月 14 日）揭网炼苗，移栽前 3d 每亩用 2％宁南霉素水剂 200mL＋25％噻嗪酮可湿性粉剂 50g＋10％醚菊酯悬浮剂 50mL，兑水 60kg 喷雾，带药移栽。

处理 2：40 目防虫网。40 目异型防虫网全程覆盖秧田，不针对稻飞虱和病毒病进行拌种、浸种处理，移栽前 5d（6 月 14 日）揭网炼苗，移栽前 3d 每亩用 2％宁南霉素水剂 200mL＋25％噻嗪酮可湿性粉剂 50g ＋10％醚菊酯悬浮剂 50mL，兑水 60kg 喷雾，带药移栽。

处理 3：农户常规防治。秧田不覆盖防虫网，每千克稻种采用 10％吡虫啉可湿性粉剂 20g 拌种，二叶一心期每亩用 2％宁南霉素水剂 200mL＋25％噻嗪酮可湿性粉剂 50g＋10％醚菊酯悬浮剂 50mL，兑水 60kg 喷雾，防治稻飞虱和病毒病，定点移栽。

处理 4：空白对照。秧田不覆盖防虫网，也不针对稻飞虱和病毒病药剂拌种、浸种、秧田喷雾，按常规方法带药移栽，定点移栽。

秧田每处理为 1 畦，面积 50m²，不设重复。大田期每个处理设 2 次重复，小区面积 0.5 亩，各处理随机排列。

五、试验方法

（一）防虫网安装方法

水稻播种后立即覆盖防虫网，网下每隔 1.5～2.0m 采用 1 根弧形或方形支架支撑，防虫网顶端距秧苗植株顶部 20～30cm，防虫网边缘沿畦面四周埋入土中 5～10cm 并压实，多余部分抛在床面上。

（二）调查方法

1. 秧田期

（1）稻飞虱虫口密度调查。处理 1 和处理 2 于揭网后移栽前调查 1 次，处理 3 和处理 4 分别于二叶一心期至三叶一心期、移栽前各调查 1 次。采用平行跳跃式 10 点取样，每点 0.2m²，盆拍或盆刮法调查稻飞虱虫口密度，分别记载灰飞虱、白背飞虱、褐飞虱的虫量。

（2）病毒病调查。移栽前采用目测法，调查水稻病毒病发生情况，记录总株数和病株数。

2. 大田期　于拔节孕穗期调查 1 次病毒病发生情况，每小区"Z"字形 10 点取样，每点查 30 丛，每小区查 300 丛，记录病毒病感病矮缩丛（株）数，记录总丛数、总株数、病丛（矮缩）数、病株（矮缩）数。

（三）防效计算方法

稻飞虱防治效果计算公式：

$$防治效果 = \frac{空白对照区虫量 - 处理区虫量}{空白对照区虫量} \times 100\%$$

病毒病防治效果计算公式：

$$病丛（株）率 = \frac{病丛（株）数}{调查总丛（株）数} \times 100\%$$

$$防治效果 = \frac{对照区病丛（株）率 - 处理区病丛（株）率}{对照区病丛（株）率} \times 100\%$$

六、结果与分析

（一）对稻飞虱的防治效果

揭网后移栽前调查，试验秧田仅查到白背飞虱，未查到褐飞虱和灰飞虱。30 目异型防虫网全程覆盖秧田对白背飞虱防治效果为 100.00%，40 目异型防虫网全程覆盖秧田对白背飞虱防治效果为87.50%，农户常规处理防治效果为75.00%（表3-4）。

表3-4 2012年江西大余防虫网秧田覆盖育秧对稻飞虱的防治效果

调查日期及生育期	处理号	调查内容	取样点											平均防治效果（%）
			1	2	3	4	5	6	7	8	9	10	合计	
6月4日 二叶一心期	3	株数（株）	98	88	79	85	86	60	85	103	64	78	826	—
		白背飞虱数量（头）	0	0	0	0	0	0	0	0	0	0	0	100.00
	4	株数（株）	82	102	96	103	80	75	72	84	95	98	887	—
		白背飞虱数量（头）	1	4	1	2	0	0	0	0	2	0	10	—
6月14日 三叶一心期	3	株数（株）	98	88	79	85	86	60	85	103	64	78	826	—
		白背飞虱数量（头）	1	2	0	0	0	3	1	1	0	1	9	43.75
	4	株数（株）	82	102	96	103	80	75	72	84	95	98	887	—
		白背飞虱数量（头）	2	1	1	1	4	2	2	1	0	2	16	—
6月18日 秧苗移栽前	1	株数（株）	97	94	92	85	76	78	81	83	87	72	845	—
		白背飞虱数量（头）	0	0	0	0	0	0	0	0	0	0	0	100.00
	2	株数（株）	95	102	80	75	76	65	72	88	101	85	839	—
		白背飞虱数量（头）	0	0	0	0	0	0	1	0	0	0	1	87.50
	3	株数（株）	98	88	79	85	86	60	85	103	64	78	826	—
		白背飞虱数量（头）	0	0	0	1	0	0	0	1	0	0	2	75.00
	4	株数（株）	82	102	96	103	80	75	72	84	95	98	887	—
		白背飞虱数量（头）	2	1	2	0	2	0	0	0	0	1	8	—

（二）对水稻病毒病的防治效果

秧田期调查，各处理均未查到病毒病典型病株。水稻拔节孕穗期（8月17日）调查，30目异型防虫网全程覆盖秧田病丛率1.67%，病株率为0.49%；40目异型防虫网全程覆盖秧田病丛率1.5%，病株率0.36%；农户常规防治处理病丛率2.16%，病株率0.56%；

空白对照处理病丛率4.33%，病株率1.41%。与空白对照相比，按病丛率计算，30目、40目防虫网防治效果分别为61.43%、65.36%，农户常规防治为50.12%。按病株率计算，30目、40目防虫网防效分别为65.25%、74.47%，农户常规防治为60.28%。30目和40目防虫网对南方水稻黑条矮缩病的防治效果均高于农户常规防治（表3-5）。

表3-5　2012年江西大余防虫网秧田覆盖育秧对病毒病的防治效果

处理	重复	调查丛数（丛）	病丛数（丛）	病丛率（%）	病丛率防治效果（%）	调查株数（株）	病株数（株）	病株率（%）	病株率防治效果（%）
30目防虫网	1	300	4	1.33	—	3 600	13	0.36	—
	2	300	6	2.00	—	3 750	23	0.61	—
	小计	600	10	1.67	61.43	7 350	36	0.49	65.25
40目防虫网	1	300	4	1.33	—	4 800	17	0.35	—
	2	300	5	1.67	—	4 200	15	0.36	—
	小计	600	9	1.50	65.36	9 000	32	0.36	74.47
农户常规防治	1	300	7	2.33	—	4 950	17	0.34	—
	2	300	6	2.00	—	5 250	40	0.76	—
	小计	600	13	2.16	50.12	10 200	57	0.56	60.28
空白对照	1	300	11	3.67	—	4 200	46	1.10	—
	2	300	15	5.00	—	3 300	60	1.82	—
	小计	600	26	4.33	—	7 500	106	1.41	—

七、结论

试验结果表明，防虫网全程覆盖秧田可有效防止白背飞虱进入秧田，对白背飞虱的防治效果为87.50%～100.00%，比农户常规施药区防治效果高12.5～25.0个百分点。由于使用防虫网全程覆盖秧田，有效预防了白背飞虱进入秧田取食传毒，对由白背飞虱传播的水稻病毒病有很好的预防效果。按病丛率计算，30目、40目防虫网对病毒病的防治效果比农户常规防治高11.31、15.24个百分点；按病株率计算，30目、40目防虫网的防治效果比农户常规防治高4.97、14.19个百分点。利用防虫网覆盖秧田预防稻飞虱和病毒病，每亩秧田可节约农药成本和劳动力成本30～50元。综上所述，使用防虫网全程覆盖秧田预防稻飞虱和由稻飞虱传播的水稻病毒病，是一项安全环保、节本增效的技术，值得推广应用。

（作者：蔡德珍　王旭明　曹治钢　陈何良）

防虫网秧田覆盖防治水稻稻飞虱和病毒病应用技术试验

2010年以来，贵州省荔波县水稻受到稻飞虱和由稻飞虱传播的病毒病的危害，导致稻谷减产，损失严重。为探索防控荔波县水稻稻飞虱和病毒病的有效方法，荔波县植保植检站与贵州省植保植检站、贵州大学绿色农药与农业生物工程国家重点实验室合作，于2012年在荔波县朝阳镇八烂村洞阳坝开展了防虫网全程覆盖秧田防治稻飞虱和由稻飞虱传播的水稻病毒病防治效果和应用技术试验。

一、材料与方法

（一）试验地点和材料

以荔波县朝阳镇八烂村洞阳坝稻飞虱和病毒病常发、重发稻田的秧田作为试验地点，水稻品种为中浙优1号，2012年5月9日播种，9月26日收获。

试验材料为30目和40目白色异型防虫网，由浙江台州市遮阳网厂提供。

（二）试验设计

试验共设4个处理。

处理1：30目防虫网。30目异型防虫网全程覆盖秧田，不针对稻飞虱和病毒病拌种或浸种，按常规方法带药移栽，定点移栽。

处理2：40目防虫网。40目异型防虫网全程覆盖秧田，不针对稻飞虱和病毒病拌种或浸种，按常规方法带药移栽，定点移栽。

处理3：农户常规防治。秧田不覆盖防虫网，按农户常规方法拌种、浸种、秧田喷雾防治稻飞虱和病毒病，定点移栽。

处理4：空白对照。秧田不覆盖防虫网，不针对稻飞虱和病毒病药剂拌种、浸种、秧田喷雾，按常规方法带药移栽，定点移栽。

（三）试验方法

试验不设重复。每处理为1畦秧田，面积不少于50m²，处理1～3随机排列，处理4选择相邻田块。各处理水稻品种、土壤条件、播插期、农事管理措施一致。水稻播种后立即覆盖防虫网，网下每隔1.5～2.0m采用1根弧形或方形支架支撑，防虫网顶端距秧苗植株顶部20～30cm，防虫网边缘沿畦面四周埋入土中5～10cm并压实，多余部分抛在床面上。秧田期全程覆盖防虫网，移栽前2～3d揭网炼苗移栽。各处理定点移栽，跟踪调查大田。

（四）调查方法

1. 秧田期 处理 3、处理 4 于二叶一心期至三叶一心期（5 月 24 日）调查 1 次稻飞虱虫口密度，各处理于揭网后移栽前（6 月 6 日）调查 1 次稻飞虱虫口密度。稻飞虱虫口密度调查采用盆拍或盆刮法，平行跳跃式 10 点取样，每点面积 0.2m²，分别记载白背飞虱、褐飞虱虫量。移栽前目测法调查南方水稻黑条矮缩病感病稻株，记录总株数、病株数。记录试验期间天气、温度、播插期和农事操作，观察并记录秧苗生长情况。

2. 大田期 于分蘖末期至拔节期调查 1 次病毒病发病株，每处理"Z"字形 10 点取样，每点查 10 丛，每处理查 100 丛，目测调查病毒病感病矮缩稻株，记录总丛数、总株数、病丛（矮缩）数、病株（矮缩）数。

（五）防效计算方法

稻飞虱防治效果计算公式：

$$防治效果 = \frac{空白对照区虫量 - 处理区虫量}{空白对照区虫量} \times 100\%$$

病毒病防治效果计算公式：

$$发病丛（株）率 = \frac{病丛（株）数}{总丛（株）数} \times 100\%$$

$$相对防治效果 = \frac{对照区发病丛（株）率 - 处理区发病丛（株）率}{对照区发病丛（株）率} \times 100\%$$

二、结果与讨论

秧田期两次调查稻飞虱虫口密度，结果显示，水稻秧田期采用防虫网全程覆盖，可以有效阻隔稻飞虱迁入危害，防治效果显著。揭网后移栽前调查防虫网对稻飞虱的防治效果，30 目、40 目异型防虫网全程覆盖秧田对白背飞虱的防治效果分别为 99.18%、97.12%，农户常规防治的防治效果为 71.19%（表 3-6、表 3-7）。

表 3-6 2012 年贵州荔波农户常规防治对稻飞虱的防治效果

处理	飞虱种类	每 0.2m² 取样点稻飞虱虫量（头）										防治效果（%）
		1	2	3	4	5	6	7	8	9	10	合计	
农户常规防治	白背飞虱	22	24	30	33	32	29	35	30	32	34	301	48.46
	褐飞虱	0	0	0	0	0	0	0	0	0	0	0	—
空白对照	白背飞虱	48	55	49	52	61	59	66	63	65	66	584	—
	褐飞虱	0	0	0	0	0	1	0	0	1	0	2	—

注：调查时间为 5 月 24 日，水稻三叶一心期。

表 3-7　2012 年贵州荔波防虫网全程覆盖秧田对稻飞虱的防治效果

| 处理 | 飞虱种类 | 每 0.2m² 取样点稻飞虱虫量（头） | | | | | | | | | | 防治效果（%） |
		1	2	3	4	5	6	7	8	9	10	合计	
30 目防虫网	白背飞虱	0	1	0	0	0	0	1	0	0	0	2	99.18
	褐飞虱	0	0	0	0	0	0	0	0	0	0	0	100
40 目防虫网	白背飞虱	1	0	2	1	0	0	1	0	1	1	7	97.12
	褐飞虱	0	0	0	0	1	0	0	0	0	0	1	87.50
农户常规防治	白背飞虱	6	4	5	9	7	6	9	8	7	9	70	71.19
	褐飞虱	0	0	0	0	1	0	0	1	0	0	2	75.00
空白对照	白背飞虱	23	21	24	20	27	24	29	25	26	24	243	—
	褐飞虱	1	2	0	1	0	3	0	0	1	0	8	—

注：调查时间为 6 月 6 日，水稻移栽前。

采用防虫网覆盖秧田对预防稻飞虱侵入取食传播南方水稻黑条矮缩病等病毒病有很好的效果。水稻移栽时，30 目、40 目防虫网防治效果均为 100%，农户常规药剂防治效果为 83.33%（表 3-8）。水稻分蘖末期至拔节期调查结果显示，30 目异型防虫网处理病丛率 1.5%，病丛率相对防治效果 75.00%，病株率 0.41%，病株率相对防治效果 76.16%；40 目异型防虫网处理病丛率 1.0%，病丛率相对防治效果 83.33%，病株率 0.31%，病株率相对防治效果 81.98%；农户常规防治处理病毒病的病丛率 2.0%，病丛率相对防治效果 66.67%，病株率 0.52%，病株率相对防治效果 69.77%（表 3-9）。

表 3-8　2012 年贵州荔波防虫网覆盖秧田移栽前对南方水稻黑条矮缩病的防治效果

处理	总株数（株）	病株数（株）	病株率（%）	相对防治效果（%）
30 目防虫网	1 000	0	0	100
40 目防虫网	1 000	0	0	100
农户常规防治	1 000	2	0.2	83.33
空白对照	1 000	12	1.2	—

注：调查时间为 6 月 6 日，水稻移栽前。

表 3-9　2012 年贵州荔波防虫网覆盖秧田分蘖末期至拔节期对南方水稻黑条矮缩病的防治效果

| 处理 | 发病丛 | | | | 发病株 | | | |
	总丛数（丛）	病丛数（丛）	病丛率（%）	病丛率相对防治效果（%）	总株数（株）	病株数（株）	病株率（%）	病株率相对防治效果（%）
30 目防虫网	100	1.5	1.5	75.00	1 707	7	0.41	76.16
40 目防虫网	100	1	1.0	83.33	1 935	6	0.31	81.98
农户常规防治	100	2	2.0	66.67	1 923	10	0.52	69.77
空白对照	100	6	6.0	—	1 688	29	1.72	—

注：调查时间为 7 月 10 日，水稻分蘖末期至拔节期。

三、效益评价

应用 30 目或 40 目异形防虫网全程覆盖秧田，防治稻飞虱和由稻飞虱传播的水稻病毒病具有很好的效果，在秧田期对稻飞虱防治效果为 87.5%～99.18%，对病毒病的相对防治效果为 76.16%～81.98%。荔波县稻飞虱迁入峰期主要在水稻秧田期至移栽前期，此阶段应用防虫网全程覆盖秧田，可有效阻断稻飞虱传毒，降低水稻病毒病的发病率，培育无毒秧苗，并可减少秧田期施药量和施药次数，节约成本和人力，每亩秧田节约开支 45 元左右。同时有利于保护前期自然天敌，降低农药对环境的污染，改善农田生态环境，提高农产品质量，具有较好的生态效益和社会效益。

（作者：陈丽莉　陆金鹏　何忠雪　潘化仁）

防虫网水稻秧田覆盖防治
稻飞虱和病毒病效果试验

为探究防虫网在不同区域、不同稻作上全程覆盖水稻秧田，预防稻飞虱和由稻飞虱传播的病毒病的效果和应用技术，为进一步示范推广提供科学依据，海南省植保植检站于2012年在海南省定安县定城镇龙州洋开展了秧田全程覆盖防虫网预防稻飞虱和病毒病效果和应用技术田间试验。

一、试验条件

试验选择在2011年晚稻南方水稻黑条矮缩病的发病区的晚稻田进行，前茬为早稻。水稻品种为香优802，2012年6月25日拌种和播种，7月19日移栽。试验地为沙壤土，地力中等，土壤pH 5.5。

试验所用30目、40目异型防虫网由浙江台州市遮阳网厂提供；10%吡虫啉可湿性粉剂由海南博士威农用化学有限公司生产。

二、试验设计

试验共设4个处理。

处理1：30目异型防虫网。采用30目异型防虫网覆盖秧田，不拌种，常规移栽。

处理2：40目异型防虫网。采用40目异型防虫网覆盖秧田，不拌种，常规移栽。

处理3：不覆网常规防治。不覆盖防虫网，秧田期采用药剂防治，常规拌种和移栽。

处理4：空白对照。不覆盖防虫网，不拌种和药剂防治，常规移栽。

各处理定点移栽。试验不设重复，小区随机区组排列，秧田小区面积50m²。

三、试验方法

（一）防虫网覆盖

水稻播种后立即覆盖防虫网，网下每隔1.5～2.0m用1根弧形或方形支架支撑，防虫网顶端距秧苗植株顶部20～30cm，防虫网边缘沿畦面四周埋入土中5～10cm并压实，多余部分抛在床面上。秧田期全程覆盖防虫网，移栽前2～3d揭网炼苗后移栽。

（二）拌种

种子露白后，按每千克干稻种10%吡虫啉可湿性粉剂2g药剂兑水40mL调制成药浆，与种子直接混合搅拌均匀进行拌种。

（三）田间调查

1. 秧田期 处理 3 和处理 4 于二叶一心至三叶一心期（7 月 7 日）调查 1 次稻飞虱虫口密度，各处理于揭网后（7 月 17 日）移栽前调查 1 次稻飞虱虫口密度和病毒病感病稻株。采用平行跳跃式 10 点取样，每点面积 0.2m²，盆拍或盆刮法调查稻飞虱虫量，分别记载灰飞虱、白背飞虱、褐飞虱数量。目测法观察病毒病感病株，分别记录条纹叶枯病、黑条矮缩病、南方水稻黑条矮缩病、齿叶矮缩病发病株数及总株数。

2. 大田期 于分蘖末期至拔节期（9 月 2 日），各处理 "Z" 字形 10 点取样，每点查 10 丛，每处理查 100 丛，目测调查感病株，记录总丛数、总株数、病丛（矮缩）数、病株（矮缩）数。

（四）防治效果计算方法

稻飞虱防治效果计算公式：

$$稻飞虱防治效果=\frac{空白对照区的虫量-药剂处理区的虫量}{空白对照区的虫量}\times100\%$$

病毒病防治效果计算公式：

$$发病丛（株）率=\frac{病丛（株）数}{总株（丛）数}\times100\%$$

$$防治效果=\frac{对照区发病丛（株）率-处理区发病丛（株）率}{对照区的发病丛（株）率}\times100\%$$

四、结果与分析

水稻秧田期覆盖 30 目、40 目异型防虫网处理均未调查到稻飞虱，防虫网的防治效果为 100%。不覆网常规防治对稻飞虱的防治效果为 42.2%，说明防虫网对稻飞虱有显著的防治效果。各处理秧田期移栽前均未调查到病毒病感病株（表 3-10）。

表 3-10　2012 年海南定安水稻秧田覆盖防虫网对稻飞虱和病毒病的防治效果

| 处理 | 稻飞虱虫量（头/m²） | | | | | 防治效果（%） | 病株数（株） |
| | 二叶一心期 | 揭网后 | | | | | |
		小计	褐飞虱	白背飞虱	灰飞虱		
30 目异型防虫网	0	0	0	0	0	100	0
40 目异型防虫网	0	0	0	0	0	100	0
不覆网常规防治	54	101	15	79	7	42.2	0
空白对照	91	175	26	119	30	—	0

注：调查时期为秧田期。

分蘖期至拔节期调查南方水稻黑条矮缩病和齿叶矮缩病感病矮缩植株，30 目、40 目异型防虫网处理的南方水稻黑条矮缩病病丛数分别为 4 丛、3 丛，不覆网常规防治和空白对照处理分别为 6 丛、11 丛，30 目、40 目异型防虫网处理对南方水稻黑条矮缩病的防治效果分别为 63.6%、72.7%，不覆网常规防治的防治效果为 45.5%。齿叶矮缩病在试验田发病较少，防虫网覆盖处理齿叶矮缩病发病丛数均为 0 丛，不覆网常规防治和空白对照病丛率分别为 2%、4%。说明防虫网覆盖秧苗可减少水稻分蘖期病毒病发病率（表 3-11）。整个试验过程中，未观察到防虫网覆盖处理对水稻生长产生不利影响。

表 3-11　2012 年海南定安水稻秧田覆盖防虫网对病毒病的防治效果

处理	南方水稻黑条矮缩病			齿叶矮缩病		
	调查丛数（丛）	病丛数（丛）	防治效果（%）	调查丛数（丛）	病丛数（丛）	防治效果（%）
30 目异型防虫网	100	4	63.6	100	0	100
40 目异型防虫网	100	3	72.7	100	0	100
不覆网常规防治	100	6	45.5	100	2	50
空白对照	100	11	—	100	4	—

注：调查时期为分蘖末期至拔节期。

五、结论与讨论

海南省为稻飞虱传播的南方水稻黑条矮缩病和齿叶矮缩病常发区，而秧苗期则为感病敏感期，采用防虫网全程覆盖秧田，可有效阻隔稻飞虱迁移危害和传毒，大大降低水稻秧田期感毒，从而减少大田期的发病率。秧苗期覆盖防虫网与大田期稻飞虱防治相结合，对病毒病的预防治效果可能更为有效。

（作者：张曼丽　蒋庆琳　李　涛）

贵州省都匀市10%毒氟磷超低容量液剂防治南方水稻黑条矮缩病田间药效试验

南方水稻黑条矮缩病是近年新传入贵州都匀市的一种水稻病毒病。由于该病害的传播媒介为白背飞虱，白背飞虱又是都匀市水稻上重要的迁飞性害虫，因此，该病对都匀市水稻生产具有非常大的潜在危害。为了探明10%毒氟磷超低容量液剂对南方水稻黑条矮缩病的防治效果和田间应用技术，为进一步推广提供全面可靠的依据，有效提升南方水稻黑条矮缩病防控技术水平，2014年在都匀市开展了10%毒氟磷超低容量液剂防治南方水稻黑条矮缩病的田间试验。

一、材料与方法

（一）供试药剂

试验药剂10%毒氟磷超低容量液剂、30%毒氟磷可湿性粉剂均由广西田园生化股份有限公司生产，对照药剂2%宁南霉素水剂由德强生物股份有限公司生产。

（二）供试品种和防治对象

水稻品种为宜香10。防治对象为南方水稻黑条矮缩病。

（三）试验地基本情况

试验设在都匀市河阳乡包阳村河流大坝龙井组。试验田面积1 466 m^2，肥力中等，土壤为沙壤土。水稻于2014年5月28日移栽，实行宽窄行东西向拉绳栽秧。

（四）试验设计和方法

试验设3个药剂处理和1个空白对照。
处理A：每亩施10%毒氟磷超低容量液剂200mL。
处理B：每亩施30%毒氟磷可湿性粉剂60 g。
处理C：每亩施2%宁南霉素水剂200 mL。
空白对照：喷清水。
每个处理设4次重复，共16个小区，小区面积50 m^2。小区间设保护行，随机区组排列。分别于水稻移栽后10 d(6月7日)、20 d(6月17日)、30 d(6月27日) 分3次同剂量施药。采用太仓市金港植保器械科技有限公司生产的静电喷雾器，每亩用水量3kg，均匀喷雾。

（五）调查及计算方法

采用对角线5点取样法，每点调查40丛，共查200丛。记录调查总株数和各级病株数，计算防治效果。

南方水稻黑条矮缩病分级方法（以株为单位）如下。

0 级：无病。

1 级：矮缩较轻，株高不低于健株的 3/4（病株比健株矮 25% 以下）；每穗损失 5% 以下。

3 级：矮缩明显，株高为健株的 2/3~3/4（病株比健株矮 25.1%~30%）；每穗损失 5.1%~20%。

5 级：矮缩显著，株高为健株的 1/2~2/3（病株比健株矮 30.1%~50%）；每穗损失 20.1%~50%。

7 级：矮缩严重，株高不及健株的 1/3~1/2（病株比健株矮 50.1%~70%），枯死的叶片数在总叶片数的 1/2 以内；每穗损失 50.1%~70%。

9 级：矮缩严重，株高不及健株的 1/3，1/2 以上的叶片枯死；每穗损失 70% 以上。

防治效果计算方法：

$$病情指数 = \frac{\sum (各病级植株数 \times 相应级别)}{总株数 \times 最高病级} \times 100$$

$$防治效果 = \frac{对照区病情指数 - 处理区病情指数}{对照区病情指数} \times 100\%$$

二、结果与分析

试验结果表明（表 3-12），3 种供试药剂对南方水稻黑条矮缩病均有一定的控制效果。每亩 10% 毒氟磷超低容量液剂 200mL 对南方水稻黑条矮缩病的防治效果为 60.25%，每亩 30% 毒氟磷可湿性粉剂 60g 的防治效果为 59.01%，二者的防治效果相当，方差分析结果显示二者无显著差异。每亩 2% 宁南霉素水剂 200mL 对南方水稻黑条矮缩病的防治效果较差，为 54.04%，方差分析结果显示，其与处理 A、处理 B 存在极显著差异。

表 3-12　2014 年贵州都匀毒氟磷 10% 超低容量液剂和 30%
可湿性粉剂对南方水稻黑条矮缩病的防治效果

处理	调查点	调查总株数（株）	病株数（株）	病株率（%）	各级病株数（株）					病情指数	防治效果（%）
					1 级	3 级	5 级	7 级	9 级		
A	1	200	15	7.50	15	0	0	0	0	0.83	62.73
	2	200	13	6.50	11	2	0	0	0	0.94	57.76
	3	200	13	6.50	12	1	0	0	0	0.83	62.73
	4	200	13	6.50	11	2	0	0	0	0.94	57.76
	平均	200	13.5	6.75	12.25	1.25	0	0	0	0.89	60.25aA
B	1	200	14	7.00	13	1	0	0	0	0.89	60.25
	2	200	16	8.00	15	1	0	0	0	1.00	55.28
	3	200	12	6.00	10	2	0	0	0	0.89	60.25
	4	200	14	7.00	13	1	0	0	0	0.89	60.25
	平均	200	14	7.00	12.75	1.25	0	0	0	0.92	59.01aA

（续）

处理	调查点	调查总株数（株）	病株数（株）	病株率（%）	各级病株数（株）					病情指数	防治效果（%）
					1级	3级	5级	7级	9级		
C	1	200	16	8.00	15	1	0	0	0	1.00	55.28
	2	200	20	10.00	20	0	0	0	0	1.11	50.31
	3	200	15	7.50	14	1	0	0	0	0.94	57.76
	4	200	15	7.50	13	2	0	0	0	1.06	52.80
	平均	200	16.5	8.25	15.5	1	0	0	0	1.03	54.04bB
空白对照	1	200	22	11.00	16	3	3	0	0	2.22	—
	2	200	25	12.50	20	3	1	1	0	2.28	—
	3	200	30	15.00	24	4	2	0	0	2.56	—
	4	200	26	13.00	23	2	1	0	0	1.89	—
	平均	200	25.75	12.88	20.75	3	1.75	0.25	0	2.24	—

注：表中大小写字母分别表示各处理间在 $P=0.05$ 水平和 $P=0.01$ 水平上的显著性。

三、结论

通过对 10%毒氟磷超低容量液剂和 30%毒氟磷可湿性粉剂防治南方水稻黑条矮缩病田间药效试验，结果表明，每亩 10%毒氟磷超低容量液剂 200 mL 施药 3 次后对南方水稻黑条矮缩病的防治效果与每亩 30%毒氟磷可湿性粉剂 60g 相当，均优于每亩 2%宁南霉素水剂 200mL。由于毒氟磷属于抗病免疫诱导病毒剂，在田间使用时应在南方水稻黑条矮缩病发病前或发病初期，间隔 7～10d，连续施用 3～4 次。

（作者：肖卫平　王　蓉　谈孝凤　陈　卓　贺　鸣）

贵州省天柱县10％毒氟磷超低容量液剂防治南方水稻黑条矮缩病田间药效试验

为了验证10％毒氟磷超低容量液剂对南方水稻黑条矮缩病的防治效果和田间应用技术，为进一步推广应用提供科学依据，2014年贵州省天柱县植保植检站开展了10％毒氟磷超低容量液剂防治南方水稻黑条矮缩病的田间试验。

一、试验材料与方法

（一）试验材料

试验药剂为10％毒氟磷超低容量液剂，对照药剂为30％毒氟磷可湿性粉剂和2％宁南霉素水剂。试验田设在天柱县凤城镇团结村。

施药器械采用超低容量喷雾器和15L背负式电动喷雾器。

（二）试验设计

试验共设4个处理（表3-13），同剂量施药3次，每处理3次重复，共12个小区，每个小区面积150m²以上。各小区设置在同一块田中，小区随机排列。各小区除试验药剂不同外，其他病虫害防治、肥力水平、肥水管理、水稻品种、长势均一致。

表3-13　试验设计

药剂	每亩制剂用量
10％毒氟磷超低容量液剂	200mL
30％毒氟磷可湿性粉剂	66.7g
2％宁南霉素水剂	200mL
清水（空白对照）	—

（三）施药方法

从水稻移栽返青后（移栽后10d）开始，分别于返青期（移栽后10d）、分蘖盛期（移栽后20d）、分蘖末期与拔节期之间（移栽后30d）施药3次，每次间隔10d。各小区按同一剂量和浓度选择对应的喷雾器叶面均匀喷雾。

（四）调查方法

于水稻成熟期调查南方水稻黑条矮缩病发病情况，各小区对角线5点取样，每点查40丛水稻，每小区查200丛，记录总株数、病株数、发病级数。

严重度分级方法如下。

0 级：无病。

1 级：矮缩较轻，株高不低于健株的 3/4（病株比健株矮 25％以下）；每穗损失 5％以下。

3 级：矮缩明显，株高为健株的 2/3～3/4（病株比健株矮 25.1％～30％）；每穗损失 5.1％～20％。

5 级：矮缩显著，株高为健株的 1/2～3/4（病株比健株矮 30.1％～50％）；每穗损失 20.1％～50％。

7 级：矮缩严重，株高不及健株的 1/3～1/2（病株比健株矮 50.1％～70％）；每穗损失 50.1％～70％。

9 级：矮缩严重，株高不及健株的 1/3，1/2 以上的叶片枯死；每穗损失 70％以上。

（五）防治效果计算方法

$$病情指数 = \frac{\sum（各病级植株数 \times 相应级别）}{总株数 \times 最高病级} \times 100$$

$$防治效果 = \frac{对照区病情指数 - 处理区病情指数}{对照区病情指数} \times 100\%$$

二、结果与分析

试验结果表明，水稻分蘖期施药 3 次，间隔 10d，30％毒氟磷可湿性粉剂、10％毒氟磷超低容量液剂、2％宁南霉素水剂对南方水稻黑条矮缩病均表现出防治效果，其中，30％毒氟磷可湿性粉剂防治效果为 93.39％，10％毒氟磷超低容量液剂防治效果为 88.89％，2％宁南霉素水剂防治效果为 53.47％，以 30％毒氟磷可湿性粉剂的防治效果最好，10％毒氟磷超低容量液剂防治效果次之，2％宁南霉素水剂的防治效果较差（表 3-14）。

表 3-14　2014 年贵州天柱 10％毒氟磷超低容量液剂预防南方水稻黑条矮缩病效果

处理	病情指数					防治效果（％）
	重复 1	重复 2	重复 3	合计	平均	
10％毒氟磷超低容量液剂	2.2	1.43	2.08	5.71	1.9	88.89
30％毒氟磷可湿性粉剂	0.7	0.25	0.39	1.34	0.45	93.39
2％宁南霉素水剂	0.86	13.49	9.52	23.9	7.97	53.47
空白对照	17.6	13.43	20.4	51.4	17.3	—

（作者：杨爱梅　杨倓幸　王东贵）

白背飞虱及其传播的南方水稻黑条矮缩病
防控技术试验和示范效果

为有效防控白背飞虱及其传播的南方水稻黑条矮缩病，保障水稻产量和品质，探索水稻病毒病的全程免疫防控技术，2013 年福建省顺昌县植保植检站开展了 1％吡蚜酮颗粒剂、10％烯啶虫胺水剂、30％毒氟磷可湿性粉剂、25％吡蚜酮可湿性粉剂进行防治水稻白背飞虱及预防南方水稻黑条矮缩病的药效试验，为进行大面积示范推广提供依据。

一、试验条件

（一）试验地点、作物

试验在福建省顺昌县双溪镇余墩村单晚稻田进行，试验土壤为沙壤土，肥力较好，水稻品种为丰优 22，播种日期 2013 年 5 月 20 日，移栽日期 6 月 16 日。

（二）防治对象

白背飞虱、南方水稻黑条矮缩病。

（三）气象条件

试验期间日平均气温 20.3～31.1℃，日最高气温 25.5～39.0℃，日最低气温 20.3～25.5℃。无影响试验结果的恶劣气候条件。

二、试验设计与安排

（一）试验药剂

30％毒氟磷可湿性粉剂，由贵州大学绿色农药与农业生物工程国家重点实验室研制，广西田园生化股份有限公司生产。25％吡蚜酮可湿性粉剂，广西田园生化股份有限公司生产。10％烯啶虫胺水剂，由贵州大学绿色农药与农业生物工程国家重点实验室研制，广西田园生化股份有限公司生产。1％吡呀酮颗粒剂，由贵州大学绿色农药与农业生物工程国家重点实验室研制。35％丁硫克百威干拌种剂，通化农药化工股份有限公司生产。70％吡虫啉种子处理可分散粉剂，河北威远生物化工股份有限公司生产。10％吡虫啉可湿性粉剂，江苏常隆化工有限公司生产。25％噻嗪酮可湿性粉剂，江苏常隆化工股份有限公司生产。

（二）试验设计

试验设 6 个处理，不设重复，秧田处理区面积 1 亩，秧田空白对照区面积 0.1 亩。大田处理区面积 6 亩，空白对照区（不施药）1 亩，除药剂处理因素外，其他管理措施一致。药剂设计方案见表 3-15。

表 3-15 试验药剂设计方案

处理	播种前土壤处理 （5 月 20 日）	秧　　田		大　　田
		拌种（5 月 20 日）	移栽前 3d（6 月 13 日）	移栽后 10d（6 月 26 日）
1	每亩 1% 吡呀酮颗粒剂 2kg	每千克稻种使用 30% 毒氟磷可湿性粉剂 4g 拌种	每亩 30% 毒氟磷可湿性粉剂 60g＋每亩 10% 烯啶虫胺水剂 60mL	每亩 30% 毒氟磷可湿性粉剂 60g＋每亩 10% 烯啶虫胺水剂 60mL
2	—	每千克稻种使用 30% 毒氟磷可湿性粉剂 4g＋70% 吡虫啉种子处理可分散粉剂 6g 拌种	每亩 30% 毒氟磷可湿性粉剂 60g＋25% 吡蚜酮可湿性粉剂 24g	每亩 30% 毒氟磷可湿性粉剂 60g＋每亩 25% 吡蚜酮可湿性粉剂 24g
3	—	覆 20 目防虫网	揭网每亩 30% 毒氟磷可湿性粉剂 60g＋25% 吡蚜酮可湿性粉剂 24g	每亩 30% 毒氟磷可湿性粉剂 60g＋每亩 25% 吡蚜酮可湿性粉剂 24g
4	—	覆 30 目防虫网	揭网每亩 30% 毒氟磷可湿性粉剂 60g＋10% 烯啶虫胺水剂 60mL	每亩 30% 毒氟磷可湿性粉剂 60g＋每亩 25% 吡蚜酮可湿性粉剂 24g
5	农民自防	35% 丁硫克百威干拌种剂	每亩 10% 吡虫啉可湿性粉剂 30g	每亩 25% 噻嗪酮可湿性粉剂 30g
6		空白对照，不施药防治		

三、防治效果调查

（一）调查方法

1. 秧苗期　从秧苗三叶一心期开始，每 5d 调查 1 次稻飞虱和南方水稻黑条矮缩病发生情况。固定调查 5 点，每点调查 $1m^2$，用白瓷盘盘拍调查 $1m^2$ 范围内稻飞虱数量；病株调查，在病株显症时进行，每点查 20 株，共查 100 株的病株数，计算病株率。

2. 大田期　移栽返青后，每 10d 调查 1 次稻飞虱，每点查 5～10 丛，记载稻飞虱数量；病丛率的调查分别在分蘖盛期、拔节孕穗期、灌浆期和黄熟期进行，采取平行 10 点取样，每点查 20 丛，共查 200 丛的发病丛数，计算病丛率。根据各处理稻飞虱虫量和南方水稻黑条矮缩病病株率评价防治效果，计算公式如下。

$$稻飞虱的防治效果＝\frac{对照区虫量－处理区虫量}{对照区虫量}×100\%$$

$$\begin{matrix}南方水稻黑条矮缩病\\的防治效果\end{matrix}＝\frac{对照区病株（丛）率－处理区病株（丛）率}{对照区病株（丛）率}×100\%$$

（二）测产验收

在水稻成熟收获期，对关键技术示范展示区、农民自防区和空白对照区，按照水稻测产验收办法进行理论测产和田间实割实测。

1. 理论测产　在水稻收割前，调查有效穗数、穗粒数、结实率和千粒重，计算理论产量。关键技术示范展示区和农民自防区各选择南方水稻黑条矮缩病发生轻、中、重的类型田各 1 块进行调查，每块田采用 5 点取样，每点 10 丛，共 50 丛，计算有效穗数；在取样点上每点收取 5 丛稻，共 25 丛稻，计算穗粒数、结实率和千粒重。空白对照区采用同样方法调查。根据有效穗数、穗粒数、结实率和千粒重，测算理论产量。

2. 田间实割实测　在关键技术示范展示区和农民自防区进行实割实测，每块田的实割实测面积必须大于 200m²；空白对照区全部实割实测。测量实割实测田面积，逐块实收称重，计算出每块田的稻谷单产，并折干重。

（三）作物安全性

试验期间各处理对水稻安全无药害。

（四）试验结果

1. 防治效果　处理 1、处理 2、处理 3、处理 4、处理 5 在秧苗三叶一心期（6 月 3 日）对白背飞虱的防治效果分别为 59.13%、70.43%、100.00%、100.00%、53.91%，6 月 8 日对白背飞虱的防治效果分别为 56.03%、64.22%、100.00%、100.00%、46.55%，水稻移栽前 3d（6 月 13 日）对白背飞虱的防治效果分别为 53.97%、61.45%、100.00%、100.00%、40.42%；各处理在大田返青期（6 月 30 日）对白背飞虱的防治效果分别为 90.13%、88.82%、88.16%、91.45%、85.53%，7 月 15 日大田期药后 20d 对白背飞虱的防治效果分别为 83.97%、80.92%、83.21%、86.26%、75.57%，7 月 29 日水稻幼穗分化期对白背飞虱的防治效果分别为 60.76%、63.29%、65.82%、69.62%、46.84%，7 月 29 日对南方水稻黑条矮缩病的防治效果分别为 57.14%、66.67%、85.71%、90.48%、61.90%（表 3-16、表 3-17）。

2. 水稻测产　处理 1、处理 2、处理 3、处理 4、处理 5 的每亩实割干谷重量分别为 508.5kg、518.8kg、557.9kg、571.6kg、485.3kg，空白对照（处理 6）的每亩实割干谷质量为 454.6kg，各处理较空白对照区的增产率分别为 11.86%、14.13%、22.72%、25.75%、6.77%（表 3-18、表 3-19）。

四、示范结果分析和评价

从表 3-16、表 3-17 可以看出：处理 3、处理 4 在秧苗三叶一心期、秧苗移栽前 3d 对白背飞虱的防治效果最好，均为 100.00%；然后为处理 2，分别为 70.43%、61.45%；处理 1 低于处理 2，分别为 59.13%、53.97%；防治效果最差的为处理 5，分别为 53.91%、40.42%。

从表 3-17 可以看出：处理 4 对南方水稻黑条矮缩病防治效果最好，为 90.48%；处理 3 次之，为 85.71%；然后为处理 2、处理 5，分别为 66.67%、61.90%；最差为处理 1，为 57.14%。

从表 3-18、表 3-19 可以看出：处理 4 最好，增产率为 25.75％；处理 3 次之，为 22.72％；然后为处理 2 和处理 1，分别为 14.13％、11.86％；最差为处理 5，为 6.77％。

表 3-16　秧田期防控白背飞虱及南方水稻黑条矮缩病防治效果

处　理	6月3日（三叶一心期）		6月8日		6月13日（移栽前3d）	
	白背飞虱（头/m²)	防治效果（％）	白背飞虱（头/m²)	防治效果（％）	白背飞虱（头/m²)	防治效果（％）
1	47	59.13	102	56.03	197	53.97
2	34	70.43	83	64.22	165	61.45
3	0	100.00	0	100.00	0	100.00
4	0	100.00	0	100.00	0	100.00
5	53	53.91	124	46.55	255	40.42
6	115	—	232	—	428	—

表 3-17　大田期防控白背飞虱及南方水稻黑条矮缩病防治效果

处　理	6月30日（返青期）		7月15日（分蘖期）		7月29日（幼穗分化期）					
	白背飞虱		白背飞虱		白背飞虱		南方水稻黑条矮缩病			
	虫量（头/百丛）	防治效果（％）	虫量（头/百丛）	防治效果（％）	虫量（头/百丛）	防治效果（％）	总丛数	病丛数（丛）	病丛率（％）	防治效果（％）
1	15	90.13	21	83.97	31	60.76	200	9	4.5	57.14
2	17	88.82	25	80.92	29	63.29	200	7	3.5	66.67
3	18	88.16	22	83.21	27	65.82	200	3	1.5	85.71
4	13	91.45	18	86.26	24	69.62	200	2	1	90.48
5	22	85.53	32	75.57	42	46.84	200	8	4	61.90
6	152	—	131	—	79	—	200	21	10.5	—

表 3-18　大田期防控白背飞虱及南方水稻黑条矮缩病理论产量调查结果

处理	面积（亩）	水稻品种	株高（cm）	穗长（cm）	行株距（寸 * ×寸）	亩丛数（万丛）	亩有效穗（万穗）	平均每穗			千粒重（g）	理论亩产（kg）
								总粒数（粒）	实粒数（粒）	结实率（％）		
1	1	丰优22	124.5	23.8	6×7	1.413	16.95	187.7	154.3	82.21	30.7	1 134.59
2	1	丰优22	123.7	24.0	6×7	1.413	16.78	179.3	142.5	79.48	31.5	1 064.35
3	1	丰优22	123.8	23.9	6×7	1.413	16.82	189.7	154.8	81.60	30.9	1 136.80
4	1	丰优22	123.4	23.7	6×7	1.413	16.74	185.3	148.2	79.98	31.2	1 093.73
5	1	丰优22	123.6	23.9	6×7	1.413	16.84	181.5	144.3	79.50	30.3	1 040.33
6	0.5	丰优22	123.5	23.8	6×7	1.413	16.73	175.9	135.7	77.15	30.1	965.62

＊　寸为非法定计量单位，1寸≈3.33cm。——编者注

表 3-19　大田期防控白背飞虱及南方水稻黑条矮缩病实际测产调查结果

处理	水稻品种	面积 （亩）	实割面积 （亩）	实割 湿谷重量 （kg）	每亩实割湿谷 重量 （kg）	折干率 （%）	每亩折合 干谷重量 （kg）	增产率 （%）
1	丰优 22	3	0.3	187.4	624.7	81.4	508.5	11.86
2	丰优 22	3	0.3	193.1	643.7	80.6	518.8	14.13
3	丰优 22	3	0.3	203.6	678.7	82.2	557.9	22.72
4	丰优 22	3	0.3	212.5	708.3	80.7	571.6	25.75
5	丰优 22	3	0.3	181.1	603.7	80.4	485.3	6.77
6	丰优 22	1	1	561.9	561.9	80.9	454.6	—

（作者：福建省顺昌县植保植检站）

湖北省公安县南方水稻黑条矮缩病药剂防治示范效果

一、示范目的

通过 2011—2013 年田间示范，评价 70％噻虫嗪种子处理可分散粉剂防治水稻白背飞虱预防南方水稻黑条矮缩病的效果和对水稻的安全性。

二、示范设计和安排

(一) 药剂

试验药剂为 70％噻虫嗪种子处理可分散粉剂，先正达（中国）投资有限公司生产；对照药剂为 10％吡虫啉可湿性粉剂，江苏丰山农化有限公司生产。

其他配套药剂：48％毒死蜱乳油，江苏丰山农化有限公司生产；25％吡蚜酮悬浮剂，江苏克胜农化有限公司生产；25％噻虫嗪水分散粒剂，爱沃富和好施得等产品，江门市植保有限公司生产。

(二) 示范处理

2011—2013 年播种时间均为 6 月 20—23 日，移栽时间 7 月 14—20 日，播种当天拌种，移栽后 7d、15d、20d 施药（表 3-20）。

表 3-20　药剂使用方式和日期

处理	秧田			大田		
	拌种包衣	一叶一心期	移栽前 2d 送嫁药	移栽后 7d	移栽后 15d	移栽后 20d
1	70％噻虫嗪种子处理可分散粉剂（包衣）	25％吡蚜酮悬浮剂（喷雾）	25％噻虫嗪水分散粒剂（喷雾）	48％毒死蜱乳油＋爱沃富（喷雾）	25％吡蚜酮悬浮剂＋好施得（喷雾）	无
2	10％吡虫啉可湿性粉剂(拌种)	25％吡蚜酮悬浮剂（喷雾）	10％吡虫啉可湿性粉剂(喷雾)	48％毒死蜱乳油＋爱沃富（喷雾）	25％吡蚜酮悬浮剂＋好施得（喷雾）	无
3（农民常规用药）	无	无	25％吡蚜酮悬浮剂（喷雾）	无	无	48％毒死蜱乳油＋25％吡蚜酮悬浮剂（喷雾）
4	空白对照，不采取任何措施					

(三) 各药剂用法和用量

1. 70％噻虫嗪种子处理可分散粉剂　种谷露白后捞起晾干，用 4g 药剂兑水 80mL 调成药浆，然后与 2kg 种子直接混合搅拌包衣，使所有种子表面红色均匀，晾干后播种。

2. 10%吡虫啉可湿性粉剂 种子露白后捞起晾干，用 28g 药剂兑水 80mL 调成药浆，然后与 2kg 种子直接混合拌种至所有种子表面均匀附着药剂，晾干后播种。

3. 48%毒死蜱乳油 每亩 60mL 兑水 30kg 喷雾。

4. 25%吡蚜酮悬浮剂 每亩 24mL 兑水 30kg 喷雾。

5. 阿克泰 每亩 6g 兑水 30kg 喷雾。

6. 爱沃富和好施得 每亩 60mL 兑水 30kg 喷雾。

（四）示范地点及品种

地点为公安县章田寺乡联台村冯运清责任田，晚稻田。品种为金优 928。

示范设 2 个处理、1 个农民常规用药对照，1 个空白对照，随机排列。每个处理 700m²，2 个对照各 350m²，未设重复。

三、药效调查

（一）调查对象

1. 稻飞虱 在秧田期和大田期各调查 1 次。

2. 南方水稻黑条矮缩病 在蜡熟期调查 1 次。

（二）调查方法

1. 稻飞虱 在秧田期采用随机取样查 5 点，每点查 0.1m²，计算稻飞虱平均头数，在大田期采用平行双行跳跃取样法查 10 点，每点查 2 丛稻，统一用方形白瓷盘对准稻株用力拍 3 次，然后统计白瓷盘中稻飞虱的数量，计算防治效果。

$$防治效果 = \frac{空白对照区虫量 - 药剂处理区虫量}{空白对照区虫量} \times 100\%$$

2. 南方水稻黑条矮缩病 采取全田目测法，查病丛数、病株数，计算病丛率、病株率，以株数为基数计算防治效果。

四、结果与分析

（一）调查数据

调查数据见表 3-21 至表 3-22。

表 3-21 2011—2013 年秧苗期稻飞虱防治效果

处理	2011 年		2012 年		2013 年	
	每 0.1m² 虫量（头）	防治效果（%）	每 0.1m² 虫量（头）	防治效果（%）	每 0.1m² 虫量（头）	防治效果（%）
1	0.8	97.8	4.6	92.3	1.6	96.5

（续）

处理	2011 年		2012 年		2013 年	
	每 0.1m² 虫量（头）	防治效果（%）	每 0.1m² 虫量（头）	防治效果（%）	每 0.1m² 虫量（头）	防治效果（%）
2	1.2	96.7	4.2	92.9	1.2	97.4
3	13.2	64.1	21.6	63.6	10.6	76.8
4	36.8	—	59.4	—	45.6	—

表 3-22 2011—2013 年大田期稻飞虱防治效果

处理	2011 年		2012 年		2013 年	
	每 2 丛虫量（头）	防治效果（%）	每 2 丛虫量（头）	防治效果（%）	每 2 丛虫量（头）	防治效果（%）
1	0.3	98.1	5.4	91.6	1.3	96.5
2	0.6	96.2	3.6	94.4	0.7	98.1
3	3.5	77.8	11.5	82.1	6.2	83.5
4	15.8	—	64.1	—	37.5	—

表 3-23 2013 年南方水稻黑条矮缩病药剂防治效果

处理	病丛数（丛）	病丛率（%）	病丛率防治效果（%）	病株数（株）	病株率（%）	病株率防治效果（%）
1	1	0.5	90.9	1	0.5	94.1
2	2	1	81.8	3	0.15	82.3
3	4	2.5	63.6	6	0.3	64.7
4	11	6.5	—	17	0.84	—

注：2011—2012 年示范区未发现南方水稻黑条矮缩病病株。

（二）安全性

处理 1 和处理 2 对水稻很安全。

（三）稻飞虱防治效果

在秧苗期和大田期（表 3-21、表 3-22），处理 1（70％噻虫嗪种子处理可分散粉剂包衣）、处理 2（10％吡虫啉可湿性粉剂拌种）对稻飞虱的防治效果都在 90％以上，效果非常好。

（四）南方水稻黑条矮缩病

2011—2012 年未发现南方水稻黑条矮缩病病株。2013 年，处理 1（70％噻虫嗪种子处理可分散粉剂包衣）病丛率和病株率的防治效果均达 90％以上；处理 2（10％吡虫啉可湿性粉剂拌种）病丛率和病株率的防治效果分别是 81.8％和 82.3％；处理 3（农民常规用药）病丛率和病株率的防治效果较差，分别是 63.6％和 64.7％。

（作者：李永松　欧阳静　张才德　吴茂华）

31%氮苷·吗啉胍可溶性粉剂和0.5%氨基寡糖素水剂对南方水稻黑条矮缩病发病田的减损效果

湖南省醴陵常年水稻种植面积60万亩,为单双季稻混栽区。近年来,南方水稻黑条矮缩病发生面积不断增加,危害损失加重。为了有效防控南方水稻黑条矮缩病,探讨31%氮苷·吗啉胍可溶性粉剂和0.5%氨基寡糖素水剂对病害的控制效果和应用技术,2010年,湖南省醴陵市植保植检站开展了田间试验。

一、材料与方法

(一) 试验地点

试验设置在醴陵市泗汾镇枧上村杨开云的晚稻田,土壤地力水平较高,灌溉方便。水稻品种为威优227。2010年6月24日播种,7月21日移栽。大田禾苗长势一般,南方水稻黑条矮缩病发生较重,药前田间病丛率平均34%。

(二) 试验设计

试验共设3个处理。

处理1:31%氮苷·吗啉胍可溶性粉剂(1%三氮唑核苷+30%盐酸吗啉胍),河南濮阳市农科所科技开发中心生产,每亩用量30g。

处理2:0.5%氨基寡糖素水剂,河北奥德植保药业有限公司生产,每亩用量70 mL。

处理3:空白对照,喷清水。

(三) 试验方法

每处理设3次重复,共9个小区,每小区面积0.1亩。于水稻分蘖拔节期和南方水稻黑条矮缩病发病高峰期施药两次(8月25日和9月1日),卫士-16型喷雾器常量喷雾,亩施药量25kg。药后3d内田间保持3cm浅水层。

(四) 调查方法与内容

采用定点调查法,在发病丛中随机取样,各小区定点调查20丛已发病水稻。收割前3d分别调查各点的无效丛数(均为无效分蘖,植株严重矮缩,不抽穗)、有效穗数、实粒数、千粒重,计算结实率和亩产量。并在各处理调查20丛健康水稻,得到平均有效穗数、实粒数和千粒重,计算结实率和亩产量,进行相互比较。记录试验期间天气情况,两次施药后48 h内均未下雨,药效发挥正常。

二、结果与分析

（一）对水稻产量构成因素的影响

各药剂对水稻产量构成因素的影响见表3-24。

表3-24　2010年湖南醴陵各药剂处理对水稻产量构成因素的影响

处理	重复	无效丛数（丛）	每丛平均有效穗数（穗）	每穗平均实粒数（粒）	结实率（%）	千粒重（g）	折合亩产（kg）	增产率（%）
31%氮苷·吗啉胍可溶性粉剂	1	7	4.8	65.4	61.4	28.1	112.9	201.9
	2	9	4.4	70.3	59.3	27.8	110.1	127.0
	3	8	4.7	61.8	50.8	27.6	102.6	121.6
	平均	8.0	4.6	65.8	57.2	27.8	108.5	146.0
0.5%氨基寡糖素水剂	1	11	3.6	62.5	57.2	30.9	89.0	138.0
	2	8	4.5	59.4	49.7	31.2	106.7	120.0
	3	10	4.1	57.2	52.8	28.3	85.5	84.7
	平均	9.7	4.1	59.7	53.2	30.1	93.7	112.5
空白对照	1	13	2.3	47.3	41.6	26.9	37.4	—
	2	11	2.6	53.6	45.3	27.2	48.5	—
	3	11	2.7	48.7	46.5	27.5	46.3	—
	平均	11.7	2.5	49.9	44.5	27.4	44.1	—

1. 无效丛数　31%氮苷·吗啉胍可溶性粉剂处理区，平均无效丛数为8.0丛，比空白对照的11.7丛减少31.6%；0.5%氨基寡糖素水剂处理区，平均无效丛数为9.7丛，比对照减少17.1%。由此可见，31%氮苷·吗啉胍可溶性粉剂对减少无效丛的效果（治疗作用）优于0.5%氨基寡糖素水剂。

2. 有效穗数　31%氮苷·吗啉胍可溶性粉剂处理区，每丛平均有效穗数为4.6穗，比空白对照的2.5穗增加84.0%；0.5%氨基寡糖素水剂处理区，每丛平均有效穗为4.1穗，比空白对照增加64.0%，说明两种药剂都能很好地提高有效穗数。

3. 实粒数和结实率　31%氮苷·吗啉胍可溶性粉剂和0.5%氨基寡糖素水剂处理区，每穗平均实粒数分别为65.8粒、59.7粒，比空白对照区的49.9粒分别高31.9%和19.6%；31%氮苷·吗啉胍可溶性粉剂、0.5%氨基寡糖素水剂、空白对照的结实率分别为57.2%、53.2%、44.5%，两个药剂处理区的结实率分别比空白对照区高28.5%、19.6%，说明两种药剂可以提高已感病稻株的结实率。

4. 千粒重　31%氮苷·吗啉胍可溶性粉剂处理区，平均千粒重为27.8g，略高于空白对照的27.4g；0.5%氨基寡糖素水剂处理区平均千粒重为30.1g，比空白对照区增加

9.9％。可能是 0.5％氨基寡糖素水剂可提高植株的灌浆水平，从而使谷粒更饱满。

（二）对水稻产量的影响

各药剂对水稻产量的影响见表 3-25。

表 3-25　2010 年湖南醴陵试验区与未发病田对比的水稻产量构成因素情况

处理	每丛平均有效穗数		每丛平均实粒数		结实率		千粒重(g)	亩产量	
	穗数(穗)	减幅(％)	粒数(粒)	减幅(％)	结实率(％)	减幅(％)		产量(kg)	减幅(％)
31％氮苷·吗啉胍可溶性粉剂	4.6	65.7	65.8	29.9	57.2	25.1	27.8	108.5	76.5
0.5％氨基寡糖素水剂	4.1	69.4	59.7	36.4	53.2	30.4	30.1	93.7	79.7
空白对照	2.5	81.3	49.9	46.8	44.5	41.8	27.4	44.1	90.4
未发病田平均	13.4	—	93.8	—	76.4	—	28.7	461.7	

1. 单产　31％氮苷·吗啉胍可溶性粉剂处理区，平均亩产量为 108.5kg，比空白对照区的 44.1kg 提高了 146.0％，增产效果明显。0.5％氨基寡糖素水剂处理区平均亩产量比空白对照区提高了 112.5％，也有较好的增产作用。

2. 自然发病田产量损失　空白对照处理田，南方水稻黑条矮缩病自然发病未采取防治措施，每丛平均有效穗数为 2.5 穗，而未发病田平均每丛平均有效穗数 13.4 穗，空白对照田每丛平均有效穗数减少 81.3％。空白对照田每丛平均实粒数为 49.9 粒，比未发病田平均的 93.8 粒减少 46.8％，结实率 44.5％，比未发病田平均降低 41.8％。空白对照田亩产 44.1kg，比未发病田平均的 461.7kg 减产 90.4％。

三、结论与讨论

南方水稻黑条矮缩病对水稻生产威胁很大，发病严重的田块如不及时进行防治，将造成严重减产甚至绝收。

已经感病田块的管理，采用合适的药剂及时进行防治，可在一定程度上起到减灾挽损的作用。采用的 31％氮苷·吗啉胍可溶性粉剂和 0.5％氨基寡糖素水剂，对改善已发病水稻的抽穗和结实均有较好的效果。

试验选择在南方水稻黑条矮缩病发病高峰期进行，此时，水稻已经显症，施药虽有一定的效果，但难以完全控制发病，保证正常产量。建议今后进一步完善方案，在病害侵染的不同时期开展试验，探索最佳防治策略。

（作者：胡冬炎）

第四部分
联防联控大事记

南方水稻黑条矮缩病防治技术协作
研究和联防联控大事记

- 《科学通讯》2008年53卷第20期发表华南农业大学周国辉教授等人文章《呼肠孤病毒科斐济病毒属一新种：南方水稻黑条矮缩病毒》，首次报道了我国南方稻区发现和流行的新病毒病——南方水稻黑条矮缩病。

- 2009年9月，湖南省植保植检站向全国农业技术推广服务中心反映一种新的水稻病毒病南方水稻黑条矮缩病在当地中稻和晚稻区流行，严重发病田造成减产甚至绝收。

- 2009年11月22—25日，全国农业技术推广服务中心与中国植物保护学会科普工作委员会和中国植物病理学会综合防治专业委员会在福建福州市联合举办"全国水稻病毒病防治技术培训班"，针对新发生的南方水稻黑条矮缩病以及其他水稻病毒病防治技术，邀请福建农林大学谢联辉院士和吴祖建教授、浙江大学程家安教授、江苏省农业科学院周益军研究员、华南农业大学周国辉教授、贵州大学陈卓教授等专家分别进行了水稻病毒病传播特点、流行规律、识别诊断、防治技术、抗植物病毒农药、田间和实验室诊断和快速检测技术等内容的专题培训。来自18个水稻主产省（自治区、直辖市）植保站的40名技术人员参加了培训。

- 2009年12月，浙江大学原副校长程家安教授、浙江省农业科学院院长陈剑平研究员向农业部提出"谨防新病毒病害（南方水稻黑条矮缩病）威胁我国水稻和玉米生产"的专家建议。

- 2010年1月5—8日，全国农业技术推广服务中心在海南三亚市组织召开"水稻病毒病防控技术专家座谈会"，来自华南农业大学，浙江大学，中国水稻研究所，浙江省农业科学院以及海南、福建、广东、广西、云南等省（自治区、直辖市）植保站，国际水稻研究所，越南国家植保局，越南农业科学院，越南植保研究所的专家共27人参加座谈会。与会代表考察了三亚市水稻、玉米南方水稻黑条矮缩病田间发病表现，交流了中国和越南水稻病毒病及其传毒介体的发生和危害情况，讨论了中国各稻区开展传毒介体和感病植株带毒检测及早期感病诊断的方案，研究了中国与越南和国际水稻研究所亟须开展的联合研究与防控任务。

- 2010年1月18日，全国农业技术推广服务中心印发《关于开展南方水稻黑条矮缩病发生规律与防治技术调查研究的通知》（农技植保函〔2010〕18号），组织海南、广东、广西、福建、云南、贵州、四川、重庆、湖南、湖北、江西、安徽、浙江、江苏、上海、河南、河北、辽宁等省（自治区、直辖市）植保站和有关科研教学单位开展南方水稻黑条矮缩病发生和带毒情况的冬季调查和普查、水稻和玉米品种抗病性观察、综合防治配套技术研究与开发、病毒病实验室诊断和鉴定等工作，并印发了调查研究方案。

- 2010年2月1日，农业部种植业管理司会同全国农业技术推广服务中心在北京召开"部分新发生病虫害防控对策研讨会"，研究了南方水稻黑条矮缩病等新病虫草害的防控措施。

- 2010年5月12—13日，全国农业技术推广服务中心在广东广州市组织召开"南方水稻黑条矮缩病防治技术研讨会"，来自上海、江苏、浙江、安徽、福建、江西、湖北、湖南、广东、广西、海南、四川、重庆、贵州、云南等省（自治区、直辖市）植保站技术人员共39人参加会议。代表们参观了华南农业大学实验场南方水稻黑条矮缩病发病现场，听取了专家报告，研讨了南方水稻黑条矮缩病防控技术和2010年协作研究、试验示范计划。

- 2010年6月10日，全国农业技术推广服务中心发出《关于加强南方水稻黑条矮缩病监测与防控工作的紧急通知》（农技植保函〔2010〕228号），要求南方稻区认真做好南方水稻黑条矮缩病的监测与防控工作。

- 2010年6月12日，全国农业技术推广服务中心发出《关于开展南方水稻黑条矮缩病防控技术协作研究的通知》（农技植保函〔2010〕229号），组织广东、湖南、江西、浙江、海南、广西、湖北、江苏、安徽、福建、辽宁、四川、重庆、上海、云南、贵州等省（自治区、直辖市）植保技术部门和华南农业大学、福建农林大学、浙江省农业科学院、江苏省农业科学院、广西大学开展南方水稻黑条矮缩病防治技术协作研究，并印发了2010年的协作研究计划，对研究内容和承担单位进行了具体要求和分工。

- 2010年8月30日，全国农业技术推广服务中心发出《关于切实抓好中晚稻病虫害防控工作的通知》（农技植保函〔2010〕336号），要求各稻区做好中晚稻南方水稻黑条矮缩病等病虫害的监测预警和防控。

- 2010年9月2—4日，全国农业技术推广服务中心在福建霞浦县举办"南方水稻黑条矮缩病流行规律及传毒媒介防治现场考察活动"，来自广东、广西、海南、四川、重庆、贵州、云南、福建、江西、湖北、湖南、江苏、上海、浙江、安徽等省（自治区、直辖市）植保站、有关科研教学单位专家共64人参加了考察，现场调查和识别了中稻和晚稻南方水稻黑条矮缩病发病症状特点，考察了稻田生态特征及其对病害传播和流行的影响，交流了各地早稻和中晚稻发病情况以及田间试验研究进展和初步结果，交流了科研教学单位相关研究最新进展。

- 2010年10月9—10日，农业部种植业管理司在江西赣州市召开"南方水稻黑条矮缩病防治现场观摩及中长期治理对策研讨会"，来自浙江、福建、江西、湖南、广西、广东、贵州等省（自治区、直辖市）植保站和有关科研教学单位专家共57人参加了会议。代表们考察了大余县南方水稻黑条矮缩病发生和防治现场，交流了南方水稻黑条矮缩病发生和防治情况，全国农业技术推广服务中心介绍了病害发生防治相关情况，专家做了专题报告，研讨了南方水稻黑条矮缩病中长期治理对策。

- 2011 年 2 月 1 日，农业部办公厅发出《关于加强南方水稻黑条矮缩病联防联控工作的通知》（农办农〔2011〕7 号），印发了"农业部南方水稻黑条矮缩病联防联控协作组名单"和"农业部南方水稻黑条矮缩病联防联控专家指导组名单"。协作组由农业部种植业管理司周普国副司长任组长，全国农业技术推广服务中心钟天润副主任、浙江大学原副校长程家安教授任副组长；专家指导组由浙江大学原副校长程家安教授任组长，浙江省农业科学院院长陈剑平研究员、贵州大学副校长宋宝安教授、江苏省农业科学院周益军研究员任副组长。

- 2011 年 4 月 24 日，农业部办公厅印发《2011 年南方水稻黑条矮缩病联防联控方案的通知》（农办农〔2011〕38 号），提出了 2011 年南方水稻黑条矮缩病防控任务、思路与目标、防控对策与措施、工作措施以及联防联控行动计划。

- 2011 年 6 月 16—19 日，全国农业技术推广服务中心与中国植保学会科普工作委员会和中国植病学会综防专业委员会联合在贵州贵阳市举办"南方水稻黑条矮缩病防治技术培训班"，来自江苏、浙江、安徽、福建、江西、湖北、湖南、广东、广西、海南、四川、重庆、贵州、云南等省（自治区、直辖市）植保站共 67 人参加培训。培训班交流了南方水稻黑条矮缩病流行规律及综合技术研究进展，考察了防治技术示范现场，培训了水稻抗病性试验、调查及评价方法、传毒介体昆虫综合防治技术、抗病毒剂应用技术、病毒室内和田间快速诊断技术，研讨了 2011 年协作研究工作计划。

- 2011 年 7 月 4 日，全国农业技术推广服务中心印发《2011 年南方水稻黑条矮缩病防治技术协作研究计划》（农技植保函〔2011〕256 号），继续组织植保技术部门和有关科研教学单位开展防治技术协作研究。

- 2011 年 11 月 16—18 日，全国农业技术推广服务中心与浙江省农业科学院植保与微生物所联合在浙江金华市召开"2011 年稻飞虱和水稻病毒病综合防控技术研究与示范交流会"，来自浙江、江苏、广东、湖南、山东省植保站和科研教学单位专家共 53 人参加了会议。会议交流了 2011 年田间调查研究和试验示范进展，讨论了 2012 年田间试验示范计划，专家们介绍了 2011 年稻飞虱及其传播的病毒病发生特点和防治技术发展趋势。

- 2012 年 2 月 10—12 日，农业部种植业管理司在广东广州市组织召开"全国南方水稻黑条矮缩病联防联控工作会议"，来自广西、广东、福建、海南、湖南、江西、湖北、四川、云南、贵州、重庆、江苏、浙江、安徽等省（自治区、直辖市）植保站、农业部联防联控专家指导组成员、科研教学单位的专家参加了会议。与会专家做了南方水稻黑条矮缩病发生和防治专题报告，各省份交流了发生和防治进展，研讨了 2012 年病害发生形势，以及进一步做好防控工作的意见和建议。

- 2012 年 2 月 26 日至 3 月 1 日，全国农业技术推广服务中心组织广东、广西、海南、贵州、云南、福建、江西、湖南等省（自治区、直辖市）植保站和有关科研教学单位专家在海南海口、兴隆、万宁、琼海、保亭、三亚等地开展"南方水稻黑条矮缩病早春发生与防治考察活动"，考察了海南早春南方水稻黑条矮缩病毒及介体昆虫越冬区毒源和虫源分布及生态环境特征、早稻和玉米发病情况、综合防治示范区，调查了三亚南繁基地水稻、玉米田越冬稻飞虱种群量和南方水稻黑条矮缩病发生情况，讨论了2012年协作研究计划和试验方案。

- 2012年5月30日，全国农业技术推广服务中心印发《2012年南方水稻黑条矮缩病防治技术协作研究计划的通知》（农技植保函〔2012〕219号），继续组织有关省份、科研教学单位开展南方水稻黑条矮缩病防治技术协作研究。

- 2012年9月8—10日，全国农业技术推广服务中心与贵州大学联合在云南保山市召开"南方水稻黑条矮缩病防治技术协作研究观摩交流会"，来自云南、广西、贵州、福建、江西、湖南、江苏等省（自治区、直辖市）植保站和农业部联防联控专家指导组成员、科研教学单位共98人参加了会议。代表观摩了施甸县南方水稻黑条矮缩病综合防治技术示范现场，交流了各地开展综合防治技术协作研究进展。

- 2013年1月20—24日，全国农业技术推广服务中心组织云南省植保植检站、部分科研教学单位专家在云南元江、普洱、勐海、景洪等地开展南方水稻黑条矮缩病等病毒病及介体昆虫冬季发生情况考察活动。

- 2013年3月29—31日，全国农业技术推广服务中心在广西柳州市组织召开"水稻种子处理和秧田阻隔防治病虫害技术观摩交流会"，来自上海、江苏、浙江、安徽、河南、江西、湖北、湖南、福建、四川、云南、贵州、重庆、广东、广西、海南等省（自治区、直辖市）植保站技术人员共90多人参加了会议。代表们参观了柳江利用防虫网秧田全程覆盖阻隔育秧和药剂种子处理、苗期喷雾预防水稻病虫害和培育壮秧现场，交流了各地开展试验示范的进展以及推进措施，推进了种子处理和秧田覆盖阻隔育秧预防水稻苗期病虫害技术的应用。

- 2013年9月5—6日，全国农业技术推广服务中心在云南施甸县组织召开"南方水稻黑条矮缩病防治技术观摩会"，来自福建、江西、湖南、贵州、云南等省（自治区、直辖市）植保站和科研教学单位专家共30多人参加会议。代表们现场观摩了秧田防虫网覆盖阻隔育秧、异地育秧、新药剂新剂型防治、抗（耐）病虫品种等防治技术试验示范和大面积示范效果展示，交流了综合防治技术研究与示范进展，研讨了防治技术协作研究下一阶段工作计划。

- 2014年9月3—5日，全国农业技术推广服务中心在云南德宏州举办了"水稻病毒病防治新药剂应用技术示范培训班"，来自浙江、福建、江西、河南、湖北、湖南、广东、广西、海南、贵州、云南等省（自治区、直辖市）以及浙江金华、贵州榕江、云南德宏、保山等示范县市植保站技术人员共35人参加了培训。培训班邀请福建农林大学谢联辉院士、云南农业大学朱有勇院士等17名科研教学单位专家开展现场和室内培训指导。

- 全国农业技术推广服务中心于2012年5月15日发出《关于开展防虫网秧田覆盖防治稻飞虱和病毒病应用技术试验的通知》（农技植保便函〔2012〕60号）和2013年5月17日发出《关于开展防虫网秧田阻隔防治稻飞虱和病毒病应用技术试验的通知》（农技植保便函〔2013〕66号），在江苏、安徽、浙江、湖南、湖北、江西、广西、广东、福建、贵州、云南、海南等省（自治区、直辖市）连续两年开展防虫网秧田阻隔防治水稻稻飞虱和病毒病应用技术田间试验,探讨利用防虫网秧田覆盖阻隔育秧预防南方水稻黑条矮缩病应用技术。

■ 2010—2014 年,全国农业技术推广服务中心组织开展了多项抗病毒剂、植物生长调节剂、植物免疫诱抗剂预防南方水稻黑条矮缩病效果和应用技术田间试验,包括:2010 年在广东、湖南,2011 年在贵州、云南、湖南,开展 0.136％赤·吲乙·芸苔可湿性粉剂试验;2010 年在广东、广西,2011 年在贵州、广东、湖南、江西、福建,开展 3％超敏蛋白微粒剂试验;2010 年在湖南、广东、浙江,2014 年在江西、湖南,开展 30％毒氟磷可湿性粉剂试验;2011 年在广东、广西、湖南、福建、江西开展 4％嘧肽霉素水剂试验;2011 年在湖南开展 1％香菇多糖水剂试验。

■ 由全国农业技术推广服务中心、华南农业大学、江西省植保植检局、福建省植保植检站、广东省农业有害生物预警防控中心、云南省植保植检站、贵州大学、杭州市萧山区农业技术推广中心、浙江省农业科学院植物保护与微生物研究所、浙江大学生物技术研究所共同起草的农业行业标准《南方水稻黑条矮缩病防治技术规程》(NY/T 2918—2016) 由农业部于 2016 年 10 月 26 日正式发布,于 2017 年 4 月 1 日实施。

图书在版编目（CIP）数据

南方水稻黑条矮缩病流行与防控 / 全国农业技术推
广服务中心主编 . —北京：中国农业出版社，2022.8
ISBN 978-7-109-22078-2

Ⅰ. ①南… Ⅱ. ①全… Ⅲ. ①稻作病害－黑条矮缩病
－防治 Ⅳ. ①S435.111.4

中国版本图书馆 CIP 数据核字（2016）第 203377 号

中国农业出版社出版

地址：北京市朝阳区麦子店街 18 号楼
邮编：100125
责任编辑：阎莎莎 王 凯 文字编辑：刘 佳 姚 澜 王庆敏
版式设计：杜 然 责任校对：沙凯霖
印刷：中农印务有限公司
版次：2022 年 8 月第 1 版
印次：2022 年 8 月北京第 1 次印刷
发行：新华书店北京发行所
开本：787mm×1092mm 1/16
印张：15
字数：340 千字
定价：98.00 元